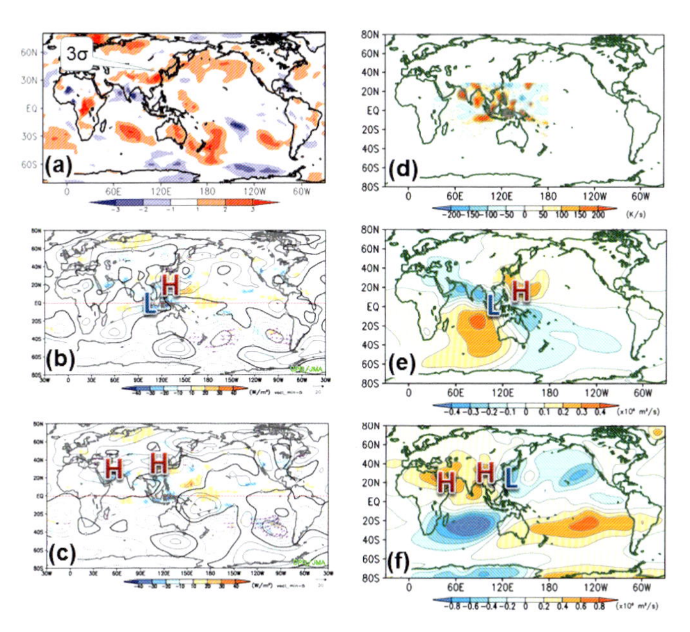

口絵 1　2013 年猛暑（7–8 月平均）

（左段）観測値．(a) 地表 (2 m) 気温規格化偏差，(b) 850 hPa，(c) 200 hPa の流線関数偏差図．
（右段）線形大気モデルによる計算値．(d) モデルに与えた鉛直積算加熱偏差，(e, f) モデルで計算された流線関数偏差（(e) 850 hPa，(f) 200 hPa）．（異常気象分析検討会資料）

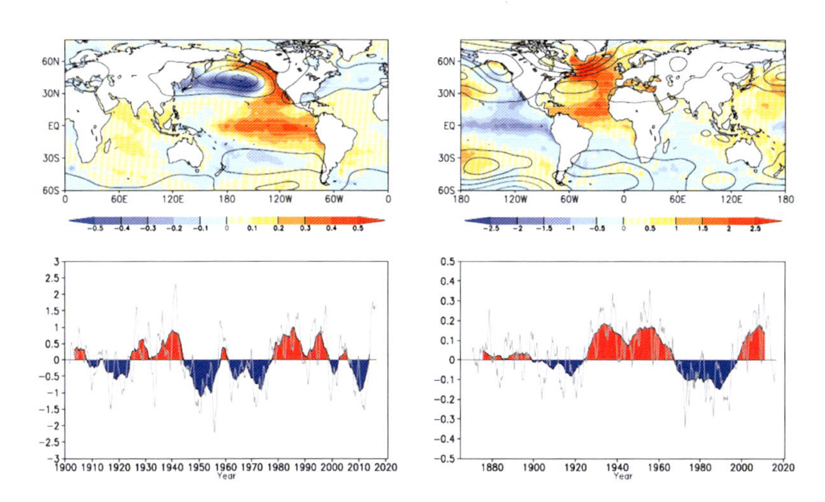

口絵 2　太平洋十年規模変動（PDV；左）と大西洋数十年規模変動（AMV；右）[4.5 節]
それぞれ上段が SST 偏差の空間パターン（陰影）と 500 hPa 高度偏差（等値線）を表し，下段が時系列指数を示す．時系列指数は，PDV は北太平洋北緯 20° 以北の SST 偏差の多変量統計解析から，AMV は Trenberth and Shea (2006) の方法で求め，細線は 13 か月移動平均，太線は 5 年（PDV）または 11 年（AMV）移動平均．

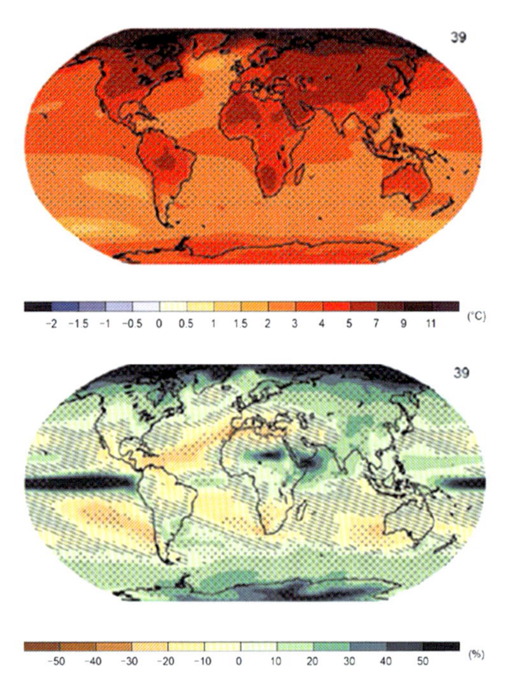

口絵3　年平均地上気温の変化（上）および年平均降水量の変化率（下）(IPCC, 2013)［4.6節］
2081～2100年と1986～2005年平均の差．RCP8.5シナリオにもとづく39の気候モデル結果の平均．

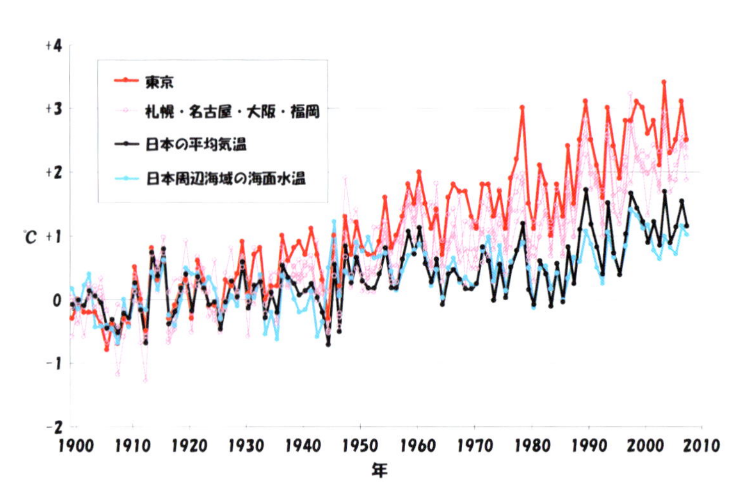

口絵4　日本の大都市の気温（赤とピンク），日本の平均気温（黒），および日本周辺海域の海面水温（水色）の推移（作成：気象庁；文部科学省・気象庁・環境省「日本の気候変動とその影響」(2009) より）［コラム13］
日本の平均気温は国内17地点の平均．いずれも年平均値で，1901-1930年の30年平均値からの偏差を示す．

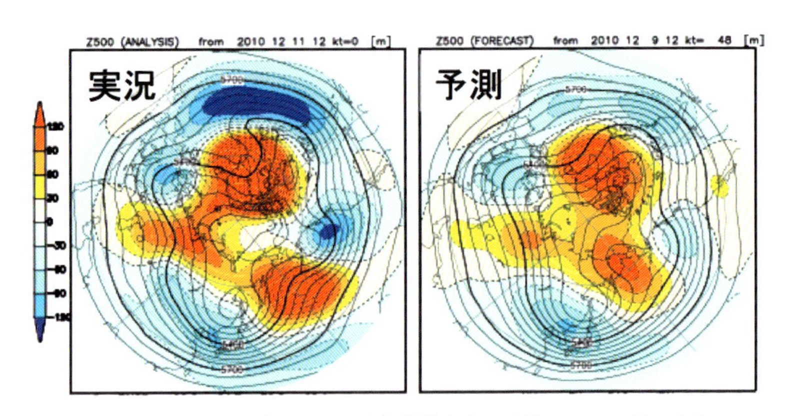

口絵 8　1か月予報の例. 2010年12月9日を初期値とする予報の2-29日目にあたる500 hPa高度の平均図（陰影は平年偏差；気象庁資料）
（左）観測，（右）予報.

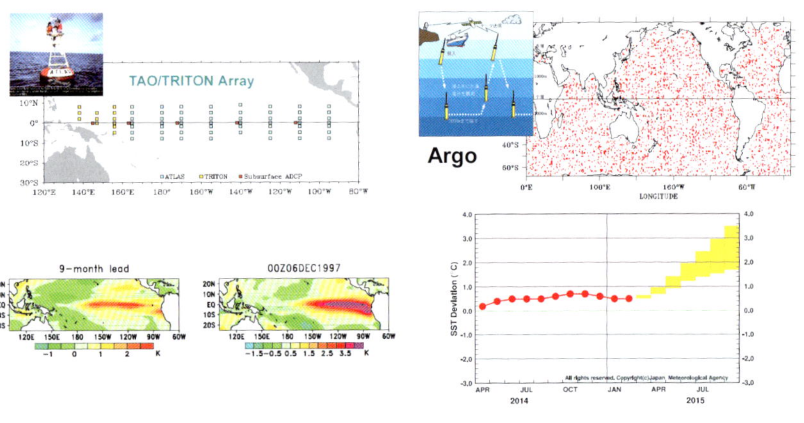

口絵 9　エルニーニョの監視体制と予測模式図［5.2節］
上段左は，TOGA計画を機に整備された無人係留ブイネットワーク（TOGA-TAO/TRITONアレイ）．現在，インド洋，大西洋にも同様のブイネットワークが構築されている．上段右は，海洋研究界が2004年から精力的に展開しているArgoと呼ばれる自動浮沈ブイネットワーク．Argoブイは，投下されると自身で2000 m深まで潜り，海流で漂流した後浮上しながら海水の水温，塩分を測定し，海面に浮上すると衛星へ観測データを送信する有能なロボットである．現在全海洋に3000個以上が投入されている．画期的な海洋観測システムである．下段左は，1997年3月を初期値とする気象庁のエルニーニョ予測と観測の比較．下段右は，エルニーニョ監視領域のSST偏差指数の予測例.

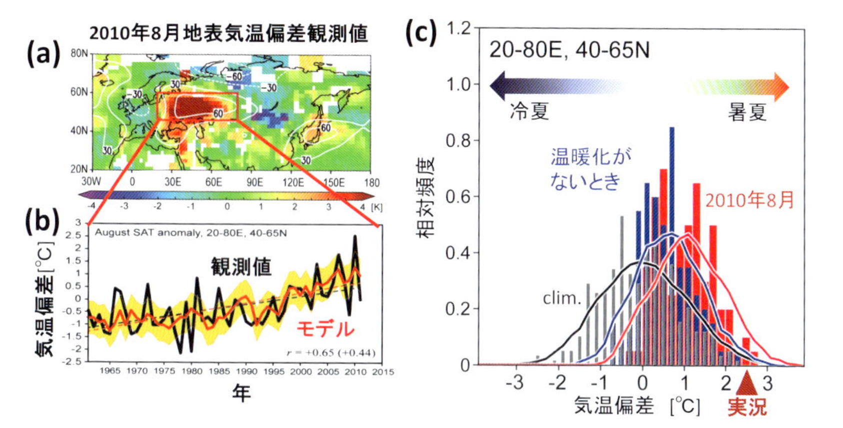

口絵 5　2010 年 8 月ロシア西部の熱波のイベントアトリビューション (Watanabe et al., 2013) [4.6 節]

(a) 同月の地表気温偏差観測値．(b) (a) の矩形領域で平均した 8 月の気温偏差の経年変化．観測値 (黒) とモデルによる再現値 (赤)．(c) モデルで計算した (a) の矩形領域の気温偏差のヒストグラム (棒グラフ) と確率密度分布 (pdf；実線)．黒は気候学的分布，赤は 2010 年 8 月の条件を与えた F 実験の結果，青は与える海水温から温暖化分を除いた CF 実験の結果．

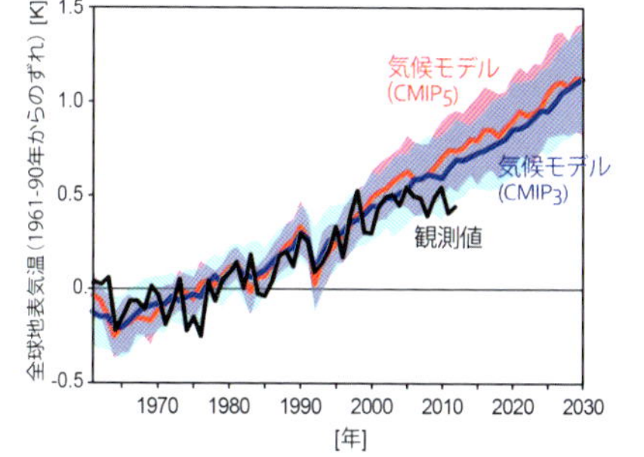

口絵 6　全球平均地表気温の 1960 年から 2030 年までの変化 (Watanabe et al., 2013)

黒線は 2012 年までの観測値，青線，赤線とそれぞれの陰影は，結合モデル国際比較実験 (CMIP3 と CMIP5) の気候モデル群による平均値とそのばらつきを表す．

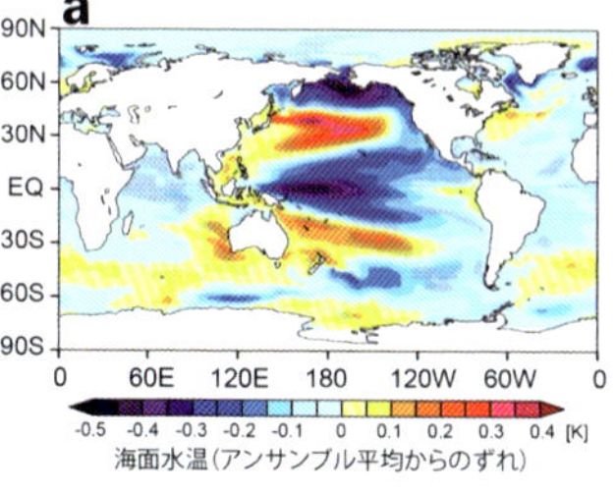

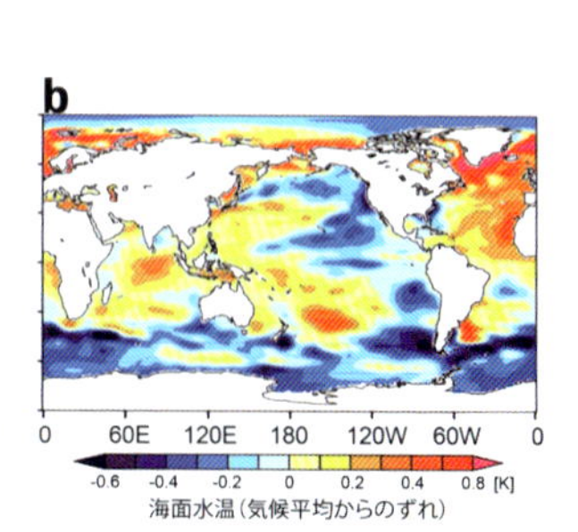

口絵 7　(a) 気候モデルで得られた，自然変動によるハイエイタスのパターン．全球地表気温の偏差が負になるとき (ハイエイタス時) の SST 偏差を表す．(b) 観測された 2001～2010 年の SST 偏差 (1961～1990 年からのずれ；全球平均値を除く)．(Watanabe et al., 2013b) [コラム 14]

5

「異常気象」の考え方

木本昌秀［著］

朝倉書店

はじめに

本書を手に取って頂き，ありがとうございます．おそらく，タイトルに興味を示して頂いたものと思います．このまま買って頂けると一番よいのですが，後で「損した」と言われても困りますので，ここで，読者対象や，何をどういう風に書いてあるかなどについて申し述べておきます．

猛暑や大雨などの異常気象や地球温暖化に関わるニュースが取り上げられる機会が近年ますます増えています．いつ何が起こった，どんな被害があった，記録的だったかどうかだけでなく，その背景にある気象の実態や理屈について原理的なことも含めてもう少し知っておきたいと思っている方々も多いと思います．世間で話題になる割には異常気象関係の話をまとめて書いたものはあまりないようですので，報道関係や予報士の方が，気象関係の解説をしたりするとき参考にして頂けるものを書いておきたいと思いました．気象学をかじったことがある，気象の読み物は何冊か読んだ，実は予報士の資格を持っている，というような方々はもちろんですが，気象学の本は一度も読んだことはないけれど地球環境に強い関心を持っている，そんな方々にも（少しむつかしいところはあると思いますが）ぜひ読んで頂きたいと思っています．

扱う内容ですが，タイトルどおり異常気象を軸にグローバル（全地球的）な気象にまつわる話をします．集中豪雨など，短期，局地的な現象も話題にはしますが，グローバル，長期の現象が中心です．地球温暖化にまつわる種々の問題について詳しい解説をする余裕はありませんが，異常気象と地球温暖化の関係をどう考えたらよいかについては，お話しします．結果的にかなり踏み込んだところまでお話ししていますが，事項を羅列的に説明するよりは考え方の方を重視するよう心がけたつもりです．

前半では，異常気象，天候のゆらぎとはどういうものか，そしてその背景となる大気の流れのしくみについてご説明しています．異常気象分析作業の実態もご紹介しました．本書は，教科書，専門書ではありませんが，さすがに気象学の基礎知識を多少は使わざるを得なかったので，前半のところどころに「ミニマム気象学」を挿入して気象の基礎知識のエッセンスを簡潔に解説しながら進めるよう心がけました．後半では，異常気象やより長期の気候の変動の考え方についてご説明しています．かなり専門性の高い概念もできるだけ原理がわかるように解説を試みました．ニュースなどで紹介される最先端の研究成果の記事も，詳細まではともかく，どういう意味があるのかくらいは知って頂きたいと望みましたので，近年専門家の間で話題のトピックも数多くご紹介しています．後半は，必ずしもグローバル気象を専門としない気象学徒にも多少の参考になるかもしれません．

数式を追うような面倒は避けたい方に向けたものを書きたいと思ったのですが，一部数式の力を借りてしまった箇所もございます．「数式をこねくり回さないとわからない理屈より，口で説明できる方がえらいのだ」と考える著者にとっては，痛恨の力量不足，不徳の致すところです．ですが，出てくるのは気象学の本格的な方程式ではなくて，「考え方」をイラストするためのもので，数が多く見えるのは数式操作を丁寧に追っているためもあると思います．本書で使う数式演算は，付録に「ミニマム数学」として１ページにまとめてあります．

結果的には，私の当初想定した「興味ある一般読者」にとっては少し難しい内容になってしまったかもしれません．ですが，一所懸命読んで頂いた方には，タイトルどおり，「異常気象の見方，考え方の勘どころのようなことがわかって，ちょっとすっきりした」と言って頂けるとたいへんうれしいです．

さて，そんな本でもひとつ読んでみてやるかという方は，そろそろレジにお進みください．

2017年9月

著　者

目　　次

◈ コラム ◈

1 異常気象とは—さまざまな時間・空間スケールでゆらぐ大気運動

1.1 最近の異常気象

異常気象がマスコミを賑わすことの多い昨今である．猛暑や熱波の事例が多く，また，集中豪雨や洪水被害も相次いでいる．とくに最近では，2010 年夏の猛暑が顕著であった．6～8 月の平均気温は全国 55 地点で最高値を更新し，全国 33 地点で日最高気温が 35℃を超える猛暑日の年間日数が 30 日を超え，東京では日最高気温が 30℃を超える真夏日が 71 日を記録した．熱中症での搬送者は 5 万人を超え（前年の 4 倍以上），厚生労働省によればこの年 1700 人以上の方が熱中症で亡くなったとされるなど，これも記録的な猛暑といわれた 2004 年の記録を多数更新して，観測史上もっとも暑い夏となった．

高温だけでなく，近年は雨の被害も数多く報ぜられる．猛暑の 2004 年には，台風の本土への上陸数も平年値 2.6 個を大幅に上回る 10 個を記録し，風水害による年間死者数は 220 名を数えた．異常天候で餌の減ったクマが人里に出没する事件も伝えられた．天候の変動は人間だけでなく，広く生態系にも大きな影響を及ぼす．雨といえば，近年は局地的な激しい豪雨も多く，2008 年夏には，7 月 28 日兵庫県都賀川の鉄砲水により子供を含む 5 名が，8 月 5 日には東京都豊島区で局地豪雨により下水道工事の作業員 5 名が亡くなるなど，「ゲリラ豪雨」という言葉が一気に普及した．その後も，2014 年 8 月 20 日未明，急速に発達した線状降雨帯が広島市北部を襲い，土石流災害によりわずか 3 時間で 74 名の人命が奪われた．2015 年 9 月 10 日にも集中豪雨により鬼怒川が破堤するなど，局地的集中豪雨に対する社会の関心はこれまでになく高まっている．

上で触れた 2004 年夏が 2010 年にも匹敵する猛暑であった一方で，その前年の

2003年夏は，北日本を中心に1993年以来十年ぶりの冷夏に見舞われた．1993年の大冷夏時には，稲作の不良から平成の米騒動と呼ばれるパニックが起きたことを記憶されている方もおられるだろう．このとき緊急輸入されたロンググレイン（粒の細長い）のタイ米はピラフにすればおいしいと思うが，お茶漬けにはあまり向かなかったようだ．平成米騒動の経験は米の備蓄制度整備に生かされていたので，2003年の冷夏時には米不足は大事には至らなかった．

ともあれ，ことほどさように異常気象，異常天候の社会全般に与える影響は大きい．本書では，異常気象に関して，専門外の人が知りたいと思っている（であろう）事柄について，できるだけわかりやすい解説を試みたい．とくに，異常気象や異常天候の考え方，それらに関する研究の進展と現状，地球温暖化のようなより長期の現象との関わり，そしてよりよい長期予報が可能なのかなどについて述べる．専門家の解説は，業界身内で通用している世界観や概念を前提としてしまい，部外者には何を言っているのかわからなくなる場合も多いと思う．短い新聞記事やインタビュー等にそれらも含めた解説を求めることはほぼ不可能であるが，本書がついつい小難しくなってしまいがちなわれわれの解説を理解していただく一助になれば幸いである．

◇◇◆ 1.2　異常気象＝低頻度気象 ◆◇◇

さて，このように世間で話題になり，また影響も大きい「異常気象」であるが，日本の気象庁では，この言葉を「ある場所（地域）・ある時期（週・月・季節）において30年間に1回以下の頻度で発生する現象」と定義して用いている．世界気象機関では，「平均気温や降水量が平年より著しく偏り，その偏差[1)]が25年以上に1回しか起こらない程度の大きさの現象」としている．つまりは，めずらしい現象ということである．30年とするか25年とするかにはそれほど意味はなく，人間の働き盛りの年数がだいたいこれくらいなので，一世代に一度経験するかしないか，くらいの目安である．気象統計で用いる「平年値」も近年30年間の平均値を用いることになっている．対象とする気象現象は，月平均の気温や降水量といった平均量でもよいし，また短時間に起こる集中豪雨の雨量のようなものでもよい．ただ，社会的に異常気象として問題になるのは1週間以上続くような天

1)　偏差とは平年値（＝気候値）からのずれのことである．平年値は直近数十年（多くの場合30年）の平均値として定義される場合が多い．

候変動の場合が多い.

そもそもこの本のタイトルにも「異常気象」とつけたのであるが,気象人にとってこの言葉はほろ苦い妥協の産物である.異常気象や異常天候と呼ばれるような現象が起こっても,めずらしいだけで,ほとんどすべての場合,その発生や持続の要因について気象学の範疇で語ることのできる「自然現象」であり,異常でもなんでもないからである.しかしながら,猛暑やひどい干ばつのような,めずらしい,つまり頻度の低い天候が起こると,多くの人が迷惑をこうむり,亡くなる方も出たりするので,社会的には大変な問題である.マスコミでなくても,「すわ気象の異常か」と考えるのももっともである.「低頻度気象現象」などと真面目に呼んでも,アピールはあるまい.「異常気象」と呼んで人々の関心を引くことで,次の備えにもつながるだろうし,われわれの解説に多少の関心ももってもらえるかもしれない.

ちょっと脱線したが,そもそも「正常」に対する「異常」ということではない,異常気象は低頻度気象のことである,ということである.逆にいえば,30年以上の期間を眺めれば,どの地点でも1回くらいは異常気象が起こっていることになる.世界には当然30を超える町,地域があるから,月平均気温の世界分布をみれば,どの月でもどこかで「異常気象」が起こっていてもおかしくないことになる.他人事ではなく,いつか自分の身に起こってもおかしくないこと,といってよい.

図1.1には,2004年夏の気温の平年偏差の分布を示してみた.この年,日本は猛暑だったので二重の白抜き四角印がついている(二重の四角は10年に一度くらいの頻度を示す.白抜きは高温,黒塗りの四角は低温偏差を表す).ヨーロッパもやや高温傾向である.一方,米国の東北部では広範囲に低温偏差が広がっているし,シベリア東北部も低温傾向である.このように,月々の気象偏差は地域によって符号が異なり,それが月ごとに変化しているのが気候のゆらぎの常態である.したがって,どこかで異常気象が観測されたといっても,それが即天変地異,グローバルな気候の異変,ということにはならない.

◇◇◆ 1.3 気候の年々のゆらぎ—東京の気温時系列を例にとって ◆◇◇

そもそも夏は冬よりは暑いものだが,耐えきれない熱帯夜の続く年もあれば,米の不作に悩む冷夏年,あるいは集中豪雨の多い年などいろいろである.今年の夏が去年の夏とまったく同じなら人生は至極退屈であろう.また,ひと夏の中で

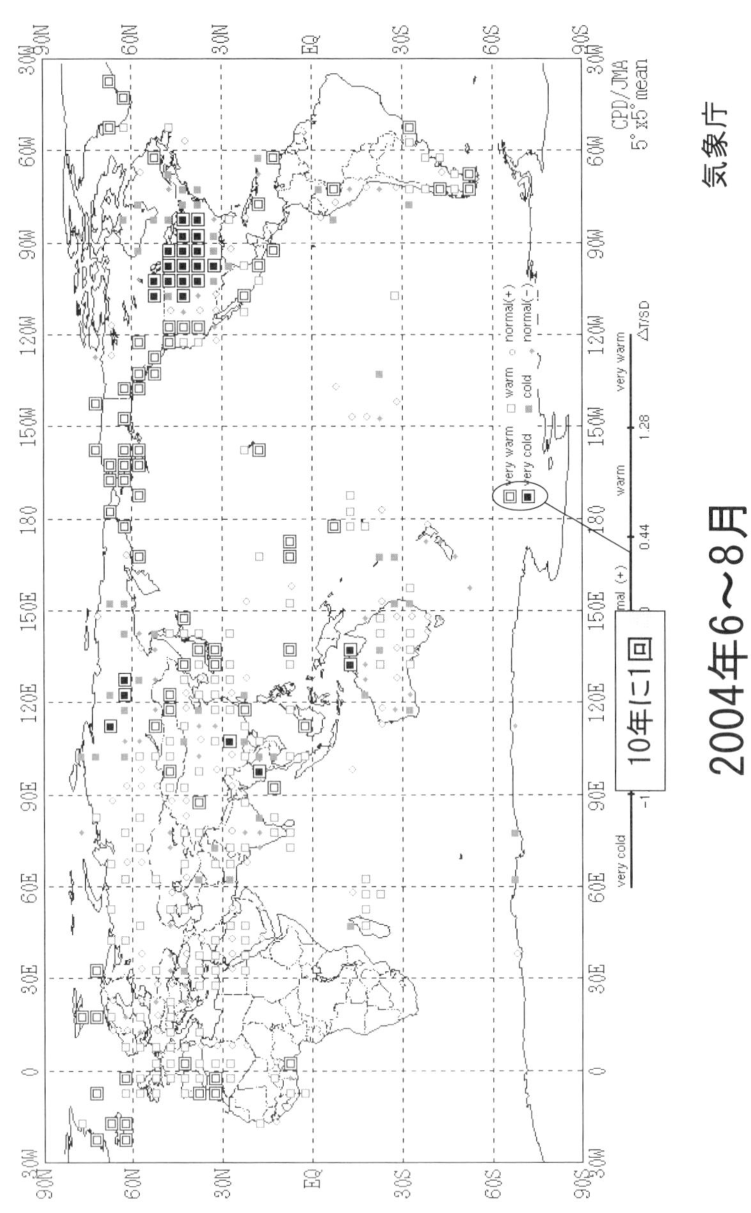

図 1.1　2004 年夏（6～8 月平均）の世界の気温偏差分布図（気象庁資料）
白抜きは正，黒塗りは負の偏差を表し，10 年に 1 回程度以下の低頻度偏差は二重の四角で表現されている．

も晴れの続く期間もあれば雨の続くときもある．気象は日々，季節，年々といったいろいろな時間スケールで常にゆらぎ続けているのが常態なのである．

異常気象を理解したい，できれば予測したい，というのは，このさまざまな気象のゆらぎを理解し，予測するということである．さきほど，異常気象という言葉は気象人にとってほろ苦い妥協の産物，と述べたばかりであるが，めずらしいだけに，さまざまに複雑な気候変動のメカニズムのいくつかが顕著に現れている可能性が高いので，どのようにして今回の異常気象が起こったかは，われわれが本当に気象のゆらぎをわかっているのかの試金石となる絶好の研究対象なのである．世間のみなさんにもスカッと説明して褒めてもらいたいし，次は予測もできるようになって役に立ちたい．決して気象人が「めずらしいけどどうってことないさ」と斜に構えているのではないことはぜひ覚えておいていただきたい．もし，解説がわかりにくいようなら，それはとりも直さず，解説している人もまだよくわかってないということだ．そして，残念ながら筆者自身自信満々で異常気象事例を解説できたためしがない．それだけ難しいものを含んでいる．これこれこのような状況で起こりましたという解説はできるし，どこどこの海面水温が怪しい，ということくらいまでは言えるが，果たして本当に何が原因でそうなったかを断定することは非常に難しい．現象の直後では仮説検証の数値実験などもできていないのでなおさらである．

また，脱線した．実際の気象データでゆらぎの実態に触れておこう．図 1.2 には東京の 6，7，8 月を平均した気温の平年偏差の，近年 52 年分の経年変化を例として示した．時系列の右側には，気温偏差の 0.5℃ごとの階級での発生回数を数えた頻度分布のグラフ（ヒストグラムという）を付けてある．

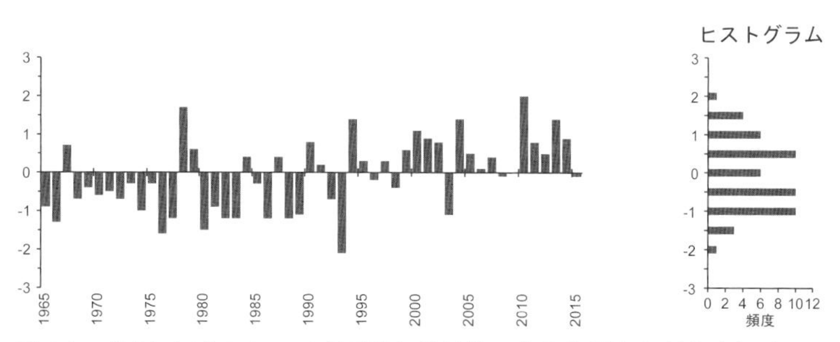

図 1.2　東京における 6，7，8 月平均気温偏差の時系列（左）と頻度分布（ヒストグラム；右）

東京一地点の観測では，やはり2010年猛暑が平年偏差2.0℃で1位である[2)]．1.1節で触れた1993，1994年や2003年と2004年の低温高温のコントラストも見える．ここでの偏差は，グラフの大部分を占める1981～2010年までの平均値を平年値（偏差＝0）として計算しているので，正負の値の出る頻度はほぼ同等であるが，遠くからよく見ると1990年代以前より最近の方が正の値が多いような長期傾向（トレンドという）に気づくだろう．毎年の夏の気温は，年々上下を繰り返し，また数十年以上にわたる長期傾向も見られるのが通例である．後に第4章で詳述するが，東京だけでなく，地球上のほとんどの場所で100年規模の温暖化が起こっており，その第一の原因は人間による石炭や石油などの化石燃料燃焼に伴う大気中二酸化炭素の増加であるということがわかっている．東京の場合，これに加えて都市化の影響も大きい．グラフでは，2010年に次ぐ高温年は，1978年，2013年，2004年，1994年などで，これらは著名な猛暑年であるが，52年間にこれだけの回数あると，どれもこれもを30年に1回の「異常気象」と呼ぶのには躊躇を覚えるだろう[3)]．われわれが社会に向けて「異常気象」と「宣言」するときは，いろいろな地点，降水量等も含めたさまざまな種類のデータを総合的に検討したうえで行うこととしている．

グラフの右側のヒストグラムに目を移すと，いまの場合全データ数（統計ではサンプル数という）が52個しかないので，統計学の教科書に載っているようなスムーズな分布にはなっていない．サンプルが少ないと，とくにヒストグラムの端，すなわち頻度の低い方の値が安定しない．安定しないというのは，サンプルがいくつか加わったり，減ったりするだけで値が変わってしまうということである．異常気象と呼ばれるような低頻度現象を論ずるには数多くのサンプル，長期の気象観測データが必要である．東京は，もちろん日本ではもっとも古い観測点の一つで，1875年から百数十年分の記録がある（注2で触れた観測地点移転の影響があるので「均質な」長期観測とはいえないが）．これは世界でも長い方の部類である．それでも30年に1回の異常気象を数回カバーできる程度，と考えると，

---

2)　ここでは観測データを筆者が処理した値を用いている．東京は2014年12月に観測場所が大手町から北の丸公園に移転したので，それを厳密に考慮した気象庁の正式値とはわずかに異なる可能性があるが，ここでの議論に影響はない．

3)　ちなみに，正規分布の場合には25回や30回に1回以下の頻度の偏差は，標準偏差のそれぞれ1.75倍，1.83倍より大きな値に相当する．標準偏差は，左右対称の山のような正規分布の曲線の横幅の目安である．サンプルのおよそ2/3がプラスマイナス1標準偏差内に収まる（図1.3）．

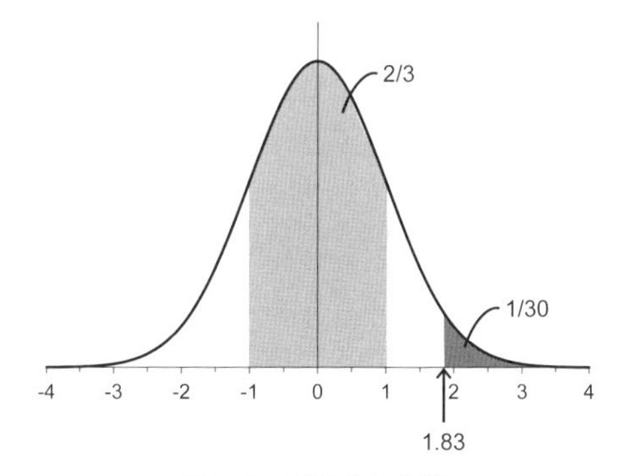

図 1.3　正規分布曲線

横軸は，標準偏差で規格化した変数の値．標準偏差の大きさが1以下のサンプルは全体の2/3を占める．標準偏差が1.83以上の値をとる確率（頻度）は，全体の1/30である．

異常気象＝低頻度現象のサンプル不足を実感していただきやすいのではないだろうか．

コラム 1 ◈ 確率密度分布の話

図1.2右に付けたヒストグラムは，有限個のデータ（サンプル）で度数（頻度）分布をプロットした場合にこう呼ぶが，サンプルが無限個になったとしたときには，確率密度分布と呼ぶ．気温の場合，正規分布と呼ばれる理論分布でよく近似できる．正規分布とは，平均値がもっとも起こる頻度（確率）が高く，そこから正負に離れるにしたがって滑らかに頻度が小さくなる，多くの読者がよく知っているだろう理論曲線である（図1.3）．降水量の場合は，無降水（＝0）のケースが圧倒的に多くて，値が大きくなるほど頻度が低くなるので，正規分布では近似できず，対数分布など他の理論曲線で近似される．

統計とか確率とかの考え方は，一つ一つのサンプルが互いに関係なくランダムに生じるとして，それらが多数になったときどのような特徴を示すのかを記述するのに用いられる．日々の気象を考える場合，今日の天気は昨日の天気とは無関係に起こることはありえない（もしそうなら天気予報は不可能である）のだが，10年前のある日の天気とはほとんど関係ないと考えても差し支えない．1週間前とか1か月前になると微妙である（これくらい前からの予報には少しは意味がある）．つまり，気象変数は決して厳密な意味で毎日無関係に生じているわけではないのであるが，長期間の天候（におけるたくさんの気象のサンプル）の特徴や変化傾向を語るようなときには確率，統計的な道具を使うことが多いのである．

また，短い先の予報でも，降水のように時間的，空間的な変動の激しい変数の場合は，ランダムな誤差が大きくなるので，何時からの1時間に大手町で何 mm！というような断定的な（決定論的な，という）予報が出しにくい（出しても外れる）ので，確率予報になっていることはみなさんもよくご存じだろう．降水に限らず，天気予報の誤差は，水蒸気や雲，風など降水に関わる気象変数の時間・空間分布が観測で完全に網羅できてはおらず，予報のもととなる現在値（初期値という）に誤差が避けがたいこと，さらに，雲粒が成長して降水を生じさせる過程など，現象を生じさせる自然界の仕組みが完全にはわかっていないせいである[4]．誤差が大きくなってしまうという意味では，1か月や3か月の長期予報も同じく確率表現を用いている．長期予報の場合，初期値に誤差があるというだけでなく，予報期間内にそれらが大きく成長することが大きな妨げになっている．後章で詳しく述べる．

気象庁は降水確率予報の普及に苦労した．「確率30%？　傘はどうしたらいいの？　びしっと言ってよ」と言いたくなるのが人情だからである．長期予報についても，「平年より高い確率が40%？　低い確率も20%？　よくわからな～い」とのご感想はごもっともである．誤差の小さい，より正確な予報ができればもっと「びしっと」断言できるのだが，仕方ない．「そんなに当たらないなら予報を出さなくてもよいのではないか？」という隠れたご意見もあろうが，出さないよりはずっとましだから最大限の工夫をして出しているのである．誤差が大きく確率的な表現にならざるを得ない天気予報については，後に述べる「胴元」の立場で利用するのがもっとも有用である．そう心がけたい（コラム17「アンサンブル・確率予報と胴元必勝則」へ続く）．

4）これらが完全完璧になる日は決してこないが，実用に耐える予報は出せているからよいのである．もちろん，研究・開発はより高みを目指す．

◇◇◆ 1.4　天気，天候，気候 ◆◇◇

さて，引き続き東京の気温のデータを，今度はもう少し細かく見てみよう．図1.4は，さきほどと同じ東京の気温のデータだが，年々より短い色々な時間スケールで揺らいでいるようすを詳しく見ようとしたものである．ギザギザの線で毎日の日平均気温の観測値が，太実線で毎日の平年値（=気候値）が示してある．気候値なので太実線は毎年毎年同じカーブを繰り返している．ギザギザの線が太実線より上にある日は正偏差，下にあるときは負偏差ということになる．

日々の経験から明らかであるが，気温は日々上下する．激しく変動する，といってよい．だが，ギザギザの線をよく見ると，1週間以上にわたって正や負の偏差が連続して起こるエピソードも数多くあることに気づくだろう．

「天気」，「天候」と「気候」，これらの言葉にきちんとした定義があるわけではないが，本書では以下の慣例にしたがって使い分けることとする．

- 日々変化する頭の上の[5] 気象を「天気」と呼ぶ．
- 数日ないし数か月程度平均した天気の傾向のことを「天候」と呼ぶ．
- それより長い期間の平均を「気候」と呼ぶ．

図1.4の例では，ギザギザの線の毎日の上下が「天気」の変動，ゆらぎを表し，1週間程度以上引き続く正負偏差の持続エピソードが「天候」のゆらぎを表していることになる．1か月から1季節（～3か月）くらいの平均は，文脈によって「天候」と呼ぶこともあるし，「気候」という言葉を使う場合もあるだろう．およそ，世間で「異常気象」として話題になることが多いのは，1週間以上にわたっ

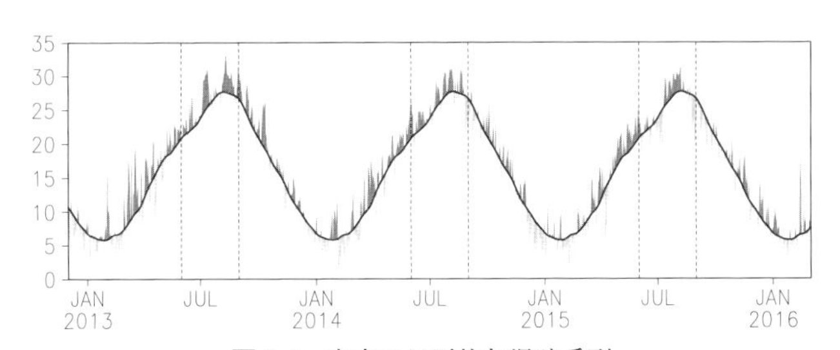

図1.4　東京の日平均気温時系列
太実線は，気候値．縦の点線は夏（6～8月）の期間を示す．

5)　町や地域ごとに異なる，というニュアンスである．

て続く「天候」の変動に伴うものであることが多い.

「日本は温帯湿潤気候に区分される」などと言うときの「気候」は，数十年以上の平均の天候をさしている．季節によって気温などの気象変数は大きく変化するので，平均は季節ごとにとる．世界の多くの気象機関は便宜上，30年を「平年値(または気候値)」を計算する平均期間としている．図1.4では，太実線がカレンダーの日ごとに定義された1981～2010年の「気候値」である．これも日常の経験に照らせば明らかなことであるが，気候の季節変化というのはかなり大きなものである．四季の変化が美しい，日本のような中高緯度帯ではとくにそうである．天気や天候の変動という意味では，春や秋（グラフでは平年値の上下の途中あたり）は結構大きいのであるが，いくら大きな偏差でも絶対値としてはまるで経験したことのない気温ではないので，真夏のこれ以上は勘弁願いたい猛暑や，真冬の猛烈な寒波の方が社会的な影響も大きく，話題になることが多い.

さて，図1.2や図1.4ではプロットされた期間が短く気づきにくいが，もちろん気候は30年より長い時間スケールでも変動する．異常気象や気候値定義の際の「30年」は，およそ一世代程度として便宜的に決めたもので，気象学的にさほどの意味はない．近年地球温暖化のような長期の気候変動が話題になっているので，研究などでは臨機応変にもっと長い期間をとることも多い．また，気象庁などでは，10年ごとに平均をとる期間を最新のものにずらしてゆくので，旧平年値では「異常高温」とされたが，新平年値のもとでは「異常」の基準を満たさない，といったことは当然起こる[6].

さて図1.4に戻って，1.1節で触れたように，2013年夏は猛暑であった．図では6月から8月までの「夏」がわかるように破線が引いてあるが，たしかに2013年はひと夏を通じて正の気温偏差が卓越していたことがわかる．一方2015年には，8月初めの気温のピークのところで，1週間程度大きな正偏差が続くエピソードが見られる．このときは，東京でも猛暑日が1週間続き，メディアでもそれこそ猛暑だ異常気象だと大きな話題になった．この期間の前後には負偏差がけっこう続いたので，2015年は夏3か月を通じれば平年並みということであった．図

6)　前節の図1.2で見たようなヒストグラムに明瞭なギャップでもない限り，気象変数がある値を超えたら「異常」で，それ以下は「正常」などと言う議論はナンセンスである．一般にもおなじみの「梅雨明け発表」も似たような事情で，リアルタイムに高らかに発表できる場合はあまり多くない．それで一時気象庁が発表をやめようとしたが，国民のみなさんからの「風物詩として是非に」との声ですぐ復活した（ちなみに私自身も梅雨明けは大好きである)．公式記録は，発表後の天候推移等も加味して後に決定されている.

1.4 だけを遠くから眺めて達観するのはあまりよくないが，この 2015 年 8 月初旬に匹敵しそうなエピソードというのはたった 3 年間の間にも正負けっこうあるのにお気づきいただけるだろう．社会的な影響が大きいときはともかく，気象学的にはこれらが起こるたびに「異常気象か？」と言っていたのではとても体がもたないことはご理解いただけると幸いである．

コラム 2 ◈ 異常気象分析検討会

気象庁は 2007 年 6 月，「平成 18 年豪雪のような社会経済に大きな影響を与える異常気象が発生した場合に，大学・研究機関等の専門家の協力を得て，異常気象に関する最新の科学的知見に基づく分析検討を行い，その発生要因等に関する見解を迅速に発表することを目的」(気象庁 web サイト）として異常気象分析検討会を設置した．ここに述べられたとおり，気象庁の長期予報関係者と大学・研究機関の研究者がメンバーとなっている．委員のみなさんのご寛容により，筆者が発足時より 2017 年 5 月までの 10 年間会長を務めさせていただいた．

「平成 18 年豪雪」というのは，2005 年末～2006 年 1 月にかけて日本列島が久しぶりの大寒波に襲われたエピソードで，上記目的文にもあるように，交通障害や落雪・雪下ろしの際の事故で死者も出るなど社会的な影響は大きかった．このときは，前年の 12 月からその兆候がみられ，また，事象が起こっている最中から寒波襲来のメカニズム，つまり，何が原因でそうなっているかがわかっていた．長期予報ではわりとめずらしいことである．このとき，赤道東太平洋では海面水温が広範囲で平年値より下がるラニーニャ現象が起こっていたが，逆に赤道西太平洋の海面水温偏差は正で，その影響と思われる降水偏差が日本の南で持続していた．この降水偏差がその北に高気圧性の循環偏差を生じさせ，日本に北西季節風を呼び込むようなかたちになっていたのである．このように，天気図を見て想像することは，長期予報官が日常行っていることである．年末休暇前に，熱血予報官として有名な前田修平氏が電話をくれた．「正月は寒くなりそうだ．木本さんのところにも取材がきますよ．私は，これこれこのように分析しているのだが，残念ながらそのとおりだという証拠がない．」「なら，北大にいる渡部雅浩君にモデルで計算してもらったら？」と私．渡部氏は非常に手際よく前田氏の仮説を後押しする理論計算をしてくれて，前田氏は新年早々の取材にもその図を片手にいつもに増した熱弁をふるうことができたのである（図1.5）．

社会的に大きな影響のある異常天候が起こっても，なかなかすぐにこれこれこういう原因で，という説明は難しいものである．このときは，見事な官学連携の成功例，と身内では大いに盛り上がり，その勢いで奔走した前田氏の尽力により分析検討会設置が実現した．気象庁の文章に「平成18年豪雪」があげられているのはそういうわけである．以来，社会的に影響の大きい天候異常の際には委員の間で天気図や要因の考え方についてメールで情報，意見を交換し，本当に30年に1回以下の異常気象のときには臨時検討会を招集して分析結果を国民のみなさんにもお知らせすることとなった．これまで，異常気象の定義に当てはまらないときも気象庁はこまめに情報を発表してきたが，検討会の先生方の意見も聞き，また彼らの開発

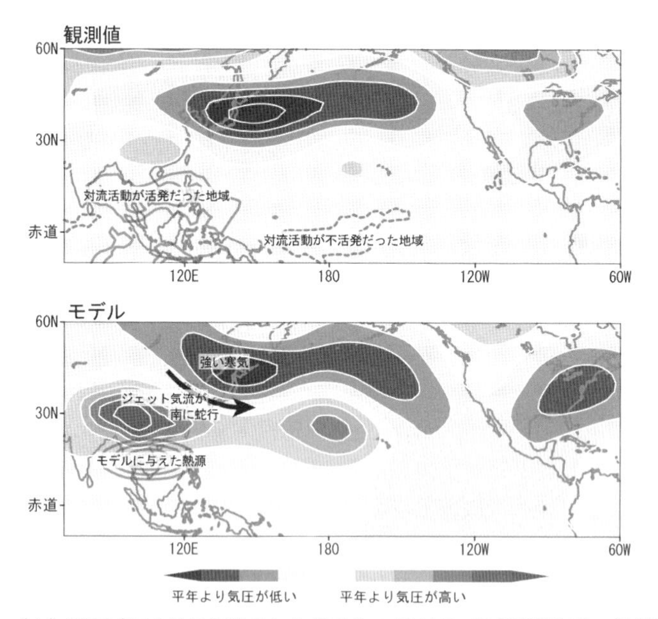

図1.5　（上）2005年12月に観測された月平均の500 hPa面高度場偏差．熱帯域の実線と破線は，外向き長波放射（outgoing longwave radiation; OLR）偏差がそれぞれ−20 W/m² 以下，20 W/m² 以上の領域で対流活動の活発，不活発な領域を示す．（下）インドシナ半島に楕円形の非断熱加熱を与えて数値モデルで計算した500 hPa高度場偏差の定常応答．（渡部・前田，2006）

した分析ツールを現場に導入しやすいしくみが整った．

筆者は，自分が気象庁にいた関係もあり，会の発足以前から異常天候についてのマスコミ取材等の際には，長期予報課（現 気候情報課）に電話して，ようすを聞いたり，大量の資料をFAXしてもらったりしていた．当時気象庁外からは，リアルタイムの天気図，とくに長期予報関係の図を見るのは，簡単ではなかったのである[7]．異常気象分析検討会発足によって，気象庁と研究者のコミュニケーションが増しただけでなく，気象庁外の研究者にも「プロフェッショナルな天気図をリアルタイムで見ることができる」しくみが立ち上がった．私自身も，検討会発足以来，マスコミからの電話をいったん切る必要なく，天気図で確認しながら取材に応じることが可能になった．検討会は，「大気大循環の異常が主要因で，比較的長期（2週間程度）にわたって持続した異常気象を分析検討の対象とし」（気象庁）ている．「異常」は，気象庁やWMOの定義にならって，30年に1回以下の頻度を想定している．気象災害は頻繁に起こるが，そのたびに要因を分析し，見解の公表までは行えない．それでも，定例会や臨時会で検討した内容については，定義上異常気象でないときも記者レク（チャー）のようなかたちで解説するようにしている．社会的な影響の大きい天候について，研究者が報道等にできる限りの解説をするのは当然の義務である．気象庁の担当者は責任もあって仮説レベルの解説はしにくいが，大学の先生や研究者なら，「専門家の見解」と称して話題提供はできる．検討会等を通じて即時性の気象データを閲覧できると「専門家の解説」のレベルも上がるというものである．

◇◇◆ 1.5　異常気象時の天気図の例 ◆◇◇

ここまで，一地点の時系列データで天気，天候のゆらぎについて見てきたが，この節では天気図によって空間的な広がりも含めて気象のゆらぎのようすを見て

7）　現在でも一般の方が気象の膨大なデータにアクセスするのは困難がある．気象庁も相当の努力をしているが，何せ観測やそれをさまざまに処理した格子点データの分量は，インターネット全盛の今日でも超“Big Data”である．ちなみに，大気に国境はなく，天気予報の分野ではインターネット普及のはるか以前から全世界を覆う専用回線でデータの相互流通を行っている．

おこう.

天気，天候の変化は地球上の大気[8]運動によって生じており，一地点の天気・天候変化には数千ないし数万 km 範囲の大気運動が関係している．テレビでよく見る日本付近の天気図の範囲は数千 km である[9]．日々の天気変化はこのくらいの範囲を見るだけでも間に合う[10]が，天候，気候と時間スケールが長くなるほど影響範囲が大きくなり，数か月以上の変動を扱うには地球全体の大気運動をモニターする必要がある．

図 1.6 上段の図は，記録的な猛暑といわれた 2010 年夏の上空約 5 km（気圧 500 hPa）の天気図である．南北は赤道から北極近くまで，東西はヨーロッパから太平洋の日付変更線までかなり広い範囲を描いているので，日本列島は図の真ん中少し右に小さく鎮座している．気象関係者がおよそ 1 週間以上の天候変動を語る場合は最低この程度の範囲の天気図を見る．

図には線がたくさん描かれているが，これは等高度線といって，500 hPa の気圧面の高さを示している[11]．後に地衡風

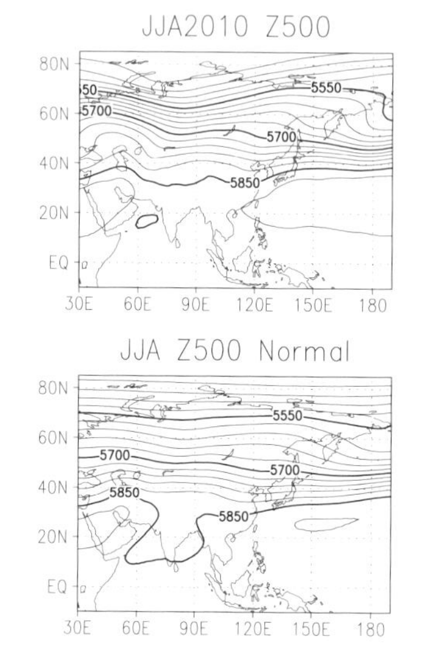

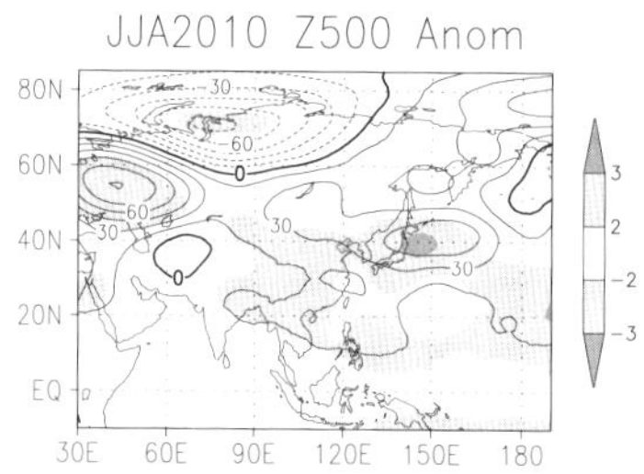

図 1.6　6～8 月平均の 500 hPa 高度
(上) 2010 年 6～8 月. (中) 気候値. (下) 2010 年 6～8 月の偏差 (等値線：上図マイナス中図). 陰影は各地点の標準偏差で規格化した偏差.

8)　空気のことだが，地球を覆い，その動きや温度の変化等によって気象・気候の変動をもたらす気体として扱うときには大気と呼んでいる．英語では空気は air，大気は atmosphere を使う．

9)　緯度 1° は約 110 km に相当することを思い出していただくと便利である．緯度幅 10° は 1100 km．北緯 45° の稚内から北緯 31° の鹿児島までおよそ 1500 km．東西方向の経度幅は，緯度によって実際の長さが変わるのにご注意．

10)　ただし，地上天気図だけでなく上空の天気図も見ることは必須である．

11)　気象観測所では毎日数回気球を揚げて上空の気圧を測っているが，これらの観測データを国際的に交換する際に，850 hPa，500 hPa，200 hPa など決まった気圧面での高度，気温等の測定値を報ずる習慣になっているので，上空の天気図は，等気圧面（等圧面）で描くことが多いのである．気圧は，その場所より上空にある空気の重さのことなので，高度が上がるほ

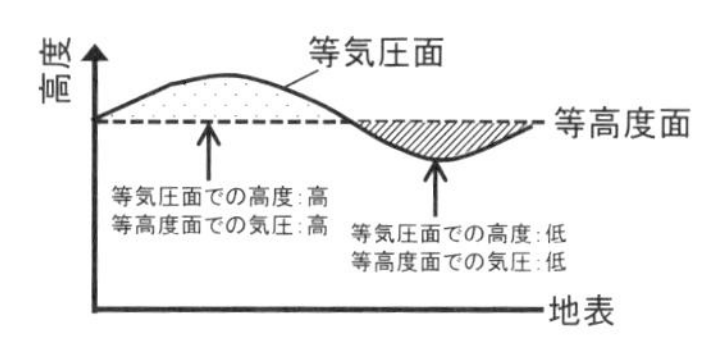

図 1.7　上空での等気圧面と等高度面の関係の模式図
等気圧面の上下は誇張して描いており，水平からの差は小さい．したがって，上空の等圧面天気図での高度分布はその高度付近での気圧の水平分布と読み替えて差し支えない．

のところでもう少し詳しくお話しするが，上空の風はおよそこれら，等圧面天気図での等高度線に沿って吹いていると考えてよい．北半球ではその風は高度の高い方を右に見るように吹く．風の強さは，等値線の間隔に反比例する．図では，おおむね南から北へ高度が下がっているので，中高緯度のほとんどの場所で西風（西から東へ吹く風）が吹いていることになり，日本付近から東海上で西風が強く，また風向きは場所によって微妙に異なっていることがわかる．

さて，図 1.6 上の図を見ても一体なぜこの夏日本は猛暑だったのかわからないので，図 1.6 中段に示した同じ天気図の 30 年平均，すなわち平年値と比べてみよう．30 年間の平均なので，上段の図に比べると滑らかであるが，日本付近に目を凝らしてもいま一つ 2010 年の特異性ははっきりしない．そこで，上段と中段の差＝偏差を示した下段の図を見よう．上中段図では，等値線が 30 m ごとに描かれており，値はおよそ五千数百 m，図の場所による値の違いは 1000 m 以上に及ぶ．下段の偏差図では等値線の間隔は 15 m，値は正と負が入り混じっており，最大最小の差は百数十 m にすぎない．平年値からの偏差はそれほど大きいものではないことがわかる．したがって，2010 年夏の実況値の平年からのずれは，図 1.6 上段と中段の図を見比べてもなかなかよくわからないのである．

図 1.6 下段の偏差図では，日本の上空にプラス 45 m の高気圧偏差があることがわかる．これが日本に猛暑をもたらした．そんな小さな値で？ と思われるかもしれないが，これを各地点での年々の偏差の大きさと比べてみるとけっこう大きな

ど気圧は下がる．高度に伴う気圧の降下は，等高度における水平の気圧変化よりずっと大きいので，等圧面の高さが水平からずれる割合はとても小さく，天気図での高度分布は，等高度天気図を描いた時の水平気圧分布と考えてよいのである（図 1.7）．ちなみに，海面高度（～地表）での気圧はおよそ 1000 hPa なので，500 hPa 気圧面は大気質量の半分にあたり，対流圏上空の天気図の代表としてよく用いられる．

ものであることがわかる．図1.6下段の薄い陰影と濃い陰影は，各地点の30年間の標準偏差（σで表すことが多い）の2倍（2σ），3倍（3σ）を超えるところにそれぞれ施してある．正規分布の表にあたると，標準偏差の2倍を超える値を観測する確率は43回に1回，3倍だと770回に1回という低いものとなる．そう聞くと，なるほど日本の近くには$+3\sigma$を超える領域があり，記録的な猛暑となったのもある程度うなずける．異常気象といっても，数か月以上の平均場になると，平年の気象場の分布ががらりと変わるような大きな変化ではない，ということをおわかりいただきたかった．

ついでに，同じく2010年夏の日々のゆらぎがどの程度のものであったか，感触をもっておいていただきたいと思う．図1.8は，図1.6上中段で，日本の上空を走っている5760mの等高度線の日々の場所を，8月の1か月分についてプロットしたものである．太い実線は8月の月平均を示す．毎日の値は，けっこうばらついていることがわかる．大気の流れは日々変化しており，猛暑の夏といっても，日によっては多少涼しいときもあるものである．ただ，図1.8によれば，2010年8月は，一度も5760mの等高度線が本州まで下がってくることはなかった．

大気運動は日々，月々，年々，さまざまな時間スケールでゆらいでいる．ときには標準偏差の数倍を超えるような値も観測されるが，とくに中高緯度では季節サイクルが大きく，異常気象時であっても，平年のその季節の流れの形態が見たこともないほどがらりと変わってしまうようなことはない，というような感触をお伝えしておきたかった．

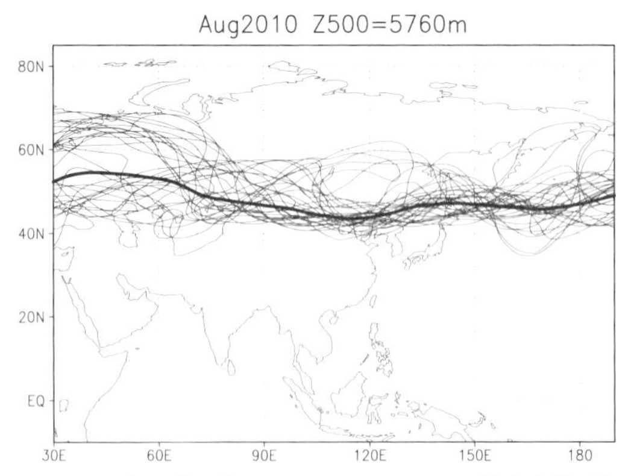

図1.8　2010年8月の毎日の500hPa 5760m等高度線（細線）
太実線は月平均．

ひらひらと落ちてくる枯れ葉の動きを逐一追うのは困難だが，天候の予測にもその要素がある．違うのは，枯れ葉が何回ひっくり返ろうが知ったことではないが，天候の変動は社会的影響が極めて大きいこと，そして枯れ葉の場合は周囲の風の乱れが測れていないので見込みがないが，天候予測は，完全な乱流ではなく，そしてこの世でもっとも稠密に観測されている流体を対象にしているところである．

コラム3　ゆらぐ風は心地よい

そよ風が心地よい理由の一つは，風によって汗の蒸発が促進されるからである．夏の暑い日，クーラーの使えないときは，顔や腕など皮膚を濡らしてうちわであおぐとよい．汗が蒸発するとき，液体から気体に変わるための気化熱を皮膚から奪うからである．近頃街で見かけるミストシャワーも，同じ原理を用いている．気象でも同様に気化熱は重要で，暖かい熱帯海上から蒸発した水蒸気（気体）は，上空へ上昇して雲（液体）になるときに放出する凝結熱で周りの空気を温め，ますます上昇気流を強めて雲を発達させる効果をもつ．このように維持された大規模積雲群は大気の大循環を大きく変えて，遠く離れた場所にも異常天候をもたらす――と，いうのはもちろん間違いないのであるが，そういうことはそもそもこの本の本題なので後にもっと詳しく述べることとして，ここではそよ風が心地よいもう一つの理由について触れておきたい．それは不規則なリズムである．

昔から扇風機は首を振るものだった，というと，それは部屋にいるみんなに風を送るためでしょう，といわれるに違いないが，ブンブンと強い風を送り続けられるよりも，強くなったり弱くなったりする方が気持ちよいので，一人のときも扇風機の首振りスイッチを押していなかっただろうか？近頃の扇風機には，わざわざ風に強弱のリズム，すなわちゆらぎをもたせる機能がついている（我が家の扇風機では，「リズム風」というボタンがそれである）．

リズムといっても，規則正しいものより，ある程度不規則な方が心地よいらしい（首振りだと規則的である）．人間に心地よいのは「$1/f$ゆらぎ」と呼ばれるものだそうである（例えば，『ゆらぎの発想～$1/f$ゆらぎの謎に迫る』（武者利光，1994年，日本放送出版協会））．fは周波数のことで，15秒に1回風が規則正しく強弱を繰り返す場合，周期は15秒，周波数はその

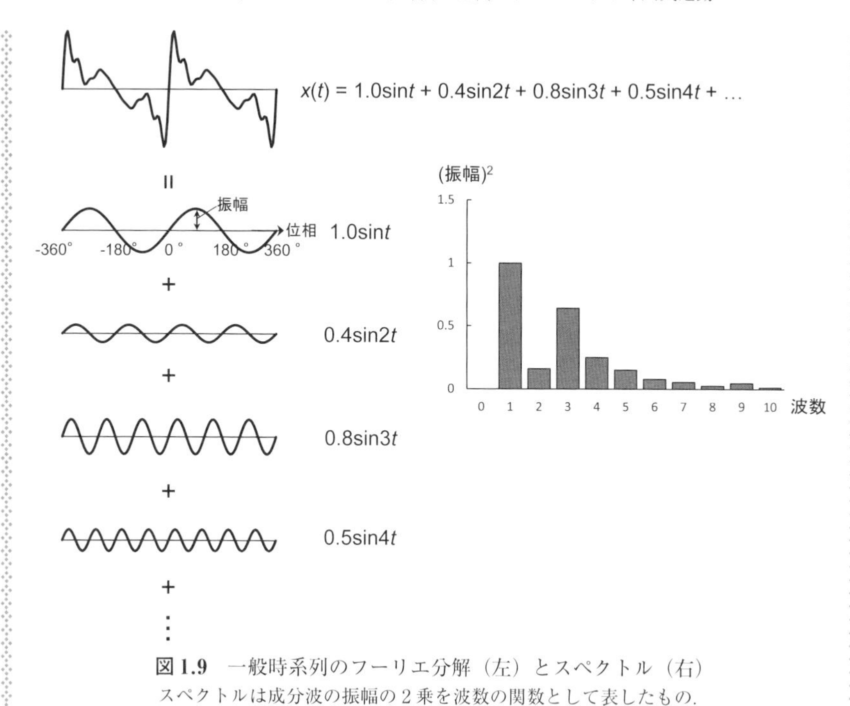

図 1.9　一般時系列のフーリエ分解（左）とスペクトル（右）
スペクトルは成分波の振幅の 2 乗を波数の関数として表したもの.

逆数，ということになるのだが，そよ風のような不規則なゆらぎ（ノイズ）は，色々な周期，周波数の成分が重なり合ってできている，というふうに解釈される．これは，不規則時系列をいろいろな周期の正弦波（サイン，コサインのこと）の足し合わせで表現できる，という数学[12]の定理にもとづいたものである（サイン，コサイン関数を使うやり方をフーリエ展開という）．このようにみたとき，扇風機のリズム風でも，長年の気温のデータでもなんでもよいが，一見不規則な時系列の特徴を，各周波数成分の相対的な強さで分類することができる．ある時系列データをフーリエ展開して，各周波数に対してその成分の強さ（パワー；≡成分波の振幅の 2 乗和）を求めることをスペクトル解析という（図 1.9）．周波数とスペクトルパワーの関係を示すグラフの特徴によって，不規則ノイズはいくつかに分類でき

12）本書で用いる基礎的な数学は，付録 A にまとめた．

る．パワーが周波数によらず一定のものはホワイトノイズと呼ばれる．世の中には周波数が小さいほどパワーが大きいものが多いが，これらは一般にはレッドノイズといわれる．

フーリエ展開，スペクトル解析は，時間軸に沿ってデータが与えられる時系列に限らず，空間の関数としてのデータでも同様に適用される．この場合，周期は波長と呼ばれる．レッドノイズの名は可視光の中でより波長の長い（周波数の小さい）光が赤く見えることからきている[13]．

$1/f$ ゆらぎ，または $1/f$ ノイズとは，低周波成分ほどパワーの大きい，広義のレッドノイズのうち，とくにそのスペクトルが $1/f$ に比例するもののことをいう．ピンクノイズともいわれる．狭義のレッドノイズは，パワーが $1/f^2$ に比例するもののことである．$1/f$ ゆらぎは，心拍のリズムなど生体を含む自然界に多く存在するといわれ，人間を含む生物にとって心地のよいリズムといわれている[14]．気象時系列も広義のレッドノイズではあるが，グローバルスケールの現象を扱う場合は，$1/f$ ゆらぎとしてよりも狭義のレッドノイズ（$\propto 1/f^2$）として考えることの方が多い．そもそも $1/f$ や $1/f^2$ ゆらぎは統計的な（すなわちサンプル一つ一つではなく，それらの集団の性質を扱う）概念なので，現象，イベントの一つ一つの違いを語り，その理由を求めるアプローチとは視点が違う．$1/f$ ゆらぎの普遍性やその背後にある共通原理のようなことがわかると楽しいだろうとは思うが，異常気象のメカニズムを語る本書では，気象時系列の近似 $f^{-\beta}$ として β はいくつが最適かは追及しないこととする．

サインコサインが出てきたついでに，振幅と位相のことに触れておこう．振幅は，図 1.9 に示したような正弦波の山から谷までの高さの半分（ゼロ線からの距離）のこと，位相とは山や谷が横軸のどの位置にあるかのこと

13) 雨の後の虹では，水滴によって太陽光が屈折され，波長ごとに屈折の具合が異なるために，色の区別ができるようになっている．虹の色の順番は，学校で習ったとおり，波長の長い順に，セキトウオウリョクセイランシ（赤橙黄緑青藍紫）だが，可視光を構成する波長は連続的なので，正確には虹は七色だけから構成されているわけではない．

14) その理由は不明なのだが，単振動（ある周波数のみの規則振動），狭義のレッドノイズ，$1/f$ ノイズ，ホワイトノイズと，ランダムさの増す順（β の減る順；ホワイトノイズは $\beta=0$，単振動はスペクトル線がある周波数のところだけ垂直に立つので便宜上 $\beta=\infty$ と考える）に並べてみると，単振動はまったく単調で退屈，完全にランダムなホワイトノイズは「五月蠅い」，その間のそこそこに不規則な f^{-1} や f^{-2} がまし，と感じるだろうことは感覚的に納得できる．

である．1周期は0から360°で表すが，原点をどこにとるかは任意である．$\sin x$なら値が負から正になるとき（$x=0$）を位相0°とすれば，山が90°（$x=0.5\pi$），山から谷の途中の0が180°（$x=\pi$），谷は270°（$x=1.5\pi$），次の0で1周360°（$x=2\pi$）である．$\sin 2x$の場合，位相の一周期360°は$x=0-\pi$，$\sin x$の半分の横軸間隔で達成する（周期が半分）．つまり位相はその周期波ごとにその1周を360°として測る．——そんなことは知っている，と意欲ある読者には言われそうだが，ここでくどくどと説明したのは，気象では時系列でも空間変動でも，とりあえず波であるかのように扱って話すことが多いためである．例えば，「今回の週間予報は低気圧の強さはよかったが，位相がずれてしまった」と言ったときは，中心示度は（おそらく進路も）合っていたが，中心位置が実際の観測とずれていた（遅かったり，早かったりした）のである．

この本では必要以上に数式を扱わないようにしているが，気象を語ろうとするとかなり頻繁にこの手の非日常語が現れてしまうと思うので，折に触れてご説明しておこうと思った次第である．

ところで，この波動概念が気象で頻繁に現れるのは，図1.4でも見たように偏差が気候値に対してあまり大きくないため，方程式を扱うときにとりあえず気候値がそのようになる由来は置いておいて，そこからの小さなずれのしくみを調べれば事足りる場合が多いためである．小さなずれ（方程式を扱う場合，摂動ということが多い）なので，方程式に現れるずれどうしがかけ合わさった項はずっと小さいため，とりあえず無視して解析できる．摂動が，各項に高々1回しか現れないような方程式は線形であると呼ばれ，波動方程式は，時間空間を独立変数とする偏微分方程式の中でもっとも簡単なものの一つである．線形方程式では，解が何種類かあってもそれらを独立とみなして求め（解析し），全体がみたいときはそれらを足し合わせればよい．偏差があまり大きくなくて，波動概念でかなり多くを語ることができるのは，気象学のラッキーな一面である[15]．

15) 気象学者の名誉のために言っておくが，小さなずれがかけ合わさった，「非線形」効果は研究の極めて重大な課題である．しかし，線形でかなりの程度を語ったうえで，非線形効果が大きく効くとき，として次の段階の話に進めるだけでも大変なラッキーである．

コラム 4 あなたのノイズは私のシグナル

本文にその一端を紹介したように，気象現象はいろいろな時空間スケールの運動が含まれる．日々の天気変化を研究する者にとっては，数日ごとにやってくる高気圧低気圧の構造や強さが問題だが，季節予報では，これら一つ一つは扱わず，もっとゆっくりした，空間的にも大きな偏差を問題にする．本コラムの表題は，そんな事情を表現したものである．

そのようなわけで，気象データの解析では，時系列にフィルタと呼ばれる操作をして，例えば日々変動する成分を消して1週間以上の時間スケールでゆっくり変動する成分を取り出すようなことがよく行われる．簡単でよく使われる移動平均はこのようなフィルタの一つで，例えば1日ごとに値の与えられた時系列にその前後 n 日の時間平均を施し，日々の変動を除く．これを1日ずつずらして短周期変動を除いた（フィルタアウトした）時系列をこしらえて，詳しく調べるのである．n 個の移動平均時系列はおおよそ $2n$ の周期の変動のパワーを半分にする効果がある[16]．覚えておくと便利である．$2n$ より長い周期成分はあまり（全然ではない）振幅が変化せず，短い周期成分はゼロに近くなる．長周期成分を残すフィルタのことをローパスフィルタと呼ぶ．もとの時系列からローパスフィルタをかけたものを引けば，短周期成分のみを残した時系列が得られ，ハイパスフィルタをかけたことになる．ローパスフィルタの場合一般に，n より短周期成分はゼロ，n より長周期の成分は振幅を変えない（位相も変えない方がよい）性質が実現できれば理想的なのであるが，前後有限個のデータで処理しようとするとこのような理想特性を実現することはなかなか困難で，n 前後の周期成分は意図しない変化をすることになる．実際の研究現場では，簡便な移動平均よりも特性のよいフィルタを使うことも多い．

空間的なフィルタ操作も事情は同様で，なかなか（自分にとっての）ノイズを消して，シグナルだけを残そうとするのは簡単ではない．

再び気象学者の名誉のために言っておくが，長周期変動の概略を語るために短周期成分をフィルタして解析することはよく行われるが，フィルタ

16）移動平均フィルタの応答関数の求め方は付録Bに記した．

アウトされた短周期成分による長周期成分への効果についても十分な注意が払われる．ここ数十年で明らかになってきたのは，1週間以上の大気長周期変動（天候変動）には，それ以下の時間空間スケールの高気圧低気圧の集団効果[17)]がかなり重要であるということである．気象は，さまざまな時間スケールの運動から成り立っている，それら一つ一つの解明と同様に，異なるスケールの運動間の相互作用も重要な研究テーマなのである．

17）短周期成分の一つ一つがいつどこにあるかというよりは，それらがたくさんあることの効果，という意味で集団効果と呼ぶ．

2 グローバル気象の考え方—大気大循環のキホン

第1章では，実際のデータも例示しつつ，さまざまな時空間スケールでゆらぐグローバル大気の運動の結果，低頻度ではあるが現れると社会的には影響の大きい「異常気象」の概念をご説明した．以後，より本格的に異常気象のメカニズムや実態に踏み込んでいきたいが，そのためには最低限知っておいていただきたい気象学の概念があるので，この章ではそれらをできるだけ専門外の方にもわかりやすく解説することを試みたい．気象の本を読んだことのある方には聞き慣れた話題も多いと思うが，教科書的，体系的な説明よりは，考え方により重きを置いて超高速大気大循環論を試みるので，お付き合い願いたい[1)]．

2.1 放射と南北気温差，大気・海洋による熱・水輸送

2.1.1 大気上端での放射収支の緯度分布

まずは，異常気象をもたらすグローバルな大気の流れ（大気大循環と呼んでいる）の基本をお話ししておこう．図2.1の衛星写真のとおり，熱帯（赤道付近）ではたくさんの雲が立っている．白いところが高度十数kmに達する高い雲である．熱帯は文字どおり暑いわけであるが，これは太陽光をまともに（まっすぐに）受けるためである．緯度が高くなると太陽光が斜めから射すことになるので受ける

---

1) 異常気象や気候変動には海洋ももちろん重要である．そうではあるが，海洋力学のキホンまでお話しする余裕は本書にはない．後にエルニーニョや十年規模気候変動の話をするときに最低限必要なことに触れるに留めさせていただく．幸いなことに，異常天候や気候変動は，その原因はともかく，ほとんどの場合大気循環の変動を通してわれわれの身に襲いかかるので，大気の話に多少かたよっても大丈夫だと思う．

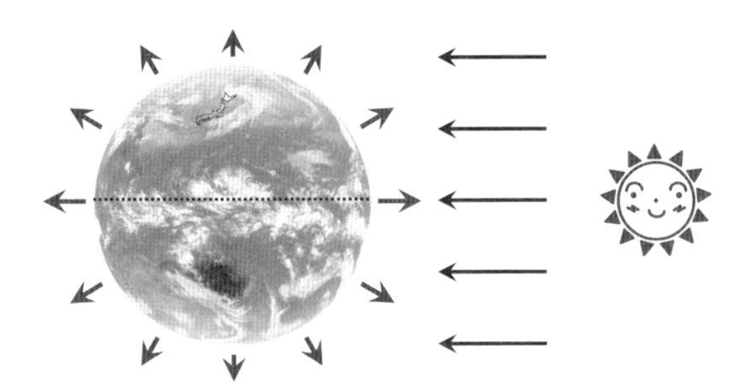

図 2.1　大気大循環の概念図（衛星写真：高知大学気象情報頁 http://weather.is.kochi-u.ac.jp/）

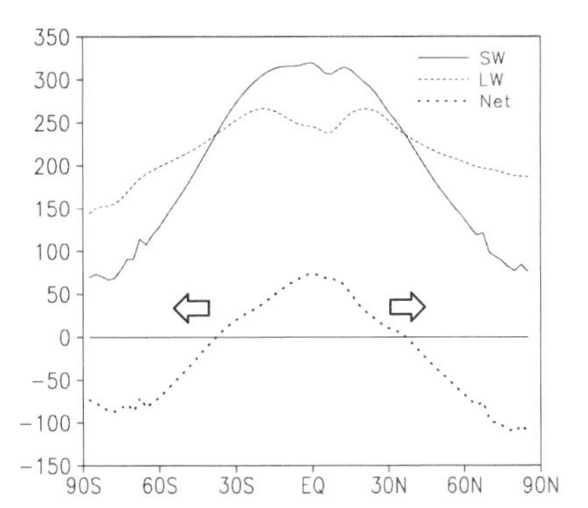

図 2.2　年平均した大気上端での正味の短波放射（実線），上向き長波放射（破線），および両者の差（点線）（単位：W/m^2）
白抜き矢印は，大気海洋による熱輸送の方向を示す．

エネルギー量が少ない．地球はこのように緯度に応じて異なる量の太陽光エネルギーを受け取る一方，温度に応じて赤外線（太陽光よりずっと波長の長い電磁波）を宇宙に向かって射出することで熱のバランスをとっている[2)]．われわれの体でも草木でも物体は温度に応じて多かれ少なかれ赤外線を射出しているのである．

熱帯では射出する赤外線より吸収する太陽光の方が多く，高緯度では前者の方が多い（図 2.2）．したがって，何もなければ熱帯はどんどん暖まり，極はどんどん冷える．実際にそんなことが起こらないのはグローバルな大気の流れが生じて

2)　シュテファン－ボルツマンの法則によれば，熱輻射により黒体から放出されるエネルギーは絶対温度の 4 乗に比例する．

熱帯の過剰な熱を高緯度に運んでいるためである．海洋の大循環もこの役を一部担っている．

大気も海洋も流体であり，地球表面を動くことができる．海水は大陸を避けるが，大気には文字通り国境もない．住みやすい地球の気候は，一つには二酸化炭素などの温室効果気体，そして大気−海洋の運動が形成しているのである．

図 2.2 によれば赤外線と太陽光のバランスがとれているのは日本付近の緯度帯（30〜40°）であるが，これより極側では出てゆく赤外放射の方が多く冷たい気団が形成され，逆に低緯度側では暖かい気団が形成されようとするわけである．その結果，この緯度帯で温度の南北変化がもっとも大きくなり，2.3 節以降で述べる偏西風も強くなる．偏西風の蛇行を伴って熱を北へ運ぶ大気擾乱がもっとも活発になるのもこの緯度帯ということになり，放射のバランスがとれて静かな平衡にあるというイメージはまったくない．

コラム 5　地球の平均気温のもとめ方

地球の平均気温の概算は簡単である．太陽は十分遠いので，地球の距離では太陽光は地球に平行に注ぐと考えて差し支えない．太陽光の強さを単位面積あたり S とすると，地球が年平均（＝赤道面が太陽光と平行）で受け取る太陽放射の量は，地球半径を R として，$S\times\pi R^2$．これを全部地球が受け取るわけではなく，白い氷や雲で 3 割は反射される（惑星の太陽光反射能をアルベドという．地球大気のアルベドがなぜ 3 割なのかは大きな謎であるが，比較的安定した値として衛星で観測されている）．したがって入力放射量は，$0.7S\pi R^2$．これが，$4\pi R^2$ の表面積から地球の平均温度 T に見合う赤外線で相殺されているとすると，$0.7S\pi R^2=4\pi R^2\sigma T^4$（$\sigma$ はシュテファン−ボルツマン定数）．これから，T を求めると 255 K（−18℃，K はケルビン＝絶対温度）となる．実際に観測された地球全体の年平均気温はおよそ 15℃なので，30℃以上違った値になっているが，この差の大部分は二酸化炭素などによる大気の温室効果を無視したためである．

ついでなので，大気や海洋による熱輸送がない場合の極と赤道の温度差が何℃くらいになるか，同様の放射平衡計算で見積もってみよう．緯度別アルベドを考えると雲や氷に依存して複雑になるので，入射太陽放射量は衛星観測を参照すると，おおよそ赤道で 300 W/m^2，極で 50 W/m^2 程度である（図 2.2）．赤道と極の違いは，前者では太陽光が真上から降り注ぎ，極では地面と平行になることから生じる．実際には，極でも地面と入射角が 0 からずれる季節もあるので 0 にはならない．さらに，これらの実測値はアルベドも考慮したものになっている．これらの入射量が σT^4 に等しいとして赤道と極でそれぞれ T を求めると，それぞれ 270 K，170 K となり，その差は 100℃ほどになることがわかる．しかし，実際の北極（南極）-赤道の地表気温差は，約 40（60）℃である（南極には海（～0℃）がなく標高も高いので気温は低い）．

2.1.2　大気-海洋による熱・水の南北輸送

ある緯度で海洋底から大気上端までの柱を考えると，その緯度での放射熱収支から大気と海洋による熱の南北輸送が算定できる．定常状態では，放射収支（正または負の値）と大気海洋の運動によってその柱に流入している熱の量はつり合っているはずであるから，それ以上南からの流入のない南極から順番に放射収支値を足し合わせてゆくと，その緯度で放射収支につり合うべき大気海洋による南北熱流量がわかる．図 2.2 には，そのような計算で算出される熱フラックスの方向を矢印で示した．熱帯から極に向かって熱が輸送されているようすがわかる（大気と海洋それぞれの貢献を分けるためには，風や温度のデータを使って算定しなければならない）．

大気中の水蒸気輸送についても同様の解析が可能で，この場合は，地面（海面）から大気上端までの大気中の水収支にもとづいて，大気運動による水の南北輸送量が計算できる．大気中の水収支は，海面からの蒸発からその緯度での降水の気候値を引いたものである．降水，蒸発およびその差の気候平均の緯度分布とそこから推算される水輸送の方向（矢印）を図 2.3 に示した．大気は晴れた亜熱帯貿易風帯で海面から大量の水蒸気を受け取り，一部はハドレー循環の下層分枝により熱帯の降水帯に運ばれ，また，残りは亜熱帯高気圧西半分の極向きの風が吹く地域や，偏西風帯の擾乱によって中高緯度に運ばれているようすがわかる．

◇◇◆ 2.2　ミニマム気象学（1） ◆◇◇

さて，図 2.1 のような放射の南北不均衡をならすために大気大循環が生じており，その循環がいろいろな時空間スケールでゆらぐ結果異常気象が生じる，という事

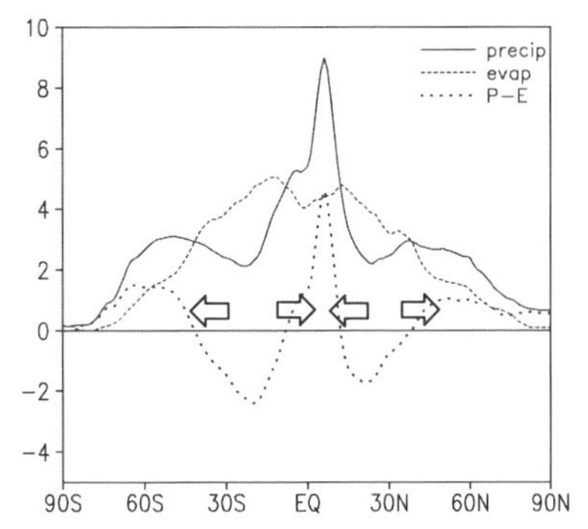

図 2.3 年平均した地表面での降水（実線），蒸発（破線），および両者の差（点線）(単位：mm/day)
白抜き矢印は，大気による水輸送の方向を示す．

情について語りたいのであるが，スムーズに理解していただくには最小限の気象学をここで説明しておいた方がよいと思う．教科書のつもりではないので，できるだけ数式や理屈っぽい話は避けたいが，少しだけお付き合い願いたい．

2.2.1 気圧傾度力

まず，気圧とはある場所に立ったとき頭の上にある空気の総量のことである．この量に応じてその重さが上から下へ圧力としてかかる．パスカルの原理により，ある高さにある空気塊はその下の空気からも上向きに圧力を受ける．両者に差があるとき，空気塊を動かそうとする力が働く（気圧傾度力）．水平に気圧傾度がある場合も同様である．

2.2.2 状態方程式

次に，気温とはその場所の空気の温度のことであるが，気温とその空気の密度（単位体積あたりの空気の質量），その場所での気圧の間には，ボイル-シャルルの関係が成り立つ．気温を T，密度を ρ[3]，気圧を p とすると，

$$p = \rho RT \tag{2.1}$$

と書くことができ，これを気象学では状態方程式と呼んでいる．R は比例定数で，

3) 密度の逆数を比容という．単位質量の空気塊の占める体積のことである．

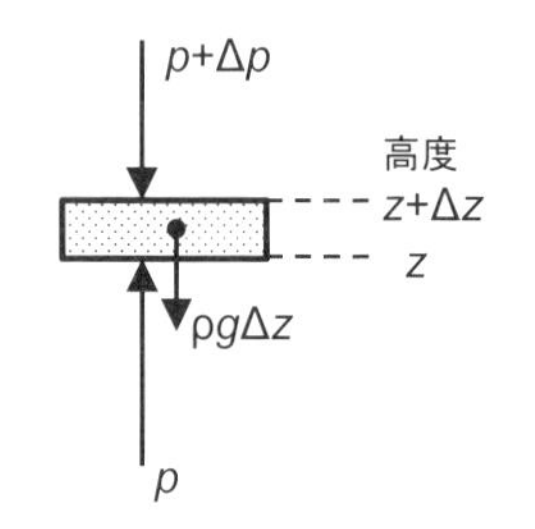

図 2.4　静水圧（静力学）平衡

気体定数とも呼ばれる．これは，気温が一定のときには，気圧と密度が比例する（どちらかが大きいともう片方も比例して大きくなる）というボイルの法則と，気圧が一定のときには密度と気温が反比例するというシャルルの法則を組み合わせたものである．

2.2.3　静力学平衡，層厚温度

ある高さに静止している厚さ Δz の薄い空気塊を考える．この空気塊には，その上端での気圧 p と下端での気圧 $p+\Delta p$ の差のぶんだけ，空気塊を上方へ動かそうとする力（気圧傾度力という）が働くが，同時に空気塊の重さに応じた地球の重力も下向きに働くため，これら 2 つがつり合って静止状態を保っている（図 2.4）．このような，静止大気の上下の力のつり合いのことを静力学平衡と呼ぶ[4]．上下の気圧差と重力が比例するという関係である．式で書くと，

$$\Delta p/\Delta z = -\rho g \tag{2.2}$$

となる．ここで Δz は考えた空気塊の上下の厚さである．上述の状態方程式で密度と気温には関係があるから，空気塊がある高さが（つまり p も）一定で，Δp も一定と考えたときには，気温が高いほど空気が膨張するので空気塊が厚くなる，ということがわかる．このように，気圧差一定，つまり質量一定の空気柱の高さは，その気温に比例する．したがって，上下 2 枚の等圧面天気図の同地点での高度差をもとめれば，その間の大気の平均気温がわかる．このようにしてもとめた温度（気温）のことを層厚温度（気温）という（図 2.5）．

2.2.4　地衡風

大気の運動を考えるためには，ニュートンの法則を思い出さねばならない．これは，物体（いまの場合空気塊）の加速度（速度の時間変化率）はその物体にか

4)　静力学平衡は，このように静止大気で厳密に成り立つ法則であるが，よく調べると運動している大気でも水平スケールが鉛直スケールに比べて大きい場合は，よく成り立っていることが知られている．このような場合は鉛直運動の大きさが小さく，加速度などが鉛直気圧傾度力，重力に比べてずっと小さくなるからである．気象の場合，水平スケールが対流圏の高さ，およそ 10 km と同じくらいになってくると静力学平衡の仮定が怪しくなってくる．

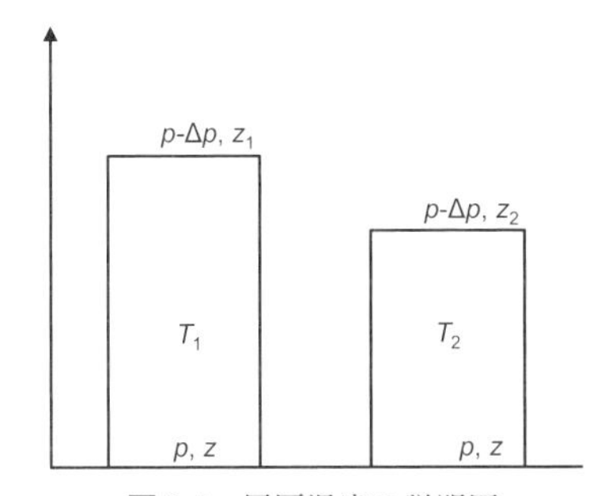

図 2.5　層厚温度の説明図

層厚温度（$=p$ と $p\sim\Delta p$ の間の気柱の平均気温 T）は気柱の高さに比例する．したがって上図の場合，$T_1-T_2\propto z_1-z_2$.

かる力に比例するというものである．大規模大気にかかる力の代表的なものは，先ほど上下の力のつり合いのところでも出てきた気圧傾度力（その場所での上下，水平方向の気圧の傾き），重力（上下向きのみ），摩擦力（地面近くで大きい．上空では小さい）などである．そしてこれらに加えて，自転する地球上を動く大気にはコリオリの力というものがかかる．

上にも述べたように，気圧はその高さより上にある空気の量に比例する．したがって気圧に水平差があると高気圧側から低気圧側へ空気量の不公平をならすように風が吹こうとする．

コリオリの力は，回転流体中を運動する物体にかかる見かけの力で，北半球のように反時計回りの回転系では，進行方向の 90° 右向きに，速度に比例した力がかかる．コリオリの力については，部外者の方にはわかりにくい概念の一つかと思うが，すでにご存じの読者もおられようから，別項（付録 C）にまとめることとした．

中高緯度の上空での大規模大気運動の場合，空気塊にかかる力は，（水平）気圧傾度力とコリオリ力が圧倒的に大きく，ゆっくりした，つまり加速度が小さく，ほぼ時間的に一定と考えてもよい運動では，だいたいこれら 2 つの力がつり合うように風が吹いている．この水平気圧傾度力とコリオリ力のつり合いを満たすと定義した風を地衡風と呼ぶ．コリオリ力は風速に比例するので，気圧傾度力をコリオリ係数で割ったものが地衡風，ということになる．北半球ではコリオリ力は風の向きの 90° 右向きに働くので，図 2.6 のような，気圧の高い方を右に見るよ

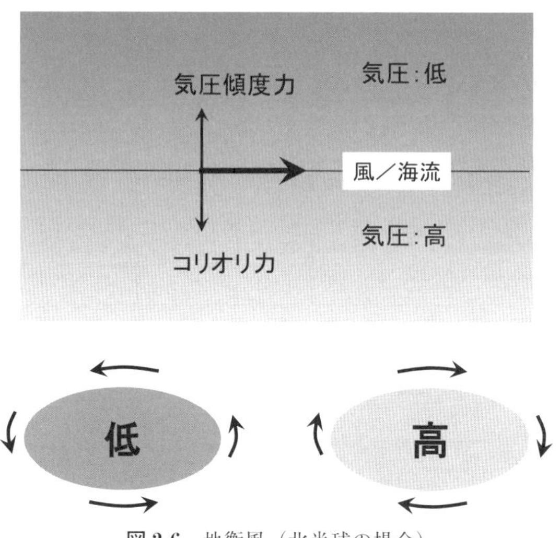

図 2.6　地衡風（北半球の場合）

うな関係になる[5]. 北半球の低気圧の周りには反時計回りの風が吹き，高気圧には時計回りの風が伴うことになる．南半球ではコリオリ力が反対向きになるので，気圧と風の向きも反対になる．

地衡風は，二つのつり合いだけで風が決まるとしたらこうなるという，いってみれば数学的な概念であるが，この近似は，中高緯度大規模運動に対してはかなりよく成り立つので，このような場所での上空の風はこのように定義された地衡風とほぼ一致すると考えてよい. 地衡風の近似が崩れるのは運動方程式の他の項，例えば摩擦や加速度，が大きくなるようなときである．摩擦は地面付近では無視できないが，上空では小さい．加速度は，速度（風）の時間変化率なので，その大きさは風速を運動の時間スケールで割ると見当がつく．コリオリ力は風速×コ

5) 図の上下方向では気圧傾度力とコリオリ力がつり合っているが，左右方向には力が働いていない．風速はコリオリ力が気圧傾度力と同じ大きさになるように決まる．このようなバランスなら定常状態でいられるといっているのであって，バランスからずれたときどうなるかを，図の矢印の大きさや向きを変えて考えるのはよろしくない．ここでは考えていない他の項も含めてちゃんと方程式を解かないとわからない．その結果によると，地衡風バランスからのずれは，重力を復元力とする時間スケールの短い波が発生して，広範囲に分散霧消され，比較的速やかに元の地衡風バランスに戻ることが知られている．簡単にいうと，地衡風バランスは安定だから机上の空論でなくちゃんと実現する，ご心配なく，ということである．

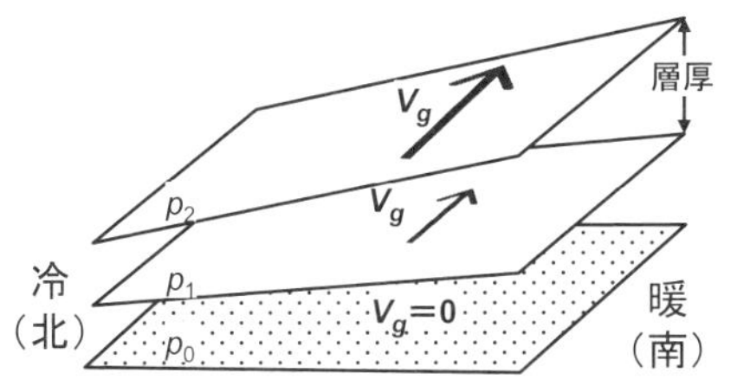

図 2.7　温度風の説明図（Holton（1992）をもとに描画）
南北方向の温度傾度により東向きの地衡風速が高度とともに増大する模式図.

リオリ係数だが，コリオリ係数は時間の逆数の次元をもち[6]，高々1日（＝自転周期）の逆数と考えてよい．したがって，運動の時間スケールが数日以上になる大規模大気運動では上空で地衡風近似がよく成り立つのである[7].

2.2.5　温度風

さて，気圧と気温や密度，あるいは層厚の間には関係があるといった．気温が高く，層厚の厚い大気が南側に，気温が低く，層厚も小さい大気がその北側にある場合を考える．簡単のため，水平な地表面では気圧は一定（つまり上空の大気全質量はどこも同じ）と仮定する．地表では摩擦力が働いて，気圧の高いところから低いところへ空気を動かそうとするので，この仮定はほぼ成り立っていると考えてよい．このとき，層厚が厚いということは，空気塊上端が高いということなので，上空の同じ高さでは，層厚の厚い，相対的に暖かい南側の方が気圧が高いことになる．仮定により地表での地衡風はゼロだが，上空では西から東へ向かう地衡風が存在する．つまり，地衡風の上下の強さの変化（鉛直シア，と呼んでいる．シアは，「剪断，ずれ」のような意味で，気象学では，風の場所による変化のことを指す）は，気温の空間傾度に比例することになる．このような，地衡風の鉛直シアと気温の水平傾度の関係のことを温度風の関係と呼んでいる（図2.7）.

---

6)　その緯度での自転角速度（正確にはその2倍）だから，角度（ラジアン；無次元）/ 時間の次元をもつ.

7)　地球上の大気運動では，時間スケールと空間スケールにはある程度比例関係がある．ゆっくりした運動ほど空間規模も大きい．コリオリ力の影響を受けて，北半球の台風（熱帯低気圧）は例外なく反時計回りだが，竜巻くらい小さくなると反対回りのもあり，校庭のつむじ風は半々である．オーストラリアに旅行して，風呂の栓を抜いたときの水の巻き具合を観察しても無駄である.

地衡風のときと同じように，北半球では温度風は気温の高い方を右に見て吹く，というような言い方をするが，おそらく覚えやすいようにそういうだけだと思う．実際は，温度風という風が吹くわけではなくて，気温の高い方を右に見るように地衡風は上空に向かってより強くなる，というのが正しい．

以上のような基本概念を借りながら，以下で大気大循環の概略とそのゆらぎのことについて話を進めることにする．他のミニマム気象概念については，必要に応じて後に解説したい．

◇◇◆ 2.3 大気大循環の概要―熱帯と中高緯度の違い ◆◇◇

前節で基礎概念の説明がはさまったが，2.1節に引き続いて大気大循環の概略の説明に戻ろう．放射の緯度不均衡をならすために，大気海洋の地球規模の流れが生じている．大気についてそれがおよそどんなようすになっているのかを見た模式図が図2.8である．ここでの議論では，南半球も北半球の鏡像と考えてよいので，北半球しか図示していない．

まず，第一に中緯度対流圏上空には偏西風が吹いている．季節変動はあるが，年平均ではおおむね緯度30°付近，高度12 kmくらいの対流圏上端でもっとも強く吹いている．偏西風が水平，鉛直方向に集中して強い場所を指してジェット気流ともいうが，その中心では日によっては秒速100 mを超えることもめずらしくない．ちなみに，日本の上空は世界でもっとも強い偏西風の吹く場所である．年平均，経度平均すると，高度10 km程度では，緯度15°より極側の平均風は西風（西から東に向かう風）である．

熱帯の範囲を厳密に定義することは難しいが，ここでは大ざっぱに緯度30°付近を目安に，偏西風とその極側を中高緯度，それより赤道側を熱帯と呼ぶことにする．熱帯と中高緯度では，大循環の形態がだいぶ異なっている．

図2.1についても触れたが，熱帯，とくに赤道付近では，暖かい海上から大量

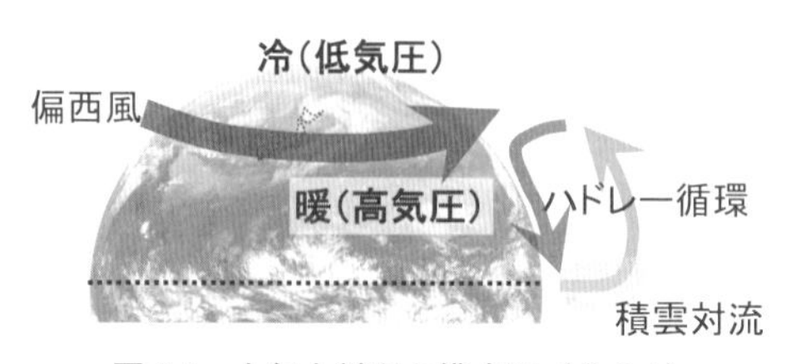

図2.8 大気大循環の模式図（その1）

図 2.9　フィギュアスケートのスピン
腕を縮めてモーメントを小さくすると回転速度が上がる.

の水蒸気の補給を受けて，たくさんの高い雲，すなわち積乱雲が常時立っている．雲は上昇気流を伴うが，その補償気流が下降流となって亜熱帯高圧帯[8]を形成している．図 2.8 では右端に模式的に示したが，この平均的な上下南北循環をハドレー循環と呼ぶ．熱帯では，地面付近で暖められた空気が積乱雲中を上昇し，極側へ運ばれることによって，より高緯度側に熱を輸送している．亜熱帯高圧帯で下降した空気は，大気下層を赤道側に戻るが，こちらの分枝は，高緯度側の冷たい空気を赤道側に運んでいる．このように熱帯では，ハドレー循環が熱の南北輸送を担っており，大規模な積乱雲群～積雲対流に伴う上下運動が大循環の主役である．熱帯では水平の気温や気圧の傾度は強くなく，コリオリ力も小さいので，このようになっている．

一方中高緯度では，事情がだいぶ違っている．まず，上空に偏西風が吹く理由であるが，これは赤道付近から高緯度側へ空気塊が移動するときに，角運動量保存が成り立つことを思い起こせば簡単に理解できる．角運動量保存は，図 2.9 に示したフィギュアスケーターにも成り立っていて，腕を伸ばしているときはゆっくりした回転でも，腕を縮めると回転角速度が大きくなる．つまり，外力のないとき，回転角速度と回転半径の積＝角運動量が一定に保たれるということで，宇宙からみた絶対座標系では，地球の自転軸からの距離は $\cos\varphi$（φ は緯度）に比例するので，腕の長い赤道から短い高緯度へ空気塊が移動すれば自転軸周りの回転

8)　赤道側から空気が入ってくるので，相対的に高気圧になる．高気圧帯での下降気流は，地面に妨げられて地表付近で水平に広がる（発散する，という）が，この運動にコリオリの力がかかるので，北半球では時計回り（高気圧性）の循環になる．

角速度が増す，つまり西風が吹くことになる.

このような偏西風はもちろん，前節で説明した地衡風や温度風の関係を満たしている．すなわち，偏西風帯の赤道側は高気圧，極側が低気圧となっており，偏西風は温度風の関係を満たすように，すなわち北半球の場合，気温の高い低緯度側を右にみる向きに上空に行くにつれてその強さを増している．すなわち，上空ほど西風が強い．2.1 節の図 2.2 に関して述べたように緯度 30～40° 付近が放射収支の正負の境目で，気圧・気温の傾度がもっとも大きく，偏西風も強い．偏西風は，赤道側の暖かい空気と極側の冷たい空気の境目の目安と考えてよい.

平均状態の描写はこれでよいのであるが，これだと中高緯度の偏西風は南北気温傾度に垂直に，等温線とは平行に吹くばかりで，熱を輸送しないことになってしまう.

図 2.8 に描かれた偏西風は平均的な描像で，実際には日々の偏西風は多かれ少なかれ蛇行を伴っている．偏西風帯で熱の南北輸送を担うのは，このような偏西風の蛇行なのである．図 2.10 では，移動性高低気圧をイメージした比較的規則正しい蛇行とそれに伴う熱輸送のようすを模式的に示した．移動性高低気圧に伴う蛇行は波長が数千 km で，谷や峰が地面に相対的に東へ移動する．先に述べたように，偏西風は低緯度側の暖かい気団と極側の冷たい気団の境界である．したがって，その偏西風が北に蛇行している場所では低緯度側の暖かい空気が極側へ，南へ蛇行している部分では逆に高緯度側の空気が低緯度側へ侵入していることになる．蛇行の波打ちが小さくて，互いの領地に侵入した空気が結局もとの緯度に戻ってしまうと熱が運ばれたことにはならないが，実際には高低気圧擾乱が振幅を増すとともに，より細かいスケールで南北に侵入し，砕波して，高低気圧擾乱が寿命を終えて消え去った後には，結局いくばくかの気塊が侵入先に定着する結果となる．こうして初めて熱輸送が生じたことになる.

移動性高低気圧は，中高緯度で熱の南北輸送を担う主役であるが，熱帯のハドレー循環と違って，時間空間変化の激しい運動（ゆらぎ）で，長期間平均を想定

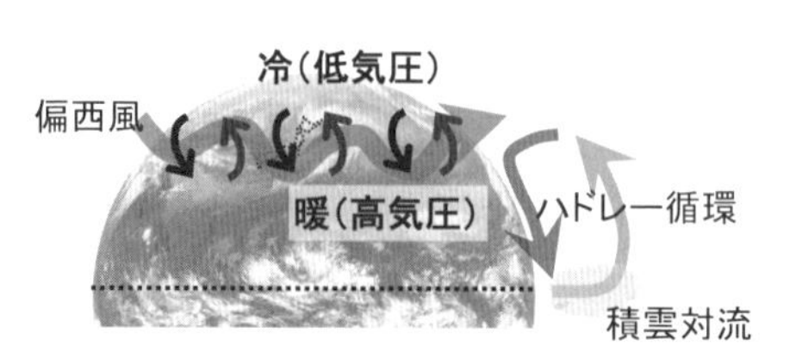

図 2.10　大気大循環の模式図（その 2）

した図2.8には陽には現れない．ハドレー循環は，低緯度側のより軽い暖かい空気が上昇，高緯度側のより重く冷たい空気が下降するので，位置エネルギー的に素直なので直接循環と呼ばれるが，中緯度の移動性高低気圧の場合，東西を平均するとハドレー循環とは逆向きの，より重いはずの高緯度・寒気側で上昇，低緯度・暖気側で下降するという描像になってしまうことが知られている．これはフェレル循環と呼ばれ，また直接循環に対して間接循環と呼ばれているが，東西平均をしたために見かけ上そうなっており，実際には低気圧の東側で暖気が上昇しながら高緯度側へ，西側で寒気が下降しながら低緯度側へ移動するので，暖気上昇，寒気下降の原理は破っていない．上昇下降が低気圧の平均緯度の北，南に少しずつずれているために，東西平均すると一見理屈に合わない間接循環にみえるだけである．このような事情なので，図2.8，図2.10にはフェレル循環を描かなかった．

◇◇◆ 2.4　ミニマム気象学（2） ◆◇◇

2.4.1　大気の鉛直構造について

本書のほとんどは，地表から上空十数kmまでの対流圏の話で事足りる．対流圏上端（対流圏界面）は気圧にすると200～100 hPaくらいなので，大気質量の80～90%は対流圏に含まれることになる．対流圏はその名のとおり，大気の上下運動＝対流の起こるところで，上空ほど気温が低い．これは上空の大気が赤外線を宇宙に放射して冷えるために，大気をほぼ透過した日射によって暖められた地表との間の鉛直の安定度が小さく（悪く）なるためである．このような赤外（長波）放射冷却の大きさは，温室効果気体でもある水蒸気が少なくなる高さで急激に小さくなる．このような高さが対流圏界面となる．対流圏で豊富な水蒸気は対流雲中で凝結熱を放出し周囲の大気を暖めることで対流を促進する役割も果たしている．対流圏界面より上は成層圏で，高さとともに気温が高くなっており，鉛直安定度がよく，対流は立たない．

図2.11には，熱帯（南緯30°～北緯30°）と北半球中緯度（北緯30°～60°）の平均の気温と水蒸気の鉛直分布を示した．水蒸気の量がゼロに近くなる高度で気温の下降が止まり，それより上空では安定成層になっている．成層圏で高さとともに気温が上昇するのはオゾンによって太陽からの紫外線が吸収されるためである．

成層圏を専門とする方々の名誉のために言っておくが，成層圏は対流もなく平穏な印象を受けるかもしれないが，冬半球高緯度で1週間程度の間に気温が20℃

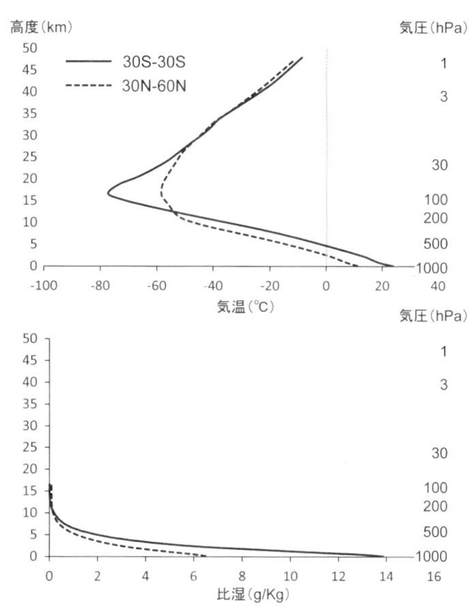

図 2.11　熱帯（南緯 30°～北緯 30°）と北半球中緯度（北緯 30°～60°）の平均の気温（上）と水蒸気量（比湿＝空気 1 kg あたりに含まれる水蒸気量）（下）の鉛直分布

以上も上昇する突然昇温現象や，有名なオゾンホール，赤道成層圏で西風と東風が交互に降りてくる準二年振動（QBO）など，多くの興味深い現象があり，研究されている．突然昇温や QBO は対流圏から上方に伝搬する大気波動の作用によって起こることが知られているが，近年では，成層圏中高緯度で起こったことがゆっくりと降りてきて対流圏気象に影響を与えることもあることが知られるようになり（これには，小寺邦彦や黒田友二ら日本人研究者の貢献が大きい），中高緯度での延長予報に希望をもたせるメカニズムの一つとして注目されている．

2.4.2　移動性高低気圧の構造

2.2 節で，地衡風や温度風などの基礎概念の説明をしたので，これらを使って，南北熱輸送に重要な移動性高低気圧（温帯低気圧ともいう）の空間構造の特徴を見ておこう．

図 2.12（上）の図は，移動性高低気圧に伴って偏西風が蛇行しているようすを示した水平等圧面図である．対流圏中層（気圧面にして約 700～500 hPa．高度では 3～6 km 程度）のようすと考えていただきたい．実線は，等高度線，破線は

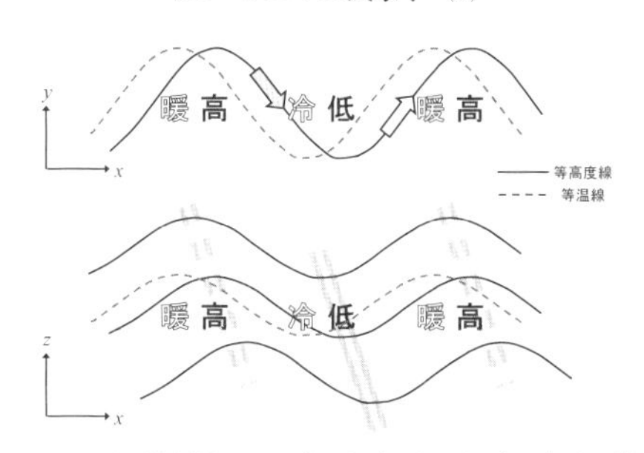

図 2.12　温帯低気圧の水平（上），鉛直（下）構造

等温線を示している．図の下方（南）が暖かく，上方（北）が冷たい．実際にはこれらの気圧，気温の波動は偏西風に乗って東へ移動する．

発達する移動性高低気圧のいちばんの特徴は，等高度線の谷や峰に比べて，等温線のそれが少し（位相にして 0～90°）西にずれていることである．地衡風は等高度線に平行に吹く．この気圧場と気温場のずれがあることによって，上空の低気圧の下流側（前面という），南風（図の白抜き矢印）成分をもつ部分では，相対的に暖かい空気を北へ運ぶかたちになっていることがわかる．低気圧の上流側（後面）では，北風成分をもつ地衡風が冷気を南に運んでいる．

図 2.12（下）の図は，擾乱の構造を横から見たものである．真ん中の実線と破線は上段図の高度（いま中層と呼ぼう）の波動に対応する．この高度の上下で等高度線がどのようになっているか．中層では気圧（＝等高度線）の峰の少し西側で気温擾乱の極大になっているが，そこでは層厚温度も極大にならなくてはいけない．図のように気圧の峰が上空に行くにしたがって西に傾いているとこれが実現される．気圧の谷の西側の気温極小も同様である．

ここに述べたことはもちろん，発達する地表低気圧は，上流（おおむね西側，正確には寒気側）に上空のトラフ（＝気圧の谷）を伴う，という総観気象でよく知られた法則と合致している．

このような気圧波動がどのくらいの東西波長，鉛直の傾きのときにもっとも効率よく熱を輸送するかは，基本となる西風シア（＝南北温度傾度）のようすに応じて力学計算をしなくては正確にはわからない．このような問題は，傾圧[9]不安

9）「傾圧（けいあつ）」とは，流体が等圧面と等密度面（等温面）が交差する状態にあることをいう．気温に南北傾度がある状態は傾圧である．傾圧に対して，等圧面と等密度面（等温面）が一致した状態を順圧という．

定問題と呼ばれる気象力学の古典課題の一つである．現実的な仮定のもとではおおよそ東西数千 km で最大成長率を示し，実際に観測される移動性高低気圧のスケールと一致している．

もともと南が暖かく，北が冷たい気温差があるところで，擾乱によって熱が北に運ばれるというのは，擾乱が温度の南北均衡をならそうとしているのであり，それに伴う位置エネルギーの減少分が擾乱の運動エネルギーに転換されて，擾乱は発達するのである．

2.4.3　風の場，渦度と収束・発散

少し込み入った話になるが，熱帯と中高緯度の大循環の違いを理解するにはたいへん重要なことなので，ここで渦度と収束・発散という概念について説明しておきたい．

当たり前のことをいうが，風はどの場所でも同じではない．場所によって向きも強さも変わる．風の空間分布のことを風の場と呼ぶことがある．ある一地点（図2.13の・で点 A と呼ぼう）の周りの，風の場の基本形態を記述しておきたい．その地点の周りで平均した風はいま考えから除外しておく．したがって空間平均はゼロと考えて図 2.13 を描いている．

結論からいうと，図 2.13 に示した渦度と発散が風の場の基本形態である――正確にいうと他の表現法もありうるが，気象学ではこの二つを用いて記述すると便利である．

まず，渦度は文字通り，点 A の周りの風が渦を巻いているようすを記述する．点 A は無風でもよい．便宜上反時計回りを正とする．渦巻きは，点 A の左右の y 方向逆向きの風の差，点 A の上下の x 方向逆向きの風の差が大きいほど強いことになる．数学的には，$x-y$ 面上の水平風ベクトルを (u, v) とすると，（相対）渦度

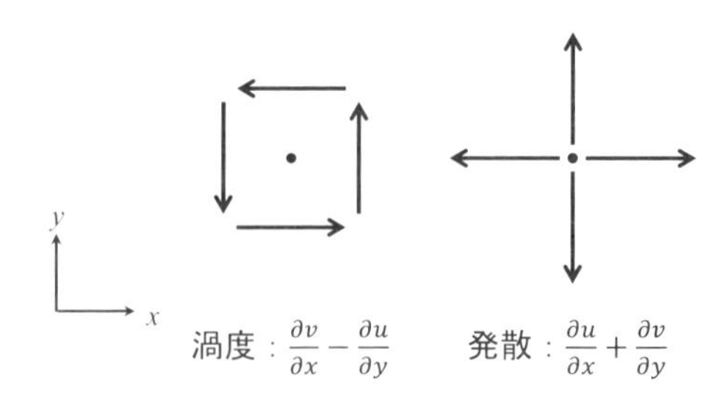

図 2.13　ある点（・）の周りの任意の風の場
渦度成分（左）と発散成分（右）に分けることができる．

は，$\frac{\partial v}{\partial x}-\frac{\partial u}{\partial y}$ と書かれる[10]．点 A の周りの反時計回りの循環が強いほど，点 A での渦度は大きい．

発散は図 2.13 の右のようすにあたる．点 A から周りへ空気が文字通り発散してゆくようすを記述している．数学で書くと，$\frac{\partial u}{\partial x}+\frac{\partial v}{\partial y}$ である．収束は図 2.13 右図の矢印が全部反対になった場合，点 A に向かって風が集まっているときで，負の発散＝収束である．

水平風ベクトルなら 2 成分あれば記述できる．東西と南北風速 u と v でよいではないか，と思われるだろう．それでももちろんよいのだが，別法として，渦度と発散による記述が可能で，大気運動の記述には，風の空間分布（場）の特徴を備えたこの記述法の方が便利な場合が多いのである．

まず，コリオリ力のよく効く中高緯度で，閉じた円形の等圧線をもつ高低気圧があった場合，地衡風は高気圧ならその周りを時計回りに，低気圧なら反時計回りに循環する．したがって，気圧擾乱と渦度はよく対応する．後述する渦度保存もよく成り立つので渦度を使うと大気運動がたいへん考えやすくなる．もちろん鉛直運動はあるが，第 1 次近似的には水平の運動が卓越する．

一方熱帯では，大規模な積雲対流とそれに伴う上昇流と補償下降流という，鉛直循環が主役である．上昇流域の地表付近では周りの空気が収束し，圏界面によって上昇を阻まれた空気は水平に周囲へ発散する．したがって，上昇下降，収束発散を伴う循環をみることが熱帯気象では肝要である．

さらに，数学的には，任意の風の場 $\boldsymbol{v}(x, y)=(u(x, y), v(x, y))$ は，渦度に関係した流線関数 $\psi(x, y)$ と発散に関わる速度ポテンシャル $\chi(x, y)$ というスカラー関数を用いて表現できることが知られている[11]：

$$u=\frac{\partial \chi}{\partial x}-\frac{\partial \psi}{\partial y} \tag{2.3}$$

$$v=\frac{\partial \psi}{\partial x}+\frac{\partial \chi}{\partial y} \tag{2.4}$$

10） u も v も空間座標 x と y の 2 変数の関数である．偏微分 ∂ は片方の空間座標を固定してもう一方で微分（～微小距離間の空間差）をとることにあたる．

11） ヘルムホルツの定理．本来は，3 次元の任意のベクトル場に対する分解定理だが，通常気象学ではここで扱ったように水平風速場に適用する．

ここで，速度ポテンシャル χ の2階空間微分が発散に，流線関数 ψ の2階空間微分は渦度になるように定義されている：

$$D \equiv \frac{\partial^2 \chi}{\partial x^2} + \frac{\partial^2 \chi}{\partial y^2} \equiv \nabla^2 \chi, \tag{2.5}$$

$$\zeta \equiv \frac{\partial^2 \psi}{\partial x^2} + \frac{\partial^2 \psi}{\partial y^2} \equiv \nabla^2 \psi. \tag{2.6}$$

つまり，流線関数，速度ポテンシャルを用いることで，それぞれ風の場の回転成分，発散成分（厳密には，非回転，非発散成分）が記述でき，もとの2次元の風の場は両者を足せばよいということになるのである[12]．スカラー関数 ψ や χ は，図示も容易であるし，それぞれ回転成分，発散成分のみを記述していることが保障されているので，両方が混ざったベクトルの分布を見ながら，収束域（上昇流域）はどの辺りにあるのか目を凝らす手間も省ける．ゆえに，おもに熱帯の上昇下降流分布を把握するのには速度ポテンシャルやそれから求められる発散成分の風を，渦度保存が卓越する中高緯度や熱帯から中高緯度への波動伝搬等を見るときは流線関数やそれから求められる回転風を用いるのが気象解析上便利なことが多いのである．

風ベクトルを上記のように回転，発散成分に分けるのはあくまで数学的な定義[13]であって，流線関数や速度ポテンシャルが観測されるわけではない．あくまで観測される物理量はベクトルとしての風である．誤差などの議論をするときには注意が必要である．また，ψ や χ は，速度を一階積分して得られる量なので，空間的に大きなスケールが強調される[14]．大まかなようすを見るには便利な一

12）実際に速度ポテンシャル，流線関数を求めるには，(2.5)，(2.6)式の左辺の発散，渦度をデータから u, v の微分で求めておき，∇^2 の逆演算を数値計算する．数値計算的には素直な問題なので比較的簡単に解ける．

13）厳密にいうと，流線関数や速度ポテンシャルは上式のように微分で定義されるので，積分定数分だけ不定になる．つまり，ψ や χ の絶対値は意味をもたない（微分して初めて意味をもつ）．速度ポテンシャルを限られた熱帯の緯度帯だけでもとめて解析するような場合は，この点に注意が必要であったが，全球の気象解析値が容易に得られる近年では，積分定数は0とする慣例がゆきわたっているのであまり気にする必要がなくなった．

14）空間の関数であっても，時間の関数であっても微分すると相対的に小さなスケールが強調される．$\sin kx$ の微分は $k \cos kx$ で，もとの関数に波数 k（$\propto$ 周期（波長）の逆数）がかかることから理解されよう．観測データを気象の方程式に当てはめて解析しようとするとき，データを何回も微分してしまうとノイズが強調されてたいへんわかりにくくなってしまうことがままある．

方，局地的な風の特徴は，もとの風ベクトルで見た方がわかりやすい場合も多い．

流線関数，速度ポテンシャルは，熱帯の大循環や熱帯から中緯度への影響を見る際に便利な道具である．後の 2.7 節で実例を見ることにする．

◇◇◆ 2.5 ミニマム気象学（3） ◆◇◇

本書では，できるだけ実際の天気図も見ながら，理屈や考え方をお伝えしようとしている．中高緯度での偏西風蛇行のようすをもう少し詳しく見たいが，そのためにはいま少し大事な理屈の説明が必要である．

2.5.1 渦度保存則

ここでは大気の，とくに中高緯度における大規模運動を記述する一大原理をご紹介したい．簡単には，「自転地球上の鉛直方向には一様な水平運動の場合，流体塊の運動に伴って，外からの加熱や摩擦が働かない限り，絶対渦度は保存する」というものである．絶対渦度とは，回転系外から見たときの渦度のことで，コリオリパラメータ（の鉛直成分）$2\Omega \sin \varphi$ と相対渦度 ζ の和となる（Ω は地球の自転角速度；付録 C 参照）．相対渦度は，2.4.3 項で定義した．緯度 φ での水平面での地球に相対的な風の場から求めたものである．運動する流体塊は，緯度円に沿って移動するだけなら，相対渦度は変わらないし，もとより高い緯度に移動しても，$2\Omega \sin \varphi$ の増加分だけ，相対渦度が減少して，流体塊に伴う絶対渦度は不変に保たれる，という意味である．天気図上で気象擾乱を追いかける際に，あるいは偏西風蛇行の伝わり方を考える際に大変便利な概念である．

かきまぜた後のコーヒーカップのミルクの渦が存外長続きすることから想像できるように，外力が邪魔しない限り流体の粒からなる閉曲線に沿った循環（閉曲線に沿う速度成分の 1 周にわたる積分）の大きさは不変である（これをケルビンの循環定理という）．つまり最初にゼロならいつまでもゼロ，摩擦などが働かない限り，最初にある値をもつといつまでもその値は一定ということである．フィギュアスケートのスピンの話で出てきた角運動量保存の流体版と考えれば理解しやすいだろうか．渦度は，閉曲線の占める面積が小さくなった極限と考える．流体の運動に伴って閉曲線が細長く伸びても，細長いフィラメント（糸状構造）がまた渦を巻くのを見たことがあるだろう．

鉛直方向に運動が変化しない場合は絶対渦度が保存するが，鉛直方向の運動を許しても，小さな底面積をもつ高さ h の円柱の流体塊を考えると絶対渦度を h で

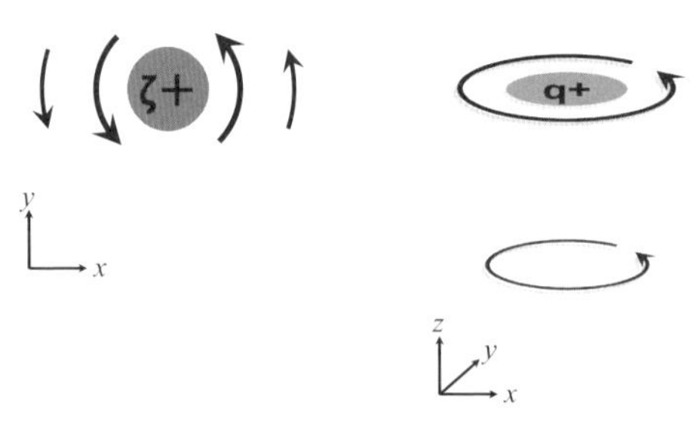

図 2.14　孤立した渦度偏差の周囲の風

割ったポテンシャル渦度（渦位ともいう）が保存することが知られている．運動に伴って円柱が伸びれば，そのぶん反時計回りの渦度が大きくなる．円柱が縮んだ場合は時計回り成分が増す．

大気はもちろん3次元的に運動するが，対流圏中層500 hPa付近では，近似的に運動の鉛直方向の変化を無視しても大きな間違いはない．人類初めての電子計算機を用いた数値天気予報の原理は，絶対渦度保存則にしたがって，初期時刻の気象擾乱を追いかけたものだった[15]．

2.5.2　孤立した渦度（ポテンシャル渦度）偏差に伴う風

渦度とその保存の概念を説明したので，ここで一つ，天気図を見て考えるときにも役立つ事柄について指摘しておく．

渦度は（発散もそうだが）ある点の周りの風の状況を記述する概念なので，ある地点で孤立した渦度偏差が観測されたとしても，その周りには図2.14（左）に模式的に示したような風（回転風）が吹いているということを意味している．この図の場合，渦度$=\nabla^2\psi$が図の中心で正の値をもつためには，渦度偏差の大きさより広い範囲で低気圧性回転の風を与えるような流線関数がないとつじつまが合わない．このような風はもちろん偏差中心から離れるほど弱くなる．

15) これは，先だって手計算で数値天気予報に挑戦した偉大な先輩リチャードソン（L. F. Richardson）の失敗を踏まえたものである．リチャードソンの時代には大規模場を上手に記述できる方程式が知られておらず，天気変化に関わる運動だけでなく，小さなスケールの重力波を含むもとの流体力学方程式をそのまま解こうとした．彼の用いたまばらな地上観測のデータでは天気運動とその他のノイズの区別がつかず，重力波に伴う常識外の気圧変化を計算してしまった．今日では，リチャードソンの用いた方程式でも巧みに解くことができるようになった．

高さ方向のことも考える場合は，渦度偏差をポテンシャル渦度偏差と読みかえる必要が出てくるが，上空のある高さのみにポテンシャル渦度の偏差があった場合は，水平とともに鉛直方向も含めた周辺に回転風が誘起される（図2.14（右））．

このような考え方は，次項でロスビー波の仕組みの説明で早速使うほか，本書では触れないが，上空の気圧の谷の下層への影響を考えるようなときに役に立つ．

2.5.3　ロスビー波——位相伝搬とエネルギー伝搬の特徴

本書では数式は基本的なもの以外できるだけ扱わないことにしているので，渦度保存則のこれ以上厳密な記述は困難であるが，ここでは，（絶対）渦度保存則をうまく使ったHoskins（2015）にならって，偏西風蛇行の代表的な形態であるロスビー波の説明を試みよう．

簡単のため，鉛直方向には運動は一様と仮定する．図2.15は，絶対渦度qが北で大きく（φが大きいため），南で小さい偏西風帯の基本場に＋で示した正の相対渦度擾乱が重なっているようすを示している．波打つ実線は絶対渦度の等値線である．コリオリパラメータぶんだけなら等値線は東西に直線のはずであるが，相対渦度の偏差があるぶんだけ中央が垂れ下がっている．

さて，2.4.3項で説明したように，ある場所に正の渦度があるということは，そのより広い周囲に低気圧性の回転風があることを意味する．このような渦度偏差に伴う風は図では矢印で（絶対渦度等値線の近くだけで）表示されており，この風を受けた流体塊は絶対渦度の値を保ったまま相対渦度偏差の西側ではqの等値線を南へずらし，東側では北へ持ち上げるように働く．すなわち，次の時刻には図の破線のように，等値線の谷の位相は図の左方向＝西向きに移動することになる．これがロスビー波の西進メカニズムである．より厳密にいうと，基本場の絶対渦度（より一般的にはポテンシャル渦度）の高い方を右に見る方向に位相は動く．いま，場全体を吹く偏西風は考慮していない（一様な偏西風と一緒に動く座

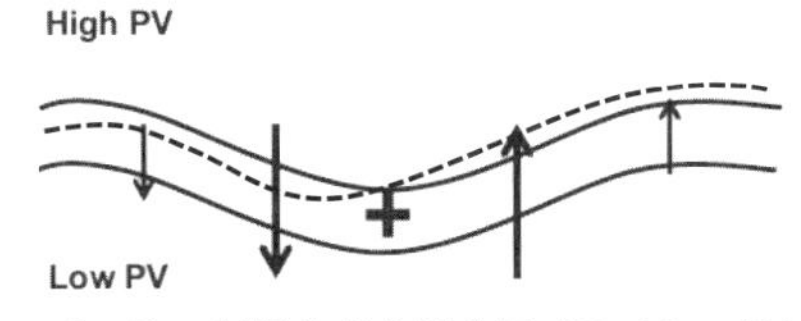

図2.15　ロスビー波の伝搬を表す模式図（Hoskins（2015）に加筆）
実線は水平面での絶対渦度の等値線を表し，＋記号は，局所的な正の相対渦度偏差を表す．矢印はこの渦度偏差に伴う風．破線は，矢印の風によって絶対渦度の等値線が時間変化するようすを表す．

標系でみていると考えてもよい). 地表に固定した観測者から見ると, 偏西風より遅い速度で波の位相が東進するのが見えるだろう. なお, きちんと計算すると, 西進位相速度は東西波長が長いほど大きいことがわかる.

また, 若干微妙ではあるが, 相対渦度偏差+から東側へ離れたところでは, q の等値線が持ち上がって高気圧性の曲率をもつに至る（図の上に凸になる）ことがおわかりいただけるだろうか？ すなわち, 東側には負の相対渦度偏差が作られようとしている. 西側では, もとの正の相対渦度偏差より大きい値は形成されない. 波の位相は西向きに動くが, 波の重心（振幅の大きいところ）は東に伝搬しようとしている. 位相速度は西向きだが, エネルギー伝搬を表す群速度は東向き, これが中緯度偏西風帯のロスビー波の大きな特徴である. 位相伝搬とエネルギー伝搬の関係は, コラム 6「波の位相伝搬とエネルギー伝搬」の図 2.16 で 1 次元波の場合について説明を試みた.

なお, これも後々異常気象を考える際に重要なことであるが, 基本の偏西風とロスビー波の西進位相速度がほぼ同じ大きさになるような波長では, 地表から見て波が停滞しているように見えるだろう. このような場合を, 準定常ロスビー波と呼ぶ. 同じ場所に長い間偏差が留まるため, 異常天候の原因となることが多い.

ロスビー波は, 数千 km 以上の大規模大気波動の大キホン型といってよい. 南北気温差を解消しようと発達する移動性高低気圧波も上下に重なったロスビー波としての解釈は可能である. しかし, 一般には時間的に振幅を増す不安定波と, 準定常的に長続きする中立波は区別して語られることが多い. 傾圧不安定波の東西波長は準定常ロスビー波よりは短めである.

コラム 6 波の位相伝搬とエネルギー伝搬

図 2.16 の実線で表される波が複数の正弦波の重ね合わせで, 振幅の包絡線が破線のように実線の波長より大きな水平スケールで変調を受けている場合を考える. 図の上から下へ時刻の経過を表す. 位相の伝搬とは, 実線の山谷を時刻とともに追ったときの動きで, その速度を位相速度という. 左図では左向きである（実線の矢印). 一方包絡線の伝搬は点線の矢印で表されており, この場合位相速度とは逆の右向きになっている. 包絡線の振幅は, 波のエネルギーに比例するので包絡線の伝搬をエネルギー伝搬ともいい, その速度を群速度という.

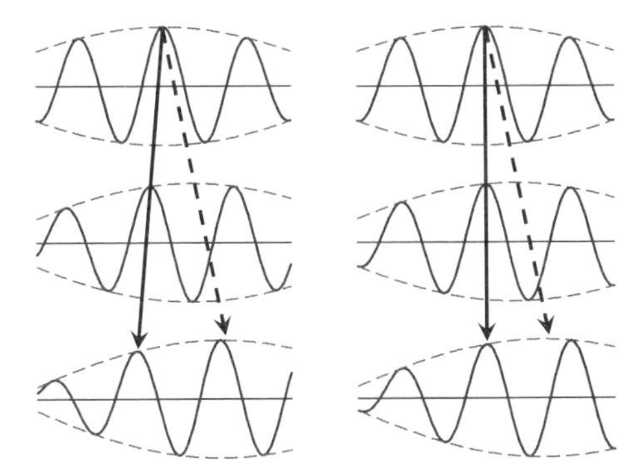

図 2.16　波動の位相伝搬（実線矢印）とエネルギー伝搬（破線矢印）の模式図
図の上から下に時間が進む．左側の図は，実線の上下で示される波動の位相が図の左側へ向かって進むが，破線で示された包絡線は図の右側に向かって進んでいる．後者は，波の振幅の大きい部分の伝搬，すなわち波のエネルギー伝搬を示している．右側の図は，位相が停滞しているがエネルギーは伝搬しているようすを示す．

右図は，位相は停滞しているが，エネルギーは右向きに伝搬している状況を示す．実際の波で位相速度と群速度がどうなるかは，波の種類（分散関係）によって異なる．

ロスビー波の場合，基本場に相対的な位相速度は常に西向き，群速度は常に東向きである．これは，ロスビー波の分散関係が $\omega \propto -k^{-1}$ になっている[16] ためであるが，これを理解するには，位相速度が ω/k で，群速度が $\partial\omega/\partial k$ で表されることを説明せねばならない（ロスビー波の場合，$\omega/k \propto -k^{-2}$，$\partial\omega/\partial k \propto +k^{-2}$）．

単色波は，$e^{i(kx-\omega t)}$ と書け，その位相速度は，ω/k である．次に，波が2つのわずかに異なる正弦波で構成されている場合を考える．

$$\psi \propto e^{i\{(k+\Delta k)x-(\omega+\Delta\omega)t\}} + e^{i\{(k-\Delta k)x-(\omega-\Delta\omega)t\}} \tag{2.7}$$

これは

$$\psi \propto 2\cos(\Delta kx - \Delta\omega t)e^{i(kx-\omega t)} \tag{2.8}$$

と書き直せるので，包絡線部分$(\cos(\Delta kx-\Delta\omega t))$が $\Delta\omega/\Delta k$ で進むことがわかる．Δk，$\Delta\omega$ の極限をとって群速度は，$\partial\omega/\partial k$ となる．

16）基本場に相対的な部分，かつ k 依存部分のみ取り出した場合；ロスビー波の分散関係は 3.4 節に掲げる．

2.5.4　擾乱の鉛直構造と持続性

ロスビー波に限らなくてよいが，上空の気圧偏差が準定常で長続きするためには，同じ気圧面で等高度線と等温線が平行するのが都合がよい．等高度線に平行に吹く地衡風が温度移流を起こさず，次の時刻も互いに平行な関係を保てるからである．もっともよい例は，孤立し，閉じた等高度・等温線であろう．後述するブロッキング現象の振幅が大きなものになるとこのような状態が実現する．

ある高度で等高度線と等温線が平行ということは，その上下で，等高線の谷峰の位相が傾かないということを意味している．傾圧不安定波のときには，等高度線と等温線の位相がずれ，鉛直に谷峰が傾くことで温度移流，擾乱の時間的な発達が実現していた（図 2.12）のとは対照的である．鉛直方向に谷峰が立った擾乱の構造のことを等価順圧的という場合がある．順圧とは鉛直に運動が変化しないことを意味するが，等価順圧と言った場合，位相は変化しなくても振幅が変化することは許すという意味合いで使われる．いずれにせよ等価順圧的な構造をもつ準定常ロスビー波は，中高緯度の異常天候を考えるうえで，また熱帯からの影響を考えるうえでも重要な概念である．

ロスビー波の概念は不安定波の説明にも使われると述べたが，一般的にはロスビー波は，位相速度が西向き，群速度が東向きになるような偏西風帯の中立波動を指す．中立は時間的に発達・衰弱しないことを意味し，線形の波動方程式が規定する振動数と波数の分散関係を満たしながら，存在できるということである（自由振動波ということもある）．とくに天候変動等が関係する 1 週間以上の長周期では，準定常波に伴う下流（東側）へのエネルギー伝搬によって異常天候シグナルの連鎖が引き起こされる．しかし，ロスビー波と言っただけでは，そもそもそれが何によって励起されたのか，なぜこの場所なのか，なぜここで伝搬が止まって砕波し大振幅偏差を生じるのか，そもそもの原因について語ったことにはならない．注意が必要である．

それからついでに，本来の波動概念は位相が何度も繰り返し，波動の乗っている基本場が波動の波長より十分に長いスケールでゆっくりと変化する場合によく成り立つはずであるが，大規模気象波の場合，この波動と基本場のスケール分離はあまりよく成り立っていない場合が多いことにも注意すべきである．

ここでは，偏西風基本場上を西に位相伝搬するもっとも簡単なロスビー波を扱ったが，南北のエネルギー伝搬を伴う準定常波も可能であり，熱帯の天候異常を遠く中高緯度に伝える「テレコネクション」の重要なメカニズムである．これについては 3.4 節で詳しく述べよう．

◇◇◆ 2.6　偏西風蛇行をもたらす波動 ◆◇◇

さて，大規模な大気力学の基礎概念を駆け足ながら説明したので，もう一度実際の天気図を見直してみたい．本節では，天気図に見られる偏西風蛇行を3種類に分けて紹介する．この中で2番目が異常気象を語るときのおもなターゲットとなるもので，大気長周期変動とも呼ばれる．

2.6.1　定常プラネタリー波

図2.17の実線はすべて，上空の代表的な高さ500 hPaの等高度線である．北極のはるか上空から見た北半球の図になっている．図2.17(a)は冬（12～2月）の気候学的平均である．地衡風は，等高度線に平行に吹き，その強さは高度線の混み方に比例する．偏西風が中緯度を巡っているようすがわかる．細かく見ると等

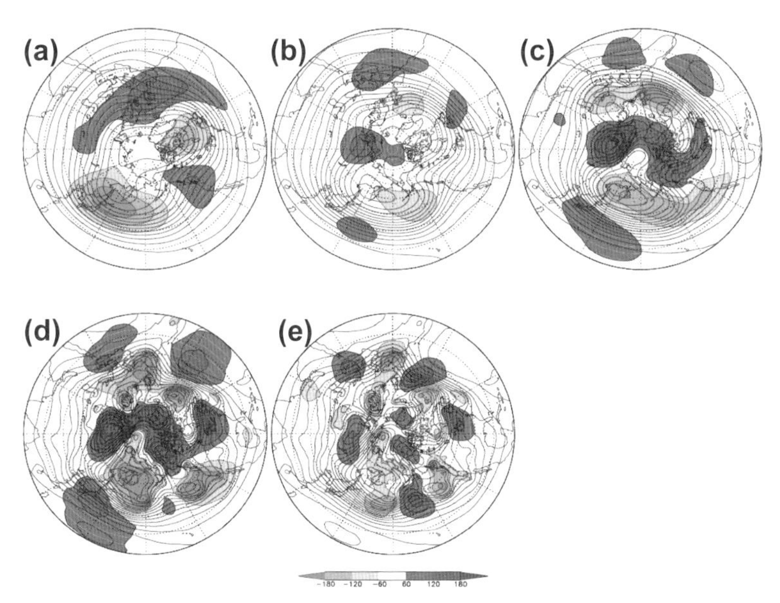

図 2.17　500 hPaの等高度線（実線）

(a) 12～2月の気候学的平均，(b) 2015年12月～2016年2月の平均，(c) 2016年1月1～10日の平均，(d)，(e) 2016年1月6日の値．(a) の陰影は，東西平均からのずれを表し，(b)～(d) の陰影は気候値からの偏差を示す．(e) の陰影は，(d) から (c) を引いた高周波成分を示す．

高度線はわずかに南北に蛇行しており，等高度線の混み方も経度によって異なっている．ユーラシア大陸の東岸，日本付近の上空では，等高度線が南に下がって気圧の谷になっており，偏西風も北太平洋上に向かって強くなっている．北米大陸東岸から北大西洋に向かっても同様である．太平洋，大西洋上から北米西岸，ヨーロッパにかけての地域では，等高度線の南北間隔が開いて偏西風が相対的に弱くなっているのがわかる．北米ロッキー山脈上では顕著に偏西風が北へ蛇行しているのが見える（図 2.17(a)ではこれらの蛇行のようすを把握しやすくするため，東西平均からのずれを陰影で示した）．これらの惑星規模（プラネタリースケールという）の偏西風の蛇行のようすは，どの冬にも共通するもので，ロッキーやヒマラヤなどの大規模山岳や，冬には冷たい大陸と相対的に暖かい海洋の熱的コントラストによって生じた東西非一様性であることがわかっている．力学的には，プラネタリースケールのロスビー波が山岳や海陸分布によって「強制」されていると表現する．プラネタリースケールのロスビー波には時間的に変動する成分（＝ゆらぎ）ももちろんあるが，ここでは長期間の時間平均の後にも見られるものなので，定常プラネタリー波とも呼ぶ．東西波長の長いプラネタリーロスビー波は，通常の偏西風速度より早く西進するので，自由振動波としては定常にはなれないが，地面に固定した強制とつり合うように定常が保たれているのである．

定常プラネタリー波に伴って，偏西風が大規模山岳の上流では高気圧性に，下流では低気圧性に蛇行する理由は，さきに渦度保存則の項で触れたポテンシャル渦度（絶対渦度を流体塊の高さで割ったもの）の保存則を借りると簡単に納得することができる．山に向かって偏西風に乗って流れてきた高さ h の空気塊は，山にさしかかると少し縮み，そのぶんだけ高気圧性の渦度を得，山の下流で伸びるときには低気圧性の渦度を得る（簡単のため，緯度変化は無視する）．熱強制については，空気塊に熱が加わるためこのような簡単な説明はできないが，海洋下流つまり大陸西岸で高気圧性，大陸東岸では低気圧性の蛇行に寄与することが知られている．

2.6.2　長周期変動

図 2.17(b)は，2015 年 12 月～2016 年 2 月の冬の平均天気図である．この図では，気候値（図 2.17(a)）からの偏差に陰影をつけてある．実線で示された実際の高度場（気候学平均＋偏差）を図 2.17(a)と比べてもなかなか違いがわかりにくいのは，気候平均に比べて偏差が小さいためで，前にも指摘した．図の期間は，エルニーニョ発生中だったので，アラスカ湾から北米大陸にかけてエルニーニョ

時に典型的な波状偏差が見られる．スカンジナビア付近から日本付近にかけても正負の偏差が繰り返す波状のパターンが見える．

このように，季節平均に限らずおおむね10日以上の平均場では，中高緯度の偏差場は波の様相を呈する場合が多い．ただし，正負の繰り返しは数回程度である．それと，図2.15や図2.16で説明した簡単なケースのように偏差が東西に並ぶだけでなく南北に並ぶ成分ももつことに注意しよう．理論的にはロスビー波の伝搬は，基本場の風を横切る方向にも可能である[17]．

図2.17(c)では，もう少し短い期間の平均を見た（2016年1月1日〜10日の10日平均）．図2.17(b)に似た偏差成分は認識できるが，小さいスケールの変動も見られ，また，偏差の絶対値も3か月平均の図2.17(b)より大きくなり，波状の構造は図2.17(b)よりは認識しにくくなっている．10日から3か月の時間スケールの変動も混じるようになったからである．

図2.17(b)の3か月平均偏差は平均の期間を何日かずらしても大きくは変わらないが，5〜10日平均くらいの場はわりと日々の変化も大きい．われわれが実感する天候変動に関係している．図2.18は，期間は異なる[18]が相続く5日平均場の変化を2日ごとに見たものである．図の左上，ヨーロッパからインドの北のチベット高原付近に向けて正負正の停滞性の波列が期間前半に見られる．チベット高原上の正偏差は極東付近に伸長しているのが見られる．期間後半では，波列の重心が極東に移り，日本付近の正偏差が増幅している．その下流，東方への新たな波列も見える．図2.16の右側のパネルで概念的に示したように，位相は地理的に固定しているがエネルギー（〜振幅の大きい場所）が下流（東方）へ伝搬する準定常ロスビー波の特徴を有している．ここで見られる波列は，例えば図2.17(b)の3か月平均場に比べると波長が短く，また偏西風に沿う傾向が強い．一般に10日程度の時間スケールの偏差場では，しばしばこのような様相を呈し，天候変動の予測の助けになる．

17）本当は，波状偏差を見ただけでロスビー波と決めつけてはいけない．波に特徴的な分散関係を満たすかどうかとか，鉛直構造は如何であるとか調べなくてはいけないのだが，そもそもこのくらいの時間空間スケールではロスビー波以外に卓越する波動は存在しない．波だとすればロスビー波，くらいのニュアンスである．

18）説明したい特徴のわかりやすい例を選んだためである．ご容赦願いたい．

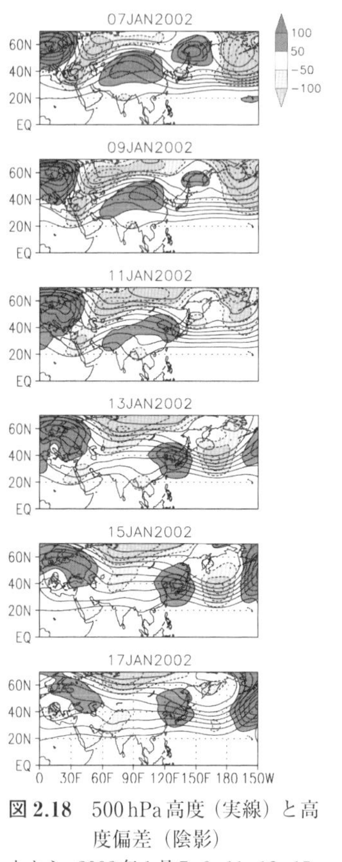

図 2.18　500 hPa 高度（実線）と高度偏差（陰影）
上から，2002 年 1 月 7，9，11，13，15，17 日を中心とする 5 日平均．

2.6.3　移動性高低気圧

時間平均せずに 1 月 6 日のスナップショットを示した図 2.17(d)になると移動性高低気圧の成分も加わるので，蛇行も偏差成分も大きくなってくる．図2.17(d)の偏差から図2.17(c)の偏差を引き算すると移動性高低気圧に伴う高周波成分を取り出すことができる．図 2.17(e)はこれを示したものである（実線は図 2.17(d)と同じ）．空間的には 10 日以上の平均偏差よりだいぶ細かくなっているのがわかる．図 2.19 は，期間が違うが，偏西風～等高度線の日々の変化を拡大してみたものである．移動性高低気圧は天気の大きな変化をもたらすものではあるが，こういう上空で，またこのくらいのスケールでみるとかなり微妙なミアンダー(meander＝くねくね）に伴うものであることがわかる．これはもちろん大気運動が長周期になるにつれてスペクトルパワーが大きいレッドノイズであることの反映である一方，この細かいくねくねの逐一を精密に予報しなければ天気予報は当たらないのだ，ということにもなる．

さて，本節冒頭でも述べたとおり，上の 2 番目でみた 10～90 日程度の周期帯の大気変動が異常気象を語る際の中核プレイヤーになる．その中でもおよそ 1 か月程度を境に，より長周期では，大気循環の変動がなにがしかの「外部」強制を受けて生じる割合（強制成分と呼んでよいだろう）が大きくなり，1 か月以下では大気力学のみによるところ（自由成分）がより卓越する．別の言い方をすると，1 か月というのは，海洋などゆっくりと変動する媒体からの影響を受けて大気循環偏差が生じる場合の応答時間の目安，あるいは大気だけで変動する成分のうち一番長いものの寿命というように考えてよい．したがって，1 か月ちょうどで区切っては少々厳しすぎるが，数か月以上の時間スケールの現象を考えるときには，大気は時間遅れなく応答するものと考え

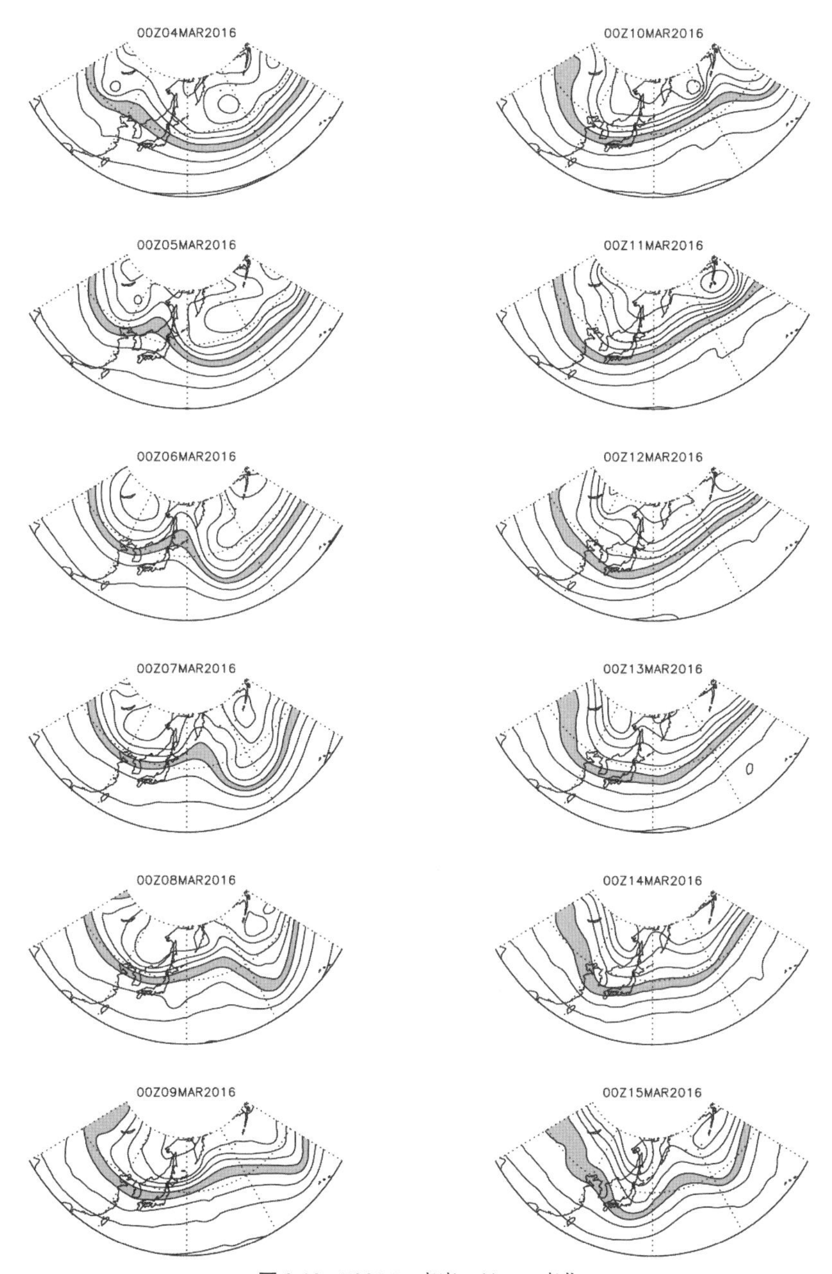

図 2.19　500 hPa 高度の日々の変化

日付と時刻（00Z はグリニッジ標準時の 0 時を表す）は各パネルの上部に表示.

てよい.

この時間帯の変動は，しばしば波状の偏差形態を呈するので準定常ロスビー波の概念を借りながら語られる場合も多いが，大気の長周期変動が波動概念のみで理解されたわけではないので注意してほしい．空間構造の一部が中立波動のように見えても，それがそのタイミング，その大きさ，その位相でその場所に現れた理由――励起源や励起メカニズム，何が外部強制として働いたのか，基本場，高周波擾乱等他の変動成分とのエネルギーの変換の有無や役割等々が説明されなくてはわかったこと――にはならない.

◇◇◆ 2.7　熱帯の大循環の特徴 ◆◇◇

ここでは熱帯の大循環の特徴について整理しておきたい.

2.7.1　大気中の水蒸気，対流

熱帯大気には暖かい海面から大量の水蒸気が供給されており，これが上空で凝結して雲になる．活発な水循環が熱帯大循環を特徴づける．まず湿潤大気の重要事項を整理した後，大循環の特徴を見ることにしよう.

水蒸気を含む空気では，気温に応じて含みうる最大の水蒸気量が決まっており，気温が高いほど多い．熱力学のクラウジウス-クラペイロンの式が，飽和水蒸気圧が気温とともに指数関数的に増加することを示すものである（図 2.20)．式の導出は他の教科書に譲るが，「水温が高いほどたくさんの砂糖が溶けるのと同じこと[19]」というとわかりやすいだろうか？ いずれにせよ気温の高い熱帯大気にはたくさんの水蒸気が含まれる．このため，図 2.1 の衛星写真でも見たように熱帯にはたくさんの雲がある.

湿潤大気の激しい上下運動＝対流は熱帯気象の最重要要素である．水蒸気を含んだ空気が何らかの理由で上昇すると，外部との熱の出入りがなくても気圧が低くなったぶん気温が下がる（断熱膨張)．その気温に対応した飽和水蒸気量が，空気塊が最初にもっていた水蒸気量より小さくなると，余分の水蒸気が凝結して水粒，すなわち雲が生じる．気体が液体になるときには，そのエネルギー差のぶんだけ凝結熱が出る．この凝結熱は，空気塊を暖め，上向きの浮力を増す．このよ

---

19) 山賀進先生の web サイト（http://www.s-yamaga.jp/）による.

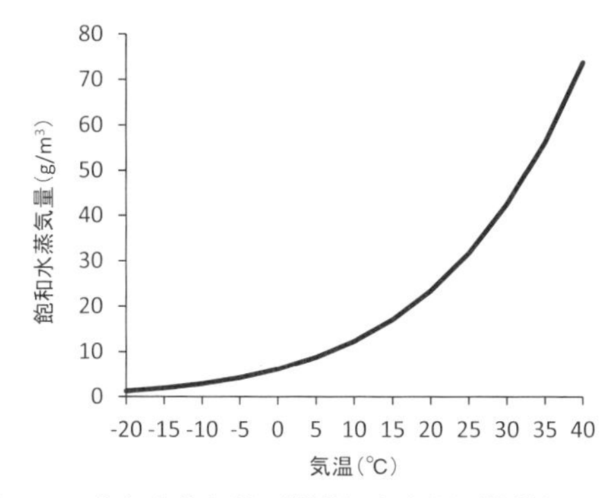

図 2.20 飽和水蒸気量（縦軸）と気温（横軸）の関係

うに，凝結が起こることで対流雲内の上昇気流が加速されると，地表付近ではそれを補うために水平の収束が起こり，収束した空気が周囲の水蒸気を集め（地面にはもぐれないので）上昇して，対流の発達をますます加速する（正のフィードバックがかかる，という）．すなわち，積雲対流[20]は何かのきっかけさえあれば後は凝結熱放出を通した自己励起作用により勝手に成長することができるのである．

一つ一つの積乱雲は水平方向の直径がせいぜい10 kmほどの小さいものであるが，大気大循環では極めて大きな役割を果たしている．地表から上空十数kmの対流圏界面までにわたる背の高い対流によって，地表付近の暖かく，湿った空気を上空に運んで，熱と水の極めて効率的な上方輸送を担っているからである．積乱雲の発達は数時間で起こる．ゆっくりとした大規模運動では日単位かかる[21]輸送をあっという間になしとげてしまう．

2.7.2 積雲対流に伴う循環

さきほど熱帯にはたくさんの雲がある，といったばかりだが，ここで少しばかり訂正する．熱帯にはたしかに数えきれないくらいの積乱雲があるが，上昇流の

20）積雲は層雲に対する用語で，雲の中での上下運動が活発なものをいう．のどかな夏の空にぽっかりと浮かぶ晴天積雲も積雲であるが，大気大循環的な文脈で積雲対流というときには，大気下層から上層までにわたるような上下運動を伴う積乱雲もしくはその集団をさす．

21）大規模上昇流の大きさはせいぜい数cm毎秒なので，10 km上がるには数日かかることになる．

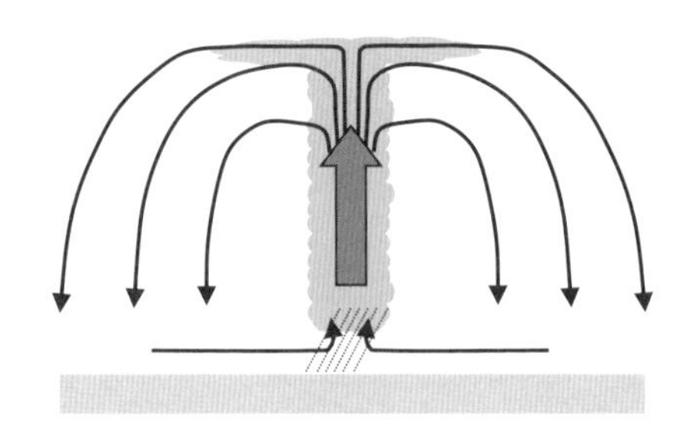

図 2.21　積乱雲とそれに伴う鉛直循環の模式図

占める面積はその周りで起こる下降気流[22]の面積よりずっと小さいのである．模式的に示すと図 2.21 のような感じである[23]．そういわれると，衛星写真には黒い（雲のない）ところも多いが，それでも白い雲の部分がけっこうあるように見えるのは，積乱雲のてっぺんから水平に大きく広がった，いわゆるかなとこ雲によってそう見えるのである．上昇流面積が補償下降流面積よりだいぶ小さい．これは湿潤対流の重要な性質である．いかに重要かは，もし両者が同じ面積だったら晴れの日と雨の日の割合が同じくらいになってしまう，と考えれば直観的にはご納得いただけようが，もう少しきちんと説明すると以下のとおりである（Bjerknes, 1938；Randall, 2012）．

上昇流の面積比を σ と書けば，補償下降流の面積は $1-\sigma$ である．$\sigma \ll 1$ となる理由を以下に述べる．

雲中の上昇流の強さを $w\uparrow$，周囲での補償下降流の強さを $w\downarrow$ とする．どちらも正の数である．さきに述べたように，雲中では凝結熱解放により上昇流が加速されている．雲外では乾燥断熱圧縮過程により昇温が起こるが，大気の気温鉛直分布は通常乾燥断熱過程による高度あたりの減率より安定なので，周囲より暖かい下降気塊は上向きの浮力を受け，下降流速が減速する．上昇流には加速，下降流には減速が働くため，$w\uparrow \gg w\downarrow$ となる．上昇流と下降流をすべて囲む広い範囲を取ると，上下の質量移動はないので，$w\uparrow \times \sigma = w\downarrow \times (1-\sigma)$．したがって，$\sigma = 1/(w\uparrow / w\downarrow + 1) \ll 1$ ということになる．

以上の議論は，一つの対流雲とその周りの補償下降流を念頭においたものであ

22）十分に広い範囲で考えると，上下の質量移動がゼロになるように上昇気流につり合うので補償下降流ともいう．

23）実際の上昇下降流の面積比はもっと大きいが，紙面の都合もあるのでご容赦願う．

るが，上昇下降域の非対称性は大規模場についても成り立つ．これについては，後でもう一度触れよう．

コラム7 ◈ 大気の気温減率

大気は上空ほど気温が低い．これは，日射が大気をほぼ透過して地面を暖めた後，その熱が対流などによって上空に伝わるためである．大気の鉛直気温減率（高度とともに気温が下がる割合）がいくらくらいになるかであるが，乾燥断熱減率と湿潤断熱減率の間と考えてよい．前者は，乾燥空気が断熱的に上昇した場合の減率で9.8℃/km，後者は，水蒸気が飽和している空気が同様に断熱的に上昇した場合で，水蒸気の凝結熱で気温が上がるぶん，乾燥断熱減率より小さな値になるが，飽和水蒸気が気温の関数なので気温に応じて実際の数値は変わる．おおよその値は，大気下層の暖かい空気で4℃/km，対流圏中層の典型的な値で6～7℃/kmである．対流圏上層では気温が低く水蒸気も少ないので乾燥断熱減率とほとんど変わらなくなる．

乾燥断熱減率，湿潤断熱減率はそれぞれ乾燥，湿潤対流発生の目安である．それらより急な気温減率が実現したら，即座に対流が起きてもとに戻してしまう．なぜなら，そのような状態というのは上（下）に移動した気塊が周囲より軽く（重く）なって浮力が微小変位を不安定に増幅するからである．ただし，湿潤対流の場合は，未飽和の空気が飽和に至るまで上昇しなくては対流が生じない．湿潤断熱減率より小さい気温減率の大気では湿潤対流は生じない．したがって，湿潤対流を相当頻繁に目にする実在大気の気温減率は，湿潤線と乾燥線の間になっていると考えられる．

空気塊が上昇下降したときに，浮力が上下どちら向きに働くかは，移動先に元からある空気の温度と空気塊の移動後の温度を比べるとわかる[24)]．上昇していた空気塊の方が周囲より気温が低ければ下向きに戻そうとする負の浮力が働くし，逆に空気塊の気温の方が高ければさらに上昇させようという上向き（正）の浮力がかかる．空気塊が断熱上昇・下降する際には，

24) 正確には密度で比べるべきだが，気圧を鉛直座標にとっていればどちらでも同じであるし，鉛直座標が高度であっても誤差は小さい．

気圧の変化に伴って気温が上下するが，これに伴う説明の煩雑さをさけるため，気象学では温位や乾燥静的エネルギーといった乾燥断熱過程では不変となる（空気塊の移動に伴って「保存する」という言い方をする）物理量を用いることが多い．湿潤過程の場合は，相当温位や湿潤静的エネルギーが断熱過程での保存量である．これらの保存量が上方へ行くにしたがって増えている場合は安定，減っている場合は不安定，不変の場合は中立成層ということになる．

2.7.3　熱帯の大規模循環

低緯度ではコリオリパラメータが小さく，地表付近ではとくに地面摩擦のせいで気圧傾度に沿った風の成分が相対的に卓越してくる．このため，気圧や気温の水平傾度が小さくなり，ますます地衡風成分も小さくなるので，もし積雲対流に伴う上昇気流がなかったとしたら，熱帯での運動はかなり退屈なものになっていただろう．しかしながら，熱帯では海水温が高く，大量の水蒸気が海面から大気に供給されるので，対流圏全層にわたる背の高い積乱雲群が立ち，その上昇流が熱帯での気候学的平均から日々の天気変化に至るまであらゆる時間スケールの循環変動を駆動する役割を果たしている．

a.　風の回転・発散成分

2.4.3 項で，流線関数，速度ポテンシャルを説明したのでその見方をかねて熱帯の天気図の実例を見ておきたいと思う．図 2.22 は，北半球の夏（6～8 月）と冬（12～2 月）について，流線関数（等値線）と風（矢印）を左パネルに，速度ポテンシャル（等値線）と発散風（矢印）を右パネルに示したものである．上段は，対流圏上層，下段は対流圏下層の代表的な高度（200 hPa と 850 hPa）を示した．全パネル共通して，降水量の気候値が陰影で重ねてある．

左パネルを見ると，中高緯度では，流線関数がほぼ東西に走り，実際に吹いている風もほぼこれに沿っている．すなわち，中高緯度では回転風成分が卓越している．流線関数の幅は風速に反比例するが，中緯度の偏西風帯で狭くなっている．流線関数をプロットしているので，風の回転成分のみを矢印で示してもよかったが，右パネルで見るように，発散風は回転風に比べてかなり小さいので，実際に観測された風をプロットすることにした．熱帯では，流線関数の間隔がだいぶ広くなっている．これは，以前に指摘した熱帯での気圧（気温も）空間分布の一様性を反映したものであるが，それでも，実際の風はほぼ流線関数に平行に吹いて

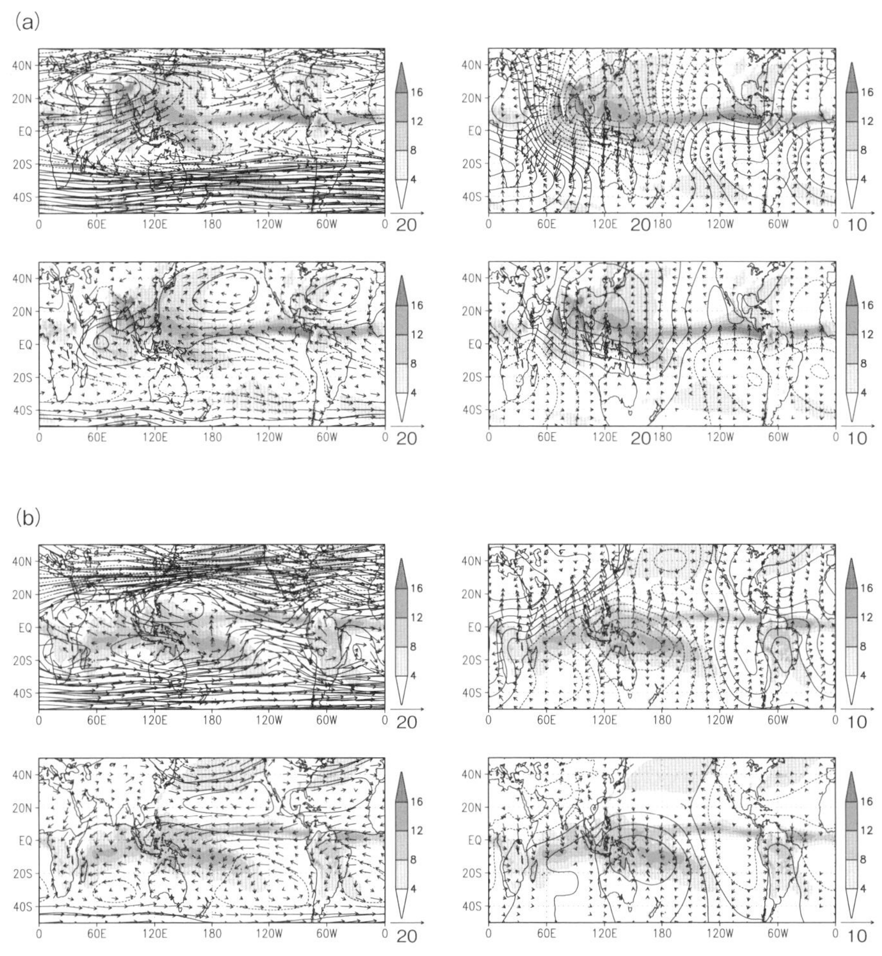

図 2.22　(a) 6～8 月の気候値．(左) 流線関数と風ベクトル，(右) 速度ポテンシャルと発散風．上が 200 hPa，下が 850 hPa．陰影はすべてのパネルに共通で，降水量の気候値．(b) (a) と同様．ただし，12～1 月の気候値．

いることがわかる．

図 2.22 の右のパネルは，速度ポテンシャルと発散風成分をプロットしたものである．矢印の長さが同じ場合，右パネルでは左パネルの半分の風速になるよう描かれている．それでも総じて右パネルの矢印は短く，発散風は実際の風の比較的小さな成分であることがわかる．発散風はその定義（(2.3)，(2.4)式）により，速

度ポテンシャルに垂直に吹く．図を見ると，上層では，負の速度ポテンシャルの地域から発散風が吹き出し，下層では速度ポテンシャルの正の地域に向けて風が吹き込んでいるのがわかる．流線関数もそうであるが，速度ポテンシャルはとくに，風を一階積分して得られる量のため，空間的に大きなスケールをよりよく反映する性質があり，大規模な上昇下降流の把握に便利である．実際，図に陰影で示した降水域（～上昇流域）は上層の発散，下層の収束とよく対応している．上昇下降，収束発散に伴う風成分は回転成分より小さいので，トータルの風分布を見るだけでは収束発散域の把握は困難であるが，速度ポテンシャルを用いることで認識が容易になる．

b. 降水分布の特徴

対流については，その上昇流の占める面積が補償下降流に比べて著しく小さい性質があることは2.7.2項で述べたが，気候平均で見ても熱帯の降水帯は地域的，面積的にかなり限られていることがわかる．熱帯でも図の陰影の白抜き部分が多い．以前に衛星写真を見て熱帯は雲が多いとはいったが，低緯度でも亜熱帯など下降流で晴れている面積の方がだいぶ広いのである．

その熱帯の降水分布をもう少し仔細に見ると，太平洋の赤道の少し北側に東西に走る降水帯が見える．よく見ると大西洋にも同様の降水帯があり，これらを熱帯収束帯（Intertropical Convergence Zone; ITCZ）と呼ぶ．また，どの季節でも西太平洋赤道域に強大な雨域が見られるが，これはこの地域の海面水温が一年を通じてもっとも高いためである．冬の図では，ITCZ はやや不明瞭になるが，西太平洋からオーストラリアの北東方に西北西～東南東の走行をもった雨域が見られ，これは南太平洋収束帯（South Pacific Convergence Zone; SPCZ）と呼ばれている．

さらに，インドから東南アジアにかけての地域を見ると夏と冬とで降水量が著しく違う．これに伴って風向も大きく変わっており，夏の下層では，インド洋からアフリカ大陸東岸に沿ってインド亜半島に吹き込む西風が特徴的である．暖湿気の流入によりインド半島から東南アジアにかけて大量の降水が見られる．上層では，反対の東～北東風になっており，チベット高原付近に大きな高気圧性の回転が見える．冬のこの地域では，下層，上層とも夏と風向がほぼ反対になる．このような季節的に変化する風をモンスーン（季節風）といい，地域の住民にとって非常に大切な季節変化である．

亜熱帯では1年を通じて降水が少なく，アフリカから中東にかけての砂漠地帯はもちろん，海上でも下層の高気圧性循環（亜熱帯高気圧）の勢力下では降水が少ない．そこから極側へ目を向けると，偏西風帯で再び降水が多くなっている．熱帯での降水は積雲対流に伴うものが卓越するが，偏西風帯の降水の多くは，移動性高低気圧に伴う，対流よりはスケールの大きい上昇流に伴うものである．

c. ハドレー循環とウォーカー循環

図 2.22 の季節ごとの地理分布では把握が困難かもしれないが，1 年を通じた熱帯の大循環の特徴は，赤道近くの降水～上昇流域とそれ以外の広い地域での下降流にある．歴史的な発見者にちなんで，その南北成分をハドレー(Hadley) 循環，東西成分をウォーカー(Walker) 循環と呼んでおり，その模式図を図 2.23，図 2.24 に示した．ハドレー循環は ITCZ など赤道に近いところで上昇し，亜熱帯で下降している．ウォーカー循環は，海面水温のもっとも高い赤道西太平洋で上昇し，同じく赤道東太平洋で下降する分枝が主要なもので，その他にアフリカ，南米にも上昇域が見える．

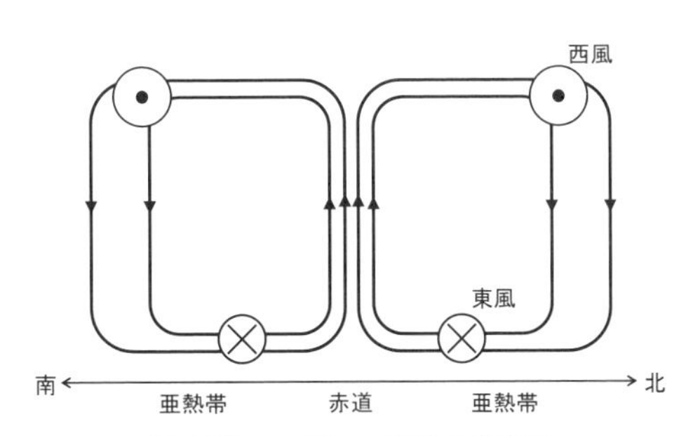

図 2.23 ハドレー循環の模式図
熱帯での南北－鉛直断面での循環（矢印）．⊗，⊙は下層の貿易風（東風），上層の偏西風の強い場所を示す．

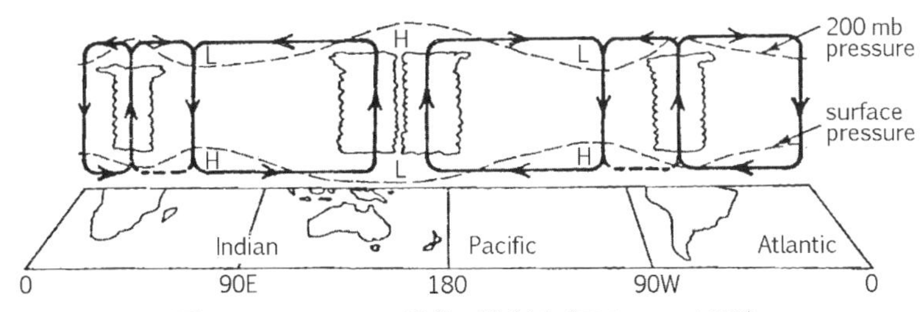

図 2.24 ウォーカー循環の模式図（Webster，1983）
雲は赤道での対流活発域，矢印は赤道上の東西－鉛直断面での大気循環，破線は対流圏上層（200 hPa）と地表面での気圧の分布（H，L はそれぞれ高気圧，低気圧）を模式的に示す．太平洋上の循環セルを通常ウォーカー循環と呼ぶ．

2.7.2 項では，個々の対流を念頭に上昇流と補償下降流の面積非対称性を説明した．もっと大規模なハドレー-ウォーカー循環についても，このような非対称性は成り立っている．さらに，これらの定常的な循環については，エネルギー論的特徴について付けくわえておこう．なお，以下の議論の記述にあたってはRandall (2012) を参考にした．

ハドレー循環でもウォーカー循環でも，基本的に上昇流域は海面水温の高い地域に位置し，下降流域は相対的に海面水温が低く[25] なっている．上昇流域の上層からは，冷たく乾いた空気が下降流域に流出している．逆に上昇域の下層では，広大な下流域を通って海面から十分に水蒸気の供給を受けた暖かく，湿った空気が流入している．このような（発散風）循環に対応して，上昇域の地上気圧が低く，下降域は高い．

さて，上昇流域では積雲対流活動が活発で背の高い雲が多い．対流圏界面近くでは対流雲から吹き出したかなとこ雲が広い範囲を覆っている．これらの高い雲（および豊富にある水蒸気）は，下層からの赤外線を吸収し，下層に向けて再射出することで上昇域の大気を温めている．また，宇宙に向けて射出する赤外線も，気温の低い雲頂からなので，晴れた下降流域で地面付近の温度に応じて射出される宇宙への赤外線と比べて量が少ない．すなわち，ハドレー-ウォーカー循環の上昇流域の大気は放射で暖められている．一方の下降流域は，より多くの赤外放射を宇宙に射出しているので，放射的に冷やされている（海面水温でいうと上昇流域の方が下降流域より高いのであるが，赤外放射量は逆である）．

放射による上昇流域での加熱，下降流域での冷却は気塊の上昇下降に伴う断熱膨張（冷却），圧縮（加熱）でつり合っている．水平風による温度の移流があればこれも考慮せねばならないが，2.5.3 項の冒頭に述べたように，熱帯では気圧，気温の水平傾度が著しく小さいので，第一近似としては水平移流が無視できる．このとき，加熱（負なら冷却）Q と上昇流 w の間には次の関係が成り立つ．

$$\rho w(\partial\bar{\theta}/\partial z) = Q \tag{2.9}$$

ここで，ρ は空気の密度（一定と考えてよい），Q は加熱率，z は鉛直座標である．$\bar{\theta}$ は温位（または乾燥静的エネルギーでもよい）で，$\partial\bar{\theta}/\partial z$ は平均場の θ の鉛直分布を表す．(2.9)式の左辺は，気塊の上昇・下降に伴う断熱降温・昇温を表している．詳しい導出は別の教科書に譲るが，温位または，乾燥静的エネルギー

25）沿岸湧昇，赤道湧昇など，海の都合で初めから低いことに加えて，亜熱帯域での海面からの蒸発や低い雲による太陽光の遮蔽効果も効いている．

は空気塊が乾燥断熱的に動くときに不変の（「保存される」という）量で，これを用いて鉛直成層を表現した場合，正なら安定，負なら不安定ということになる(2.7.2 項のコラム 7 も参照のこと)．熱帯では，上昇域での湿潤対流と気圧・気温の一様化作用のおかげで，上昇域でも下降域でもほぼ湿潤中立な成層が成り立っている（対流は，上下の湿潤不安定を解消するために生じているので，平衡状態では湿潤中立に近い成層になる)．熱帯大気は湿潤中立なので，相当温位や湿潤静的エネルギーの鉛直傾度はほぼゼロであるが，乾燥断熱の保存量，温位や乾燥静的エネルギーで見ると安定になっている．

さて，ここで(2.9)式をハドレー–ウォーカー循環の下降域で考える．赤外放射による冷却 $Q(<0)$ は，気温の鉛直分布や水蒸気，二酸化炭素等温室効果気体の量などで決まるため，大きな不定性なく知ることができる．温位減率は湿潤中立成層に対応した正の値である．したがって，下降流速 $w\downarrow$ が決まることになる．上昇流域と下降流域の面積比を $\sigma:(1-\sigma)$ とすると，下降流域全体の鉛直質量輸送は $\rho w\downarrow\times(1-\sigma)$．これにつり合うように上昇流域でのトータルの流入質量輸送は決まる．

ハドレー–ウォーカーセルと外部との熱のやり取りをとりあえず無視すると，下降流域での冷却（冷却率×面積 $(1-\sigma)$）は，上昇流域での加熱（加熱率×面積 σ）とバランスして平衡を保っているはずである．上昇流域での加熱率の正確な見積もりは難しいが，下降流域での冷却率よりかなり大きいことは確かである．したがって，σ がおおよそ小さい量であることはわかる[26]．

さらに，水のバランスも同様に考えると，上昇流域で降水として落ちる水分 P は，下降流域海上での蒸発 E で補われている．蒸発量は，海上風速，海面水温と下降流域の面積でおよそ決まるだろう．量的に細かい調整はあるにしても，熱帯循環における降水域，下降域の面積比や降水量等は，一義的にはこのような熱・水循環のバランスを満たすように決まっているのである．

d. 雲活動の多様性

さて，熱帯ではもともと水平スケールの小さい対流が集団をなして，大循環にたいへん重要な役割を果たすのであるが，その対流の時間空間変化は実に多様である．本節最後に，そのことを典型的な 1 枚の図で見ておこう．

図 2.25 は Nakazawa（1988）によるもので，（左）は 1 日ごとの衛星写真の赤

26) そもそも気象場の時間空間変化の激しさを考えると，σ をきちんと定義することはたいへん難しい．

道部分を切りとって上から順に貼り付けたもの，（右）は，（左）の写真の期間を含むもう少し長い約40日間の期間について，赤道から北緯5°の間で平均した衛星観測による雲頂の温度（輝度温度）を，横軸を経度，縦軸を時間としてプロットしたものである．輝度温度の低い所（=高い雲のある所）のみ等値線を引いてある．

（左）の衛星写真では，高い雲（～対流）のある所が白くなっている．この期間は，インド洋から中央太平洋に向かってゆっくりと東進する雲の塊（クラスターと呼ぶ）が顕著である．このスケールの衛星写真では，個々の積乱雲は解像できない．小さな塊のように見えても実際は無数の積乱雲の集まりであるが，ここでみた東進クラスターは水平スケールが数千kmに及ぶ巨大なもので，スーパー（クラウド）クラスターと呼ばれる．また，ここで見たような，赤道上のスーパークラスターの東進は，次の章で述べるマッデン＝ジュリアン振動（Madden-Julian Oscillation; MJO）と呼ばれる著名な赤道季節内変動に伴うものである．

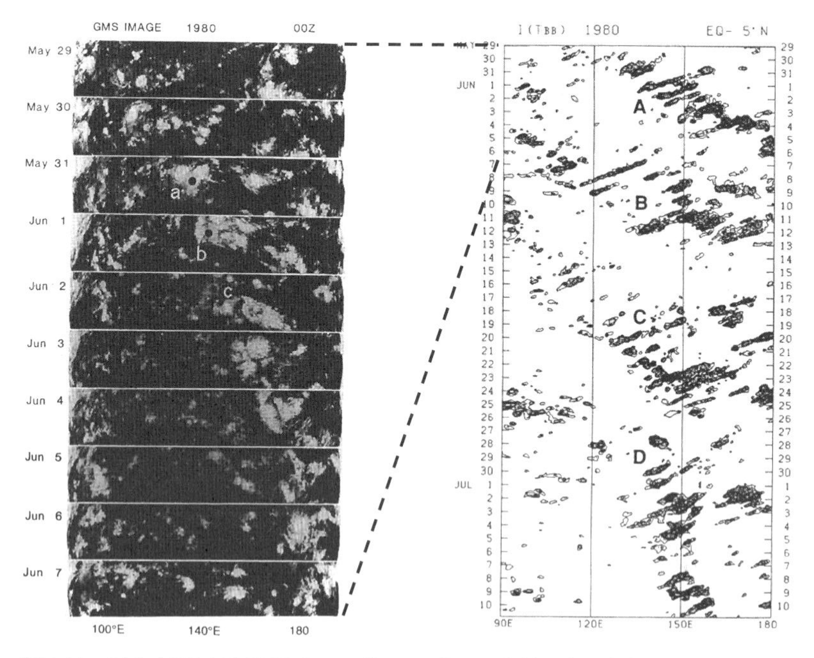

図2.25　（左）1980年5月29日～6月7日の毎日の衛星写真．（右）同5月29日～7月10日の期間について，赤道から北緯5°の間で平均した衛星観測輝度温度を，横軸を経度，縦軸を時間としてプロットしたもの．輝度温度の低い所（高い雲のある所）のみ等値線を引いてある．（Nakazawa，1988）

図 2.25（右）の経度–時間断面図は，より長い期間をカバーし，四つのスーパークラスター（A, B, C, D）が相次いで東進するようすがよく見える．さらにこれらのスーパークラスターの中を詳しく見ると，全体の東進とは逆に西進するより小さなクラスターが見える．すぐ前で述べたとおり，これら西進するクラスターは，図では小さく見えても実際は多数の積乱雲の集まりである．

図 2.25 は，熱帯での対流雲活動の複雑さの一端を示す例としてあげた．おそらく，これはかなり秩序だって見えるサンプルの一つだと思う．普通に見る天気図では，もっと混沌の度が高いだろう．

筆者が気象庁で天気図当番だった 1980 年代前半には，衛星写真はあったものの天気予報現場には熱帯の天気図はなかった．そもそも海が大部分を占め，観測所のデータが少ないのでまともな天気図を描くのは長年至難の技であったのである．近年は，毎日の天気予報もコンピュータによる全球解析を基本にしており，熱帯でもどこでも自由に見ることができる．少ない観測データを補う技術も長足の進歩を遂げて今日に至っているのである．

コラム 8 ◈ 熱帯収束帯（ITCZ）が北半球側にある謎について

図 2.22 で見たように，太平洋を中心に東西に延びる ITCZ は年を通じて北半球側にある[27)]．太平洋以外を含めて経度平均しても降水のピークは北半球側にある．すなわち，ハドレー循環は図 2.23 の模式図では簡単のために南北対称に表現したが，正確には上昇域が少し北半球側にずれていることになる．これは，ハドレー循環の南側の赤道越え気流により，北半球から南半球に向かう大気の熱輸送があることを意味する．ITCZ がなぜ北半球側にあるのか？ 最近の研究では以下のようなことがわかってきた．

まず，大気で年を通じて南半球向きの熱輸送があるということは，海洋で逆に南半球から北半球に向かう熱輸送があることを意味する．これは実際，海面から海底にまで至り，北大西洋や南極海で沈み込んだ塩分の多い，重い海水が数千年をかけて世界中の海洋中を巡る，熱塩循環と呼ばれる海洋大循環でまかなわれていることが知られている．とくに，数千年ぶりに

27）細かくいうと，北半球の春には弱いながら南半球にも見られる．

浮上してきた海水が大西洋表層を南半球側から北半球側に流れる分枝として，北大西洋高緯度を高温に保ち，ヨーロッパの気候を住みやすいものにしていることはよく知られた事実である．熱塩循環が南半球から北半球に熱を運ぶのは，地形的に北西太平洋での沈み込みの方が南極海近辺のそれよりも卓越するためである．

このように，北偏したITCZによる熱輸送は海洋の熱輸送で相殺されている．実はこの熱塩循環の作用によって大気全体では北半球の方が南半球よりわずかに暖かい状態になっている．つまり，北偏したITCZは暖かい半球から相対的に冷たい半球に熱を運んでいることになる．数値実験を行うと，暖かい半球側にITCZが寄ることが確認できるので，海洋による熱輸送を補償するためにITCZが北偏している，と考えるのが妥当であることがわかってきた．

一方，赤道近くの海面での熱収支を考えると，赤道を越えて北向きに流れる海上風は，南半球側で海上風速が強いため，より多くの潜熱フラックスを放出させ，海面水温を下げる（海上での潜熱・顕熱フラックスは，海面とその直上の大気の水蒸気量・気温差と海上風速に比例する）．したがって，海面水温に南北コントラストができる．これが相対的に冷たい南半球側から暖かい北半球側へ向かう海上風を強める，というメカニズム，いわゆるwind-evaporation-SST（WES）フィードバックが働くことも知られている．

これらの理由により，ITCZは年を通じてより暖かい北半球側に位置する．地球が温暖化すると，陸が多く，アイス-アルベドフィードバックもより大きい（∵氷の融ける量が大きい．南極は気温が低すぎて氷はあまり融けない．相対的に陸や北極海上の氷はよく融ける）北半球側でより多く暖まる．したがって，ITCZにも北偏傾向が現れるのではないか，という説が提唱されているが，まだ十分には確認されていない．複数の気候予測モデルの結果を比べてもばらつきが大きい．北半球の方が温暖化が大きいことは間違いなく，ゆえにハドレー循環による熱輸送が変化すべきなのは納得できるが，ハドレー循環の強さそのものは弱化すると予想されており（4.6.2項参照），これらとITCZの位置変化間の関係は簡単には決まらない，ということであろう．

3 異常気象の考え方

前章では，大気大循環の概略をお話しした．本章では，異常気象をもたらすような大循環のゆらぎにもう少し踏み込んでお話ししたい．少し数式も出てくるが，それほど難しいものではない．考え方を整理する道具として便利だと思うので，少しお付き合い願いたい．

3.1 異常気象をもたらす大気循環のゆらぎ—ゆらぎの生ずる理由 (1)

ここではまず，そもそも大気大循環はなぜゆらぐのかということを考えてみたい．2.1 節で，大気大循環は放射収支の不均衡をならそうとして起こるのだと述べた．そこでは年平均を扱ったが，放射収支は地球の公転とともに季節変化するだろう．なぜ，大気は規則正しい季節サイクルを繰り返さないのだろうか？

哲学的な設問になってしまったが，簡単には大気が自由に運動できるからだといってもよいだろう．2.3 節では，定常な偏西風では熱を南北に運ぶことができず，移動性高低気圧に伴う蛇行がその任を担っていると述べた．熱帯では上下の気温差を解消するために対流運動が生ずる．大規模大気運動は静力学平衡や地衡風平衡をほぼ満たしながら起こるが，それらは大気の移動のしかたを強く制限するものではない．基本，自由に動ける．そして，動きたくなる理由（より大きなスケールの空間不均一を解消する）がある．南北温度差をつくるような「外的」強制は常に存在するので，大気もつねにゆらぎ続けるというわけである．

定常状態は「不安定」なので運動（～ゆらぎ）が生ずる．言葉で説明しようとするとこんなことになるが，次節以降では大気運動の様態にも踏み込んでもう少し具体的にお話ししよう．

◇◇◆ 3.2 異常気象の「力学」の考え方 ◆◇◇

ここで少し天気図を離れて，異常気象をもたらすような大気の持続性偏差の成因を考える際の考え方について述べておきたい．少し数式を使った方が話しやすいが，厳密を期すと込み入ったことになるので，抽象的だがエッセンスを失わない形での説明を試みたい．たくさん数式が出てくるように見えるかもしれないが，単純な式変形を逐一追っているだけなので辟易しないでほしい．

3.2.1 線形解析

第１章の図 1.4 で指摘したように，異常気象時の気象変数の偏差は，そもそもその場所，季節の気候値と比べるとそれほど大きなものではない．したがって，数学的には線形解析が有用である．

簡単にエッセンスをお話しするために，大気運動は x と y の２変数で表現できると考える．ここでは，x と y は空間座標ではなく，東西風速や気温のような気象の変数と考えてほしい．本来の気象の問題では，予報変数の空間依存性も考えなくてはいけないが，今は話を簡単にするため無視する．したがって，x も y も時間のみに依存するスカラー関数である．これら２変数を予報変数とする仮想大気（というか仮想力学系）の時間発展が以下のように書かれているとする．もちろん本当の大気ではもっと複雑になるが，時間変化率が左辺に来て，右辺にそれを決めるプロセスが記述されるという形は同じである．

$$dx/dt = Ax + By + Pxy + f \tag{3.1}$$

$$dy/dt = Cx + Dy + Qxy + g \tag{3.2}$$

A，B，C，D，P，Q は，x や y に依存しない定数（いま簡単のため時間 t にも依存しないことにする）である．f と g も定数で，系外からの「強制力」を模したものと考える．

さて，変数 x，y はさまざまな時間空間スケールの変動を含んでいる（いまは空間変動は含まないことにしているが）が，その中から関心のある異常天候に関わる成分を取り出して，成因やメカニズムを議論したい．そこで，x，y を下記のように成分分けすることを考える．

$$x = \overline{x} + x' \tag{3.3}$$

$$y = \overline{y} + y' \tag{3.4}$$

例えば，$\overline{(\ )}$ は気候学的平均（季節には依存してもよいが，どの年も同じ繰り返し)，( )′をその年の偏差とする．$\overline{(\ )}$ は，知りたい運動成分 ( )′ が取り出せるならどのような演算でもよい．長期間にわたる時間平均や経度方向の空間平均(帯状平均と呼ぶ) などがよく使われる．いま，通常の算術平均のように，$\overline{(\ )'}=0$ となるように定義されているとしておく．

(3.3)，(3.4)の表式を(3.1)，(3.2)に入れると

$$d(\bar{x}+x')/dt=A(\bar{x}+x')+B(\bar{y}+y')+P(\bar{x}+x')(\bar{y}+y')+\bar{f}+f' \quad (3.5)$$

$$d(\bar{y}+y')/dt=C(\bar{x}+x')+D(\bar{y}+y')+Q(\bar{x}+x')(\bar{y}+y')+\bar{g}+g' \quad (3.6)$$

となる．(3.5)，(3.6)に $\overline{(\ )}$ 演算を施せば，

$$d\bar{x}/dt=A\bar{x}+B\bar{y}+P(\bar{x}\bar{y}+\overline{x'y'})+\bar{f} \quad (3.7)$$

$$d\bar{y}/dt=C\bar{x}+D\bar{y}+Q(\bar{x}\bar{y}+\overline{x'y'})+\bar{g} \quad (3.8)$$

(3.5)－(3.7)，(3.6)－(3.8)を作ると，偏差の時間発展方程式が得られる．

$$dx'/dt=Ax'+By'+P(\bar{x}y'+x'\bar{y}+x'y'-\overline{x'y'})+f' \quad (3.9)$$

$$dy'/dt=Cx'+Dy'+Q(\bar{x}y'+x'\bar{y}+x'y'-\overline{x'y'})+g' \quad (3.10)$$

ここで，$\overline{(\ )}$ のついた量に比べて偏差 ( )′ の大きさが小さいことを用いて，(3.9)，(3.10)で ( )′×( )′ の項を無視することにすると，

$$dx'/dt=(A+P\bar{y})x'+(B+P\bar{x})y'+f' \quad (3.9)'$$

$$dy'/dt=(C+Q\bar{y})x'+(D+Q\bar{x})y'+g' \quad (3.10)'$$

が得られる．

いま暫時 $f'=g'=0$ と仮定すると，

$$dx'/dt=(A+P\bar{y})x'+(B+P\bar{x})y' \quad (3.9)''$$

$$dy'/dt=(C+Q\bar{y})x'+(D+Q\bar{x})y' \quad (3.10)''$$

となり，(3.9)″, (3.10)″ は x', y' に対する線形微分方程式である．線形とは，(3.9)″, (3.10)″ 式に $\boldsymbol{x}_1=(x_1, y_1)^{\mathrm{T}}$, $\boldsymbol{x}_2=(x_2, y_2)^{\mathrm{T}}$ という 2 つの解が見つかったときに[1]，解の線形結合 $\alpha\boldsymbol{x}_1+\beta\boldsymbol{x}_2$ (α，β は定数) もまた解であるような場合をいい，(3.9)″, (3.10)″ 式の右辺に x', y' の 1 次の項しかないのでこれが成り立つ．もとの(3.1)，(3.2)式では右辺に予報変数の 2 次の項 xy があるので線形でない，すなわち非線形方程式である．

本来の大気力学の方程式は，連続関数に対する偏微分方程式だが，数値モデルやデータ解析で，有限個の格子点上に変数を離散的に配置した状況を考えると，(極めて) 多次元の連立非線形常微分方程式系で近似できる．上と同様の手順で，

1) 右肩の T は行列の転置を表す．$(a, b)^{\mathrm{T}}\equiv\begin{pmatrix}a\\b\end{pmatrix}$ である．

偏差に対する線形連立常微分方程式が導けることがわかるだろう.

非線形の方程式を解く一般法はないが，線形の場合は，数値計算も併用すれば解くことは可能である. $\overline{(\ )}$ のついた「基本場」に比べて小さいと仮定できる限りは，なんとか $(\ )'$ で表される「摂動」(場合により，「擾乱」,「偏差」とも呼ばれる）の力学的記述は可能である. ここで，擾乱の時間発展方程式 (3.9)′, (3.10)′ は，右辺の定数に基本場 $\bar{x}, \bar{y}$ を含む，すなわち擾乱の挙動は基本場に依存することに注意しておこう.

以後の話の進行をスムーズにするために，擾乱の時間発展方程式 (3.9)′, (3.10)′ を以下のベクトル-行列形式で書き直しておこう.

$$d\boldsymbol{x}'/dt = \boldsymbol{A}\boldsymbol{x}' + \boldsymbol{f}' \tag{3.11}$$

ここで，$\boldsymbol{x}' \equiv (x', y')^{\mathrm{T}}$, $\boldsymbol{A} = \begin{pmatrix} A + P\bar{y} & B + P\bar{x} \\ C + Q\bar{y} & D + Q\bar{x} \end{pmatrix}$, $\boldsymbol{f}' = (f', g')^{\mathrm{T}}$ と定義した. この形式なら，2 変数以上に拡張した話も容易になる.

3.2.2 不安定問題

傾圧不安定問題では，西風シア，すなわち南北温度傾度のある基本場のもとで擾乱の時間発展方程式が解かれる. ここでは，上に導いた抽象的な式を用いてその手続きを追う. 外部強制の擾乱成分は 0 とする. 解の空間構造が北への熱輸送を可能にするとき時間 t とともに振幅が指数関数的に増大する「不安定波」が存在することが示された. 成長率は基本場のシアの強さに依存するが，一定の空間波長の解を考えたとき，シアがある閾値を超えたときに不安定波が可能になる. このような傾圧不安定波の波長，空間構造は，観測された発達する移動性高低気圧の特徴をよく説明するものであった.

(3.11)式で $\boldsymbol{x}'$ がスカラーのときは，右辺の x' の係数が正の場合指数関数的に解は増幅する. $\boldsymbol{x}'$ が一般の n 次元ベクトルの場合，解は n 個の独立な解（モードという）の重ね合わせで表されるが，そのうち一つでも時間的に振幅が増大するモードがあれば，解は不安定であるという. $\boldsymbol{x}'$ を $\boldsymbol{x}' = e^{\sigma t}\boldsymbol{e}$ と書く[2] と，数学的には，行列 $\boldsymbol{A}$ について $\boldsymbol{A}\boldsymbol{e} = \sigma\boldsymbol{e}$ を満たすような固有関数 $\boldsymbol{e}$ のうち，実部[3] が正の固

2) 指数関数 $e^{\sigma t}$ は，時間 t で微分したとき自分自身の σ 倍になる（$de^{\sigma t}/dt = \sigma e^{\sigma t}$）関数である.

3) 一般の場合，固有値は複素数となる. 固有値問題に慣れておられない方は細かいことは気にしなくてよいが，大きな行列 $\boldsymbol{A}$ を作用させてもスカラー倍したのと同じことになるような，基本場や境界条件によって決まる特殊な空間，変数間構造のことを固有関数と呼んでいる.

有値 σ をもつものを探せばよいことになっている．

上記の(3.7)，(3.8)式は基本場の時間発展を記述するものであった．ここに（)′の2次の項が現れていたことに注意しよう．発達する擾乱が基本場を変える傾向（擾乱からのフィードバックという）はここに現れてくるのである．一般に，擾乱の時間発展を記述するときには，基本場がどう決まるかについてはあまり問題にしない．もとにした方程式（支配方程式）を満たすならそれに越したことはないが，データからもとめた時間平均などあらかじめ設定した基本場が解になるように，$\boldsymbol{f}$ を決めるような便法も用いられる．基本場の成り立ちの議論はここでの摂動擾乱の話とは別途になされるのである．しかしながら，基本場が決まる過程の中には擾乱からのフィードバックも含まれることは必ず覚えておかなければならない．傾圧不安定波の場合，基本場の南北温度傾度を小さくする傾向があることは以前に述べた．

基本場がどの方向にも変化しない西風の場合，大規模大気運動の摂動方程式(3.11)（ただし，$\boldsymbol{f}=0$；ここでの $\boldsymbol{f}$ はコリオリ係数ではないことに注意）は，ロスビー波と呼ばれる波動解をもつ．波動解は，予報変数が空間的にも時間的にも sin，cos のような周期関数に比例するもので，波数（単位距離あたりの波の個数∝空間的な波長の逆数）と振動数（∝時間的な周期の逆数）の間に決まった関係（分散関係という）が成り立つときには，方程式を満たす（ので存在が可能である）という意味[4]である．

3.2.3　強制応答問題

同じく(3.11)式を扱うが，今度は少し視点を変えて，（)′が1週間以上持続する天候変動をもたらす偏差である場合を考える．この場合の方が異常気象の力学では大事である．時間スケールが長くなると左辺の時間変化率は右辺の各項に比べて小さくなるので，無視できるようになる．通常の大気運動方程式なら，右辺にはコリオリ力の項があるが，その大きさは，風速×コリオリパラメータで，お

4)　今は，空間微分を扱っていないので予報変数の時間依存だけ陽に $\boldsymbol{x}'=\boldsymbol{U}e^{i\omega t}$ と表現すると，(3.11)式は，$i\omega\boldsymbol{U}=\boldsymbol{A}\boldsymbol{U}$ という形になり，虚数固有値をもつような空間固有関数 $\boldsymbol{U}$ を探す問題になっていることがわかる．$\boldsymbol{U}$ も空間座標 z についての周期関数，例えば e^{ikz}，で表現したとき，上式を満たすような ω と k の関係を分散関係という．時間依存が $e^{i\omega t}$ なら振幅は時間的に一定で，空間的な波の峰谷がある方向へ伝搬する，中立波動を表現することになる．不安定問題で探した固有値 σ の実部が0のものと考えてもよい．物理的には，基本場に空間不均一がなければ不安定波は存在しないが，中立波は存在しうる．

およそ風速変動の振幅÷1日程度と見積もれる．同様に，左辺の時間変化率の大きさは，風速変動の振幅÷変動の時間スケールと見積もれるので，変動の時間スケールが長くなるにつれて左辺が無視できるようになる．

定常($d()/dt=0$)を仮定すれば，(3.11)式は

$$\boldsymbol{A}\boldsymbol{x}'=-\boldsymbol{f}' \tag{3.12}$$

となり，擾乱に対する強制応答問題を考えることになる．形式的には，$\boldsymbol{A}^{-1}$を$\boldsymbol{A}$の逆行列と定義すれば，

$$\boldsymbol{x}'=-\boldsymbol{A}^{-1}\boldsymbol{f}' \tag{3.13}$$

として求まる．線形方程式なので，右辺の強制を色々想定した解を求め，実際はそれの重ね合わせと考えることができる．熱帯の積雲対流活動の偏差が準定常ロスビー波の伝搬を通して中高緯度に遠隔影響を与える「テレコネクション」はこのような問題を扱っている．$\boldsymbol{A}$は基本場の関数なので，上で述べたロスビー波も伝搬につれて向きや振幅を変えることになる．球面上の準定常ロスビー波伝搬はこのようすを記述するための理論である．テレコネクションでは，実際の強制がどこにどの程度の強さであるか，そしてそれが何によって引き起こされたものかももちろん重要である．

また，3次元的に変化する基本場（季節平均など）を考えるときには，西風基本場でのロスビー波の分散関係のみでは偏差場を説明できず，基本場の鉛直や東西南北のゆがみからエネルギーを受け取る成分も出てくる．$\boldsymbol{A}$の中の基本場を含む項と擾乱成分$(\ )'$がかけ合わさった項である．これらも考慮せねばならない．さらに，長周期変動を$(\ )'$と考える場合，何らかの時間フィルタで，より短い時間スケールの現象，例えば移動性高低気圧との区別が必要になる．そうすると(3.12)の右辺の$\boldsymbol{f}'$にはそれらからのフィードバックも含めて考える必要が出てくる．さらにいうと，短周期擾乱の集団の振る舞いは長周期擾乱によって決まる部分もある．傾圧不安定波の経路や発達率は偏西風の経路や強さに依存することは容易に理解されるだろう．したがって，$\boldsymbol{f}'$を完全な「外部」強制として扱うことはできない．

少し話が込み入ってきたが，異常気象をもたらすような大気長周期変動の力学を理解しようとするときに出てくる概念を俯瞰するのが目的であった．一つ一つの概念を詳述しようとすると変数や基本場の空間依存もきちんと取り扱って（また境界条件も課して）議論する必要がある．その余裕は本書にはないが，なるほど社会的に影響が大きいだけでなく，学問的にも色々調べる余地のある分野であることを感じとっていただけると幸いである．

3.2.4　振動子

常微分方程式を出したついでに，大気海洋の変動力学の基礎概念である振動子がどういうものか，簡単な例で紹介しておきたい．振動子の基本形は以下の方程式で与えられる．

$$dx'/dt = -\omega y' \tag{3.14}$$

$$dy'/dt = \omega x' \tag{3.15}$$

擾乱の時間発展式（3.9)″，(3.10)″を単純化したものになっているのがわかる．x' と y' がそれぞれ互いの時間発展式に符号を変えて現れているところがミソである．上記方程式の解が $x' \propto e^{i\omega t}$, $y' \propto e^{i\omega t}$ であることは代入するとすぐわかる．振幅は任意である．$e^{i\omega t} \equiv \cos \omega t + i \sin \omega t$ なので時間的に振動数 ω，周期 $2\pi/\omega$ で振動する解である．(3.14)式を t で微分して $d^2x'/dt^2 = -\omega^2 x'$ と書き直すと，ω のかかった項は，振動するバネの復元力を表現していることがわかる．実際の周期的な変動を解析する場合には，上式のように簡単な方程式が書けるわけではないが，復元力にあたる物理プロセスは何なのかを解明することは最優先課題となる．

さて，(3.14)，(3.15)式の右辺に項を足してもう少し一般的なかたちにしてみる．

$$dx'/dt = \lambda x' - \omega y' \tag{3.16}$$

$$dy'/dt = \omega x' + \lambda y' \tag{3.17}$$

この場合解は，$x' \propto e^{(i\omega+\lambda)t} = e^{i\omega t} \times e^{\lambda t}$（$y'$ も同様）になる．λ が正の場合，解は時間的に増幅，負の場合は減衰する．実際の大気方程式の場合，摩擦や乱流，またいま見たい現象以外からの非線形作用など，右辺には x' や y' の変動を減衰させる効果が卓越するので，上式のように簡単化したとすれば，λ は負と考えるのが通常である．しかし，そのような乱雑な中から周期現象が増幅，卓越してわれわれの目に触れる理由を明らかにするためには，多様な減衰作用に抗して振動子の振幅を増幅させる物理プロセスを発見する必要がある．復元力と増幅メカニズム，エルニーニョ現象や十年規模気候変動など，気候変動に頻出する準周期的な変動現象解明には，これら二つの同定が重要な課題となる．

◇◇◆ 3.3　ゆらぎの生ずる理由（2） ◆◇◇

前節で，簡単な微分方程式を導入したので，その枠組みを使って3.1節で述べたことをもう少し補足しておきたい．

3.3.1　力学的不安定によるゆらぎの発現

まず，(3.16)，(3.17)式で，λ を $\lambda-\lambda_0$ と書き直してみる．λ も λ_0 も正の値をとると考えて，λ_0 を大気運動にさまざまに働く減衰項の大きさの目安と考える．そして，λ を放射の南北不均一のように外部からの強制を表すと考えると，λ が閾値 λ_0 を超えるまでは擾乱は生じないが，これを超えて大きくなると $x'=y'=0$ という「定常」解は不安定になって運動が生じると考えることができる．単純なアナロジーなので，増幅した後どうなるかまでは語れないが，地球大気は常に $\lambda>\lambda_0$ の強制がかかっている状態と考えれば天気が絶え間なく変わるのも仕方あるまいと思えるのではなかろうか．

基本場と擾乱をもう少し拡大解釈してみよう．例えば，基本場を鉛直方向の気温や水蒸気量による成層不安定と考える．対流圏では，気温が高度とともに下がっている．もし下層の空気を上層に持っていったとすると，気圧が下がるぶん密度が小さく,「軽く」なるが，もともと上層にあった空気ほどには軽くならないので重力（負の浮力）を受けてもとの位置に戻ろうとする．このようなとき，基本場は安定成層しているという．大気は，熱帯でも中高緯度でも平均的には安定成層である．ところが，大気の循環の具合によっては，上層で（赤外放射によって）冷える割合が時として大きくなるなどして，不安定な成層になることもある．このようなときには，成層を安定に戻すべく鉛直方向の対流運動が起こるに違いない．

成層の安定度は，気温だけでなく水蒸気量の鉛直分布にも依存している．下層の水蒸気の多い空気塊が上昇すると，上空で冷えたときクラウジウス-クラペイロンの関係から気温で決まる飽和水蒸気圧が，実際に含んでいる水蒸気圧よりも小さくなり，水蒸気の液体水への凝結が起こる（雲の発生）．気体から液体へ変わるときの凝結熱は空気塊の温度を上げるので，水蒸気が凝結した分浮力も増える．したがって，気温の成層具合は同じでも，下層にたくさんの水蒸気が含まれるときほど成層は不安定であるといえる．このようなわけで，暖かい熱帯の海上では成層不安定はしょっちゅう起こり，対流活動も活発である．

天気図よりずっと小さい水平スケールでも，大きな場の風に水平，鉛直のシア（空間不均一）があると，それを解消しようとする不安定波が生じる．

これら多種の不安定は，実際に起こる気象学的メカニズムは現象ごとに異なっても，より大きな基本場のゆがみを解消しようする気象擾乱が生じるという点では共通している．不安定問題では，ゆがみの大きさが閾値を超えると擾乱は自発的に発生，成長する．地球大気は至るところで，ちょっと場が変わるとすぐ擾乱が生ずるような不安定に近い状態になっているのだといえる（擾乱が基本場をならそうとするから，大きな不安定状態は幸い長続きしない）．話が小難しくなってしまったが，根本は，大気が自由に動ける媒体であることによる．

3.3.2　ノイズによるゆらぎの励起

不安定だけがゆらぎの原因ではない．力学的には不安定でないとしてもシステムがゆっくりと動く成分をもつとき，バタバタと早い周期でランダムに変わるノイズが作用することによって，長周期のゆらぎが励起される．もともと動くならこれくらいの時間スケールで，というシステムに，一見意味のないノイズが少し加わっても，システムは自分の好きなゆっくりした動きでそれに応答しようとする．物理のブラウン運動や，株の予想にも使われるというランダムウォークなどと同様の考え方である．気候分野では 1976 年にドイツの Hasselmann が提唱した．

方程式で書くと

$$dx/dt = -\lambda x + w \tag{3.18}$$

のような感じで，λ は正の数，w は時間的にランダムなノイズ（ホワイトノイズ）とする．ランダムウォークは日本語では酔歩ともいわれるが，ためしに(3.18)式の 2 次元版をエクセルで計算してみると図 3.1 のようになる．ふらふらと家（図の原点）に帰ろうとする酔っ払いそのもので，少し哀しいがよいネーミングだと思う（ただし，次の図 3.2 で見るように，ノイズ強制を受けたシステムでは家($x=0$)の周りをうろうろするばかりで帰り着かないのである．ますます哀しい）．

1 次元版の(3.18)式の時間変化の一例を，ノイズのある場合（実線）とない場合（点線）で示した（図 3.2 上）．ノイズがないときには，x は $1/\lambda$ の時間スケールで 0 に減衰するが，ノイズが加わると，たとえノイズには時刻ごとの脈絡が何

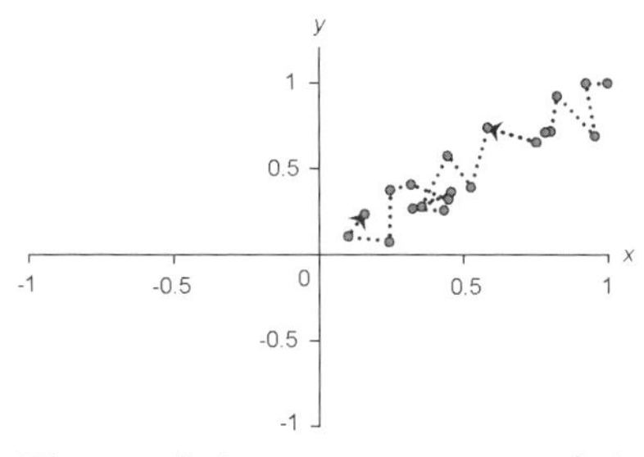

図 3.1　2 次元ランダムウォークのようす

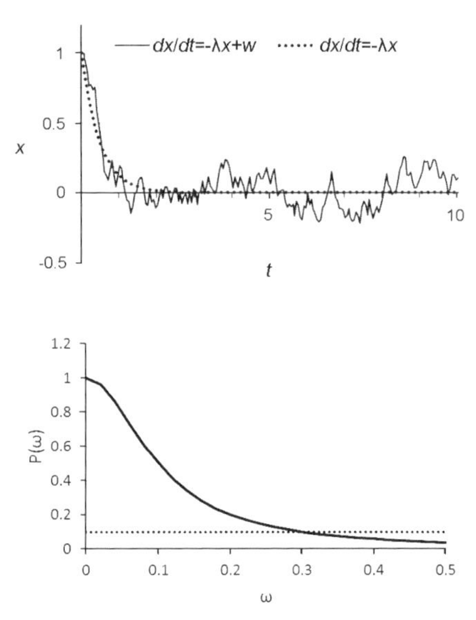

図 3.2　(上) 1次元ランダムウォークの時系列．実線はノイズのある場合，破線はノイズのない場合．(下) スペクトル (縦軸)．横軸は振動数．実線は上図でノイズのある場合の理論値．点線はノイズのスペクトル．

もなくてもシステムはゆっくりとしたゆらぎの成分を示すようになる．図 3.2 下には，図 3.2 上の実線に対応するパワースペクトル（の理論値；実線）とノイズのパワースペクトル（点線）を示した．ノイズは白色（ホワイト），すなわち周波数依存性がなく，大きさも小さいが，それを受けたシステムの応答は，長周期に大きなパワーをもつレッドノイズになる．グラフでの点線と実線の交点がシステムの時定数 λ の目安になる．

ノイズによる長周期ゆらぎの励起は，大気（や海洋）の運動のパワースペクトルがレッドノイズでよく近似できることの説明を与える．今の場合，システムの力学は単純な減衰過程のみであるが，実際の大気海洋系で力学的に不安定とまでは行かなくても，ある程度の自己増幅作用をもった力学モードが存在すれば，どんなシステムでも常時ある程度は存在するランダムノイズによってそのモードがわれわれに認識しうる大きさのゆらぎとして現れると考えられる．エルニーニョ現象は，現在ではそのようにとらえる説が有力である．

不安定問題の考え方だけを聞くと，閾値を超えたら運動は存在するが，そうでなければ存在しない，しかして基本場も閾値も誰がどう定義すべきものなのかはっきりしない，というモヤモヤを感じた方もおられよう．ノイズによる励起の話を加えて考えると，閾値がいくつでそれを超えたか超えないかは，地球規模の気象・気候ゆらぎを扱う限り，神経質に気にする必要はないといえる．たまたま設定した数学で不安定と判定されようがされまいが，他のさまざまな運動モードに比べて自己増幅作用が大きく，したがってさまざまな減衰過程に抗してわれわれの目にふれる確率の高い現象を見つけて，そのメカニズム解明に集中しておればよい．

3.4　球面上の定常ロスビー波とテレコネクション

原理的な話が長くなった．少し実際の異常気象の話に近づこう．

大規模大気運動では，ロスビー波という中立波動が存在しうることを述べた．これによって，地球上のどこかで生じたローカルな偏差は，遠く離れた場所にも影響する．波というのは，それを伝える媒質そのものが移動しなくても，場のゆらぎ——高気圧とか低気圧，風や気温の偏差のパターンを遠くへ伝えることのできる運動形態である．池に小石を放り込んだときに生じる水面波の場合，水自体はその場で上下するだけだが，水面の上下運動のパターンが小石の入水地点から放射状に離れたところに伝わる．これは，小石の入水により水面が下がるが，周囲は高度差を解消すべく逆に水面を上げる運動が起こり，さらにその周りでも同様の運動が起こるという繰り返しで，もとのシグナルが遠くまで伝わるのである．すなわち，重力により流体塊がもとの高さに戻ろうとする力（復元力）が働くために波が生ずる．

ロスビー波の場合は，この復元力にあたるものは，絶対渦度の保存則がもたらしている．少々口頭での説明は難しいが，あえて試みると，ある緯度にあった空気塊がよりコリオリパラメータ（＝惑星渦度）の小さい低緯度に移動しても絶対渦度が保存するので，それを補う相対渦度が生ずる．ある地点の相対渦度が変わるということは周囲の風の場も変化するということなので，それによって周囲にも空気塊の移動が生じ，巡り巡ってもとの空気塊をもとあった緯度に戻すような作用が働く，ということになる．

もともとロスビー波は，偏西風上の東西方向の波動として導かれたものであったが，実在大気上でのテレコネクションを考えるときには，必ずしも偏西風上にはない，ローカルな励起源からの波動伝搬を扱う必要が出てくる．とくに季節の時間スケールになるとエルニーニョ現象等に伴う積雲対流偏差，それに伴う大量の凝結熱偏差による熱帯から中高緯度へのテレコネクション，つまり南北方向の波動伝搬も重要である．さらに地球スケールで南北方向の伝搬も扱うとなれば，コリオリパラメータとその南北微分（β 効果）や偏西風の強さ，つまり波動にとっての基本場も南北に変化することを考慮に入れなければいけなくなる．このような事情が考慮されるようになったのは，ロスビーが最初の論文を1939年に書いてから40年以上経った1980年代のことである．英国の気象力学者ホスキンス（B. Hoskins）が当時学生だったD. Karolyとともに行った研究（Hoskins and Karoly, 1981）が，1982年に起こった巨大エルニーニョによる天候異常の遠隔伝達を説明しうるものとして注目を浴びた．

3.4.1 球面上の定常ロスビー波の特徴

また，理屈っぽい話になった．本項では，球面上の準定常ロスビー波の要点をまとめておきたい．導出については気象力学の教科書にあたっていただくこととしたいが，重要であるし，理解の助けにもなると思うので，ロスビー波の分散関係式を掲げておく．

$$\omega = k\{\overline{u} - (\partial\overline{q}/\partial y)/(k^2+l^2)\} \tag{3.19}$$

ω, k, l は波動解（$=x$, y, t（水平座標と時間）への依存を $e^{-i(kx+ly-\omega t)}$ と仮定）を特徴づけるパラメータで，振動数と東西および南北波数を表す．振動数 ω は，周期 T と $\omega = 2\pi/T$ の関係があり，同様に波数 k, l は，x, y 方向の波長 L_x, L_y と $(k, l) = 2\pi(1/L_x, 1/L_y)$ の関係がある．ω, k, l は通常正の実数であり，定常波では $\omega = 0$ である．$\overline{u}$ は西風基本場を表し，$\partial\overline{q}/\partial y$ は基本場のポテンシャル渦度の南北傾度であるが，水平伝搬のみ考える場合は，$\beta - \partial^2\overline{u}/\partial y^2$ である．

さて，(3.19)式の分散関係も参照しながら，定常ロスビー波についてわかっていることを整理しておく．なぜそうなのかわからないと気持ち悪いと思うが，導出は気象力学の教科書に譲らざるを得ない．しかし，以下の性質は天気図を見て異常気象のゆえんを考えるときに覚えておくと大変便利なものである．

まず，

① 定常ロスビー波は基本場が西風のところでしか伝搬しない．

図2.15でロスビー波の位相は，基本場のポテンシャル渦度の大きい方を右に向いて進むと述べた．大規模場では，コリオリパラメータの緯度微分 β が卓越するので，$\partial\overline{q}/\partial y$ は正である（以下ではこの場合のみ話す）．したがってロスビー波の（基本場の風に相対的な）位相速度は西向きとなる．基本場が西風なら位相が地面に対して動かない定常状態が実現するが，東風のときは不可である．(3.19)式で

は，$\partial\overline{q}/\partial y>0, \overline{u}<0$ のとき，ω は負となってしまうので，定常でなくてもそもそもロスビー波は東風中を伝搬できない．

次に，

② ロスビー波の群速度は東向きである．

図2.16で位相速度と群速度は向きが異なることもありうると説明した．南北成分はありうるが，ロスビー波では西向きのエネルギー伝搬は不可である．

球面上での定常ロスビー波については，数学的に解析を行うと，

③ 波源から大円経路に沿って伝搬し，高緯度で低緯度側へ屈折する（弧状になる） ことがわかる．この後半は高緯度に行き $\beta \cong \partial\overline{q}/\partial y$ が小さくなるにつれて，南北波長も短くなって定常を保とうとするためである．

さらに以下の性質は，天気図で偏差パターンの走向から定常ロスビー波のエネルギー伝搬の方向を推察するのに役に立つ．

④ 定常ロスビー波では群速度は波数ベクトルと同じ向きになる．

導出には分散関係式(3.19)から群速度（$(\boldsymbol{c}_g=\partial\omega/\partial k, \partial\omega/\partial l)^{\mathrm{T}}$ と計算される）を求める必要があるが，ここでは図3.3で定性的に了解しておいてほしい．

⑤ 定常波は，$(\partial\overline{q}/\partial y)/\overline{u}>0$ のところに存在する．

$(\partial\overline{q}/\partial y)/\overline{u}$ の地理分布を詳細にみると，偏西風の強い軸に沿ってこのようなロスビー波の伝搬できる「導波管」が形成されていることが多い．大気の長周期帯（10～90日）でも相対的に短い方では，天気図上でもロスビー波のエネルギー伝搬に似たようすが頻繁に認知されることは2.7節で述べた．このようなエネルギー伝搬は，西風の強い軸に沿った導波管沿いに観測されることが多い．

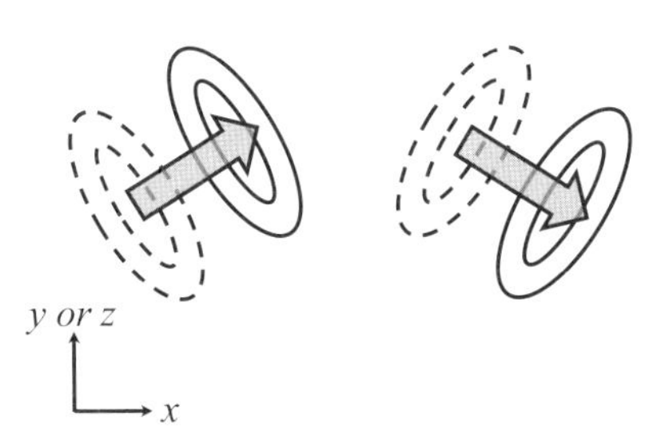

図3.3 ロスビー波に伴う流線関数偏差（実線，破線）と群速度（矢印）の模式図

x，y，z はそれぞれ東西，南北，鉛直座標を表す．縦軸を z と読んだ場合にはロスビー波の鉛直伝搬を表している．

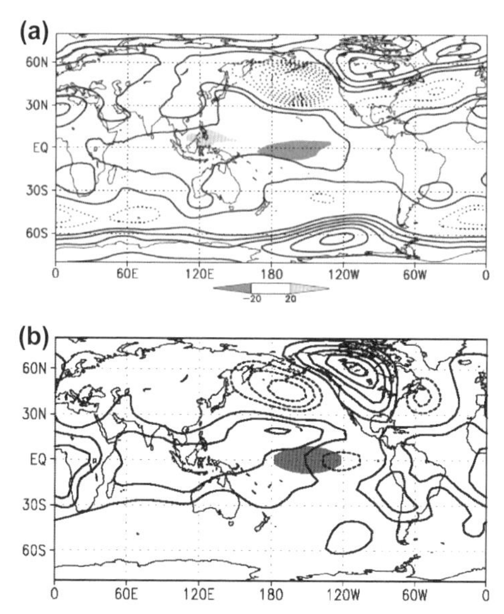

図 3.4　(a) エルニーニョ時の冬 (12～1 月) の 500 hPa 高度偏差 (等値線) の合成図陰影は OLR 偏差. (b) 赤道に加熱 (陰影) を与えたときの線型大気モデルの応答 (500 hPa 高度偏差).

3.4.2　エルニーニョ時の偏差パターンと定常ロスビー波

ここでは，球面上の定常ロスビー波研究のきっかけとなったエルニーニョ時の偏差天気図についてみてみよう．

図 3.4(a)には過去の複数のエルニーニョ発生時の北半球冬の合成図を掲げた．等値線は 500 hPa 高度偏差，陰影は外向き長波放射量 (outgoing logwave radiation; OLR) の偏差で，負の値は対流活発を示し降水量～凝結加熱量とよい相関がある[5]．赤道太平洋中央部に大きな負の OLR 偏差がある．これはエルニーニョによって上昇した海面水温の影響を受けたもので，ここから北米大陸北部アラスカやカナダに向けて正負を繰り返す波状の気圧偏差がみられる．偏差の中心を結ぶ

5)　OLR は，宇宙に射出される赤外放射量のことで，衛星観測にもとづいている．地表気温に応じて，熱帯で大きく，高緯度に行くにしたがって値が小さくなるが，熱帯では高い雲のあるところは相対的に低い値を示すので，海の多い熱帯では観測の困難な降水の地理分布把握によく用いられる (おおむね緯度 30° より極側では，気温を反映してしまうので，あまりみない習慣である)．

線は，低～中緯度の南北に近い走行から，高緯度へ向かうにつれて東寄りの成分を強め，カナダで南転して北米東岸へは北から伝搬しているように見える．

図 3.4(b)は，この状況を数値計算で再現しようとしたものである．図 3.4(a)を模して赤道中央太平洋の破線部分に加熱偏差を与え，気候平均場のもとでの循環偏差成分を線形力学モデルで計算した．図 3.4(a)について述べた北米への波列やその他熱帯，南半球の偏差も含め，観測とよく一致しているのがわかる．

ここでの計算は，3.2 節で紹介した（定常）強制応答問題を，熱帯熱源を強制として解いたものと考えてよい．中緯度では，基本場から偏差場へのエネルギー変換も若干考慮されたかたちにはなっているが，一義的には，球面上の準定常ロスビー波伝搬が表現されたものと考えてよい．

コラム 9 ◆ ロスビー波の鉛直伝搬と傾圧性

実は，ロスビー波は鉛直伝搬も可能である．これにより，対流圏の波動のうち波長の長い，プラネタリー波と呼ばれるものは成層圏に侵入する．波長の短い移動性高低気圧や総観規模擾乱と呼ばれるものは成層圏に侵入できない．成層圏に細かいスケールの擾乱が存在しないのは，このことに加え，鉛直成層が安定で小さな空間スケールの不安定擾乱が生成しないためである．一度に多くのことを述べたくなかったので本文では割愛したが，ここでロスビー波の鉛直伝搬について簡単に触れておく．

鉛直伝搬も考慮する場合，ロスビー波の分散関係（(3.19)式）は以下のように修正される．

$$\omega = k\{\overline{u} - (\partial\overline{q}/\partial y)/(k^2 + l^2 + m^2)\} \tag{3.20}$$

右辺第 2 項の分母に鉛直波数 m の項が付け足された．水平方向の波動の空間構造は，サインコサイン関数を用いて表現し，k, l は実数だが，鉛直方向は事情が少し違って，基本場に鉛直依存性（気温に成層がある，$\overline{u}$ に鉛直シアがあるなど）があり，地表と大気上端での境界条件も考慮する必要があるため，勝手な関数を用いるわけにはいかない．数学的には，鉛直方向の 2 階微分方程式の固有関数を用いなくてはいけないことになり，m^2 はその固有値にあたるのだが，ここで大事なことは，そういう事情で m^2 は負にもなりうるということである．水平のときの波動関数 e^{ikx} は，k^2 が負，すなわち k が純虚数なら，指数関数となり，正負の符号を変えることはない．これと同じ事情で，m^2 が負のときは，鉛直構造関数が高さとともに符号を変えず，正負を繰り返す波動にはならないのである．m^2 の符号は，(3.20)を変形して得られる次式の右辺を調べればよい．

$$m^2 = (\partial\overline{q}/\partial y)/(\overline{u} - \omega/k) - (k^2 + l^2) \tag{3.21}$$

右辺第1項で，β 項が卓越する $\partial\overline{q}/\partial y$ はだいたい正，ω, k も正なので，$\overline{u}$ が大きな正の数になると右辺第1項が小さくなり，m^2 が負になってしまうことがわかる．水平伝搬と同様，東風基本場ではロスビー波は鉛直伝搬できないが，西風でもあまり強いときは水平波数の大きな波は伝搬できないということになる．したがって，成層圏ではプラネタリー波（；経度方向の波数1～4程度）が卓越しているのである．もう少し仕組みのわかるやり方で説明したかったが，中途半端な数学を使った説明しか考えつかなかった．納得いかない向きもおられようが，成層圏には波数の大きい波は行かない，という結論はわりと大事なのでご容赦願いたい．

本書では成層圏循環はほとんど扱わないが，いま述べたことは対流圏で持続性のある偏差パターンの維持機構を考える際にも重要である．擾乱が鉛直に波打った構造をもつということは，水平-鉛直断面で見たとき高度偏差の等値線が鉛直に傾くということで，2.4節の温帯低気圧（傾圧不安定波）の鉛直構造のところで説明したようにこれは傾圧性をもつということである．2.5.4項で指摘した通り，このときには等高度（圧）線と等温線がずれるので，黙っていたら温度場が風によって変化してしまうため，偏差のパターンが持続性をもつためには順圧構造の方が都合がよい．もし持続性のある偏差パターンが傾圧性をもっている場合，波動伝搬という観点では近くに何か波動の励起源（波源）を探す必要がある，もしくは基本場との相互作用等傾圧性を維持するメカニズムを求める必要があるということである．これらのことについては3.5.4項で議論する．ちなみに，図2.12で見たように西風基本場で西に位相が傾いているときは，上方への鉛直伝搬を示唆している（図3.3も参照のこと．この図の縦軸は y（北向き）または z（上向き）と考えてよいことを記しておいた）．大規模山岳や海陸の熱コントラストで強制されるプラネタリー波も西に傾いており，地面付近に波源をもつという解釈と整合的である．図3.5は，$x=0$ に局所山岳があるとしたときの定常ロスビー波の鉛直構造の理論計算の結果である．波源付近では等高度線の西（図の左側）への傾きが見られるが，東に行くにつれて順圧構造が卓越しているようすがわかる．

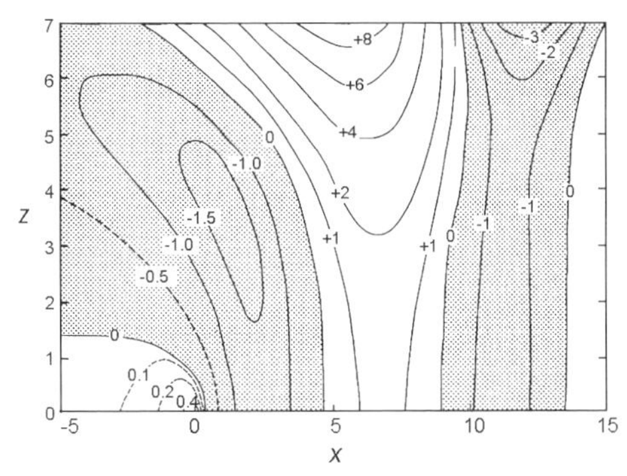

図 3.5　$x=0$ に局所山岳があるときのロスビー波の伝搬の理論計算（Held et al., 1985）
縦軸は鉛直，横軸は東西を表す．等値線は，高度偏差で，負の部分に陰影．

3.5　テレコネクションパターン，持続する偏差パターン

3.5.1　テレコネクションパターンとは？

「テレコネクション」は，これまでにも幾度か出てきた言葉であるが，ある場所での気象偏差が地球上の遠く離れた場所へ影響を及ぼすことをいう．1 週間以上の時間スケールでの天候や気候変動を語る際に用いられる言葉である．コンピュータによる予報もない頃，長期予報の手がかりとなる現象を求めて予報官が世界各所での気象データの相互関係を統計的に調べていたところから始まった．もっとも初期の有名なテレコネクションは，南太平洋のタヒチとオーストラリア北端の町ダーウィンの地表気圧の間のものである．両者の気圧偏差には，数か月以上の時間スケールで顕著な負の相関があるというものである．すなわち，片方の偏差が正ならもう片方は負になる傾向がある．今ではエルニーニョ現象の大気側の偏差である南方振動～ウォーカー循環の偏差を表すものとして有名であるが，もともとはイギリスから派遣されてインド気象局の長官をしていたウォーカー卿がインドモンスーンの雨の長期予報に使える指数はないかと色々探しているうちに発見したものといわれている[6]．

6)　正確には，19 世紀末に Hinderbrandsson（1897）が気づいていたというが，最初に詳細な記述をしたのは Walker and Bliss（1932）の論文であったと Wallace and Gutzler（1981）

その後も，中高緯度にも北大西洋振動（North Atlantic Oscillation; NAO）や太平洋／北米パターン（Pacific/North American pattern; PNA）などがあるということが知られていたが，これから紹介する，今日気象・気候分野で広く知られるテレコネクションを，近代的なデータにもとづいて初めて組織的に記述したのはWallace and Gutzler（1981）である．この研究は，当時エルニーニョのもたらす世界の異常天候が注目を集めており，3.4節で紹介した球面上の準定常ロスビー波の理論とも相まって，大気の長周期変動に対するわれわれの知見を充実させる大きな駆動力となった．

Wallace と Gutzler は，長期間の高層解析データにもとづいて，相関解析を駆使して，それまでに知られていたものを含め，北半球冬季の代表的なテレコネクションパターンを網羅した．その中のいくつかは，球面上の準定常ロスビー波をほうふつとさせる波列様のものであったし，あるいは南北に符号の異なる偏差中心が双極子のように並ぶものもあった．その後の研究で，これらの多くは，繰り返し地理的に同じ場所に現れるものであることが明らかになり，テレコネクションパターンと呼ばれるようになった．この時点で，どこからどこへの影響なのかというテレコネクションの本来の語義から少しはずれて，持続性，再帰性のある偏差パターンをテレコネクションパターンと呼ぶことが多くなった．

Wallace and Gutzler（1981）が用いたのは，統計学でよく知られた相関係数である．いま，変数 x と y について N 個のデータがあるとすると，x と y の間の相関係数 r は以下で定義される．

$$r \equiv \frac{1}{\sigma_x \sigma_y} \sum_{n=1}^{N} (x_i - \bar{x})(y_i - \bar{y}) \tag{3.22}$$

ここで，$\bar{x}, \bar{y}$ は x, y の平均，σ_x, σ_y は標準偏差である．

$$\bar{x} \equiv \frac{1}{N} \sum_{n=1}^{N} x_i,\ \bar{y} \equiv \frac{1}{N} \sum_{n=1}^{N} y_i \tag{3.23}$$

$$\sigma_x \equiv \frac{1}{N} \sum_{n=1}^{N} (x_i - \bar{x})^2,\ \sigma_y \equiv \frac{1}{N} \sum_{n=1}^{N} (y_i - \bar{y})^2 \tag{3.24}$$

相関係数 r は -1 から $+1$ までの値をとり，正の値のときは，片方がプラスならもう片方もプラスになる傾向があり，負の値のときは符号が逆になる傾向があるということである．極端な場合，$r = +1$ のときは x, y 間に比例関係が，$r = -1$ のと

に述べられている．

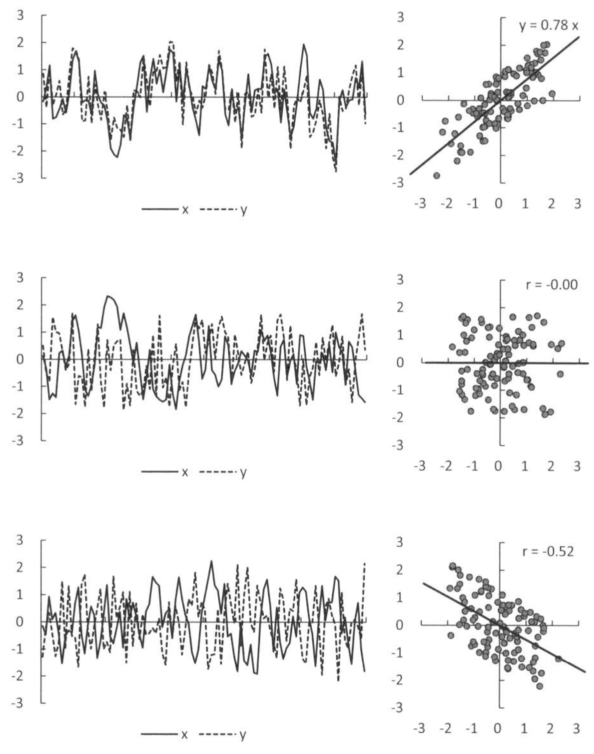

図 3.6　2 変数 x，y の時系列（左）と散布図（右）
上から，x，y の相関係数が +0.78，0.0，−0.52 の場合．

きは反比例関係が厳密に成り立っていることになり，$r=0$ に近い値のときは x と y は無関係であるということになる．ご存じの方には無用であろうが，大気や海洋の長周期変動の解析には必須の概念なので，図 3.6 に例を示しておいた．上から，正の高い相関，ほぼ無相関，負の相関を示している．時間軸に沿った 2 変数のプロットの横に，散布図を配置したので，相関係数が高いとは「2 変数間の直線関係からのばらつきが小さいこと」であることがわかりやすいと思う[7)]．

Wallace と Gutzler の用いた一点相関図とは，ある格子点（基準点）の月ごと

7)　なお，ここでの時系列はイラストレーションのために 3.3.2 項に紹介したような計算でこしらえたもので，実際の気象データではない．ちなみに，時間軸を空間軸に読み替えると 2 つの天気図間の類似を測る空間相関係数も同様に理解できる．

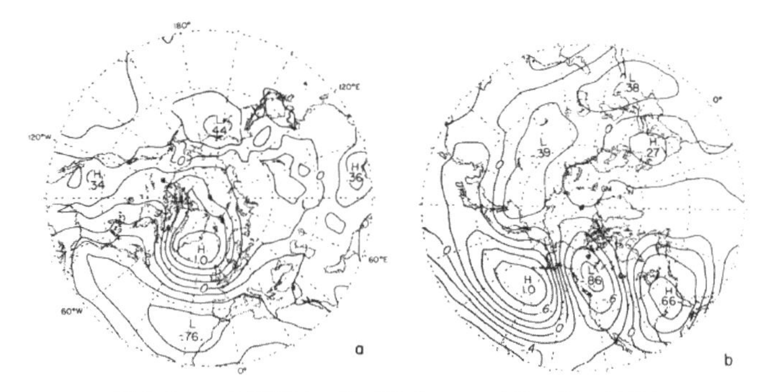

図 3.7 一点相関図の例（Wallace and Gutzler, 1981）

の偏差時系列とそれを含むその他の点のデータとの相関係数を計算し，それを地図上にプロットしたものである．例を図 3.7 に示す．時系列の自分自身との相関係数は 1.0 なので，基準点はすぐわかる．図 3.7 の左のパネルは，アイスランド付近の格子点を基準にしたもので，NAO にあたる南北双極子様のパターンが見える．右のパネルは，アリューシャン列島の南沖の格子点を基準にしたもので，そこから北米へかけての波列様の PNA パターンになっている．

Wallace と Gutzler は，北半球の格子点すべてを基準点とした大量の一点相関図を独自の方法で整理・分類したが，今日では同等の結果は，多変量解析で主成分分析といわれる方法で得られることがわかっている．

コラム 10 ◈ 相関解析について

相関解析は，大気海洋のデータ解析でよく使われる方法である．例えば，ある場所（領域）の海面水温偏差と全球の上層大気高度場の相関係数を地図上にプロットすれば，大気の応答（と思われる）特徴を簡便に取り出すことができる．

注意点は，相関解析は 2 変数の変化傾向が似ているか否かを測っているだけなので，どちらが原因でどちらが結果なのかについてはわからないということである．海面水温と大気なら，前者の方がゆっくり変化するのだから原因は前者だろうと思いがちであるが，そして低緯度の海水温偏差ならおおむねそうであるが，一般には必ずしもそうとはいえない．実際，中高緯度では海面水温は大気の影響を受けて変わる成分の方が圧倒的に大きいといわれている．海水温が低く，大気への蒸発が少ない中高緯度では，海洋から大気への影響より，大気の風が海をかきまぜて冷やす効果の方が大きいからである．

大気海洋の色々なデータが手に入ると，片っ端から相関係数やもう少し高度な多変量統計解析を試してみたくなるものであるが，そしてそれはもちろん気象・気候解析の基本であるのだが，その結果の解釈には少しばかりの注意が必要である．変数AとBに驚くほどよい相関が見つかったとしても，それらは本当はCという別のプロセスによって引き起こされているものであるかもしれない．

相関解析の範囲内で因果関係に踏み込むもっとも簡単な手段は，時間差（ラグ）相関を計算してみることである．さすがに，時間的に後で起こった現象がその前の現象の原因であるとは考えにくい（ただし，データに振動成分が含まれている場合はこの限りでない）．

当たり前のことをくどくどと言っているにすぎないが，ついでにもう一つよく知られた注意を．気象や海洋の時系列は多くの場合，短い時間間隔での自己時差相関が大きいことである．簡単にいうと，今日の天気図と昨日の天気図はかなりよく似ている．相関係数を計算するとそれが統計的に有意であるかどうかの検定が必須であるが，注目する現象の時間スケール（寿命）より短い間隔のサンプルは，統計の教科書でいう「独立なサンプル」とはいえない．これを見落とすと，一季節90日分のデータで0.3という相関係数を有意と判定してしまう．後で事情がわかると相当恥ずかしいので注意しよう．（「独立な」サンプル間隔の目安は，上に述べたようにみている現象の寿命であるが，定量的に見積もる場合よく使われるのは，時差を徐々に大きくしていったときの自己（ラグ）相関が0と有意に区別できなくなる期間とする方法である．）

3.5.2　代表的なテレコネクションパターン

ここでは，中高緯度大気の季節内長周期変動について今日よく知られているテレコネクションパターンのうちのいくつかを簡単に紹介しておく．ここでは，陸地が多いためデータが多く記述が充実している北半球の，長周期変動がもっとも活発な冬季のパターンについて代表的なもの，そして日本の天候変動にかかわりの深いものをとりあげる．

a. 北半球冬季の代表的なテレコネクションパターン

図3.8は，500 hPa高度偏差でパターンを表現したものである．気象庁で現業的に気候監視に用いている図を借用した．各パターンについて，過去の代表的文献にもとづいて，複数格子点のデータの組み合わせで時系列指数（インデックス）を作り，空間パターンは各格子点とインデックスの相関係数，回帰係数で表現されている．図3.8では，等値線が，時系列指数が1標準偏差となるときの高度（気圧）偏差（回帰係数）を，陰影が相関係数を表している．これらのパターンは1週間以上，時には1か月以上持続して卓越し，パターン周辺の天候に大きな影響を及ぼす．

(1) NAO（North Atlantic Oscillation；北大西洋振動）

NAO（図3.8(a)）は，中高緯度のテレコネクションパターンの中でももっとも古くから知られているものである．北半球スケールで解析しても，データ期間によらず必ず現れる．ここでの空間パターンは，過去の文献を踏襲してポルトガルのリスボンとアイスランドの海面気圧偏差の差を時系列指数として空間パターンが求められており，等値線も海面気圧偏差に対応する．上空，例えば500 hPa高

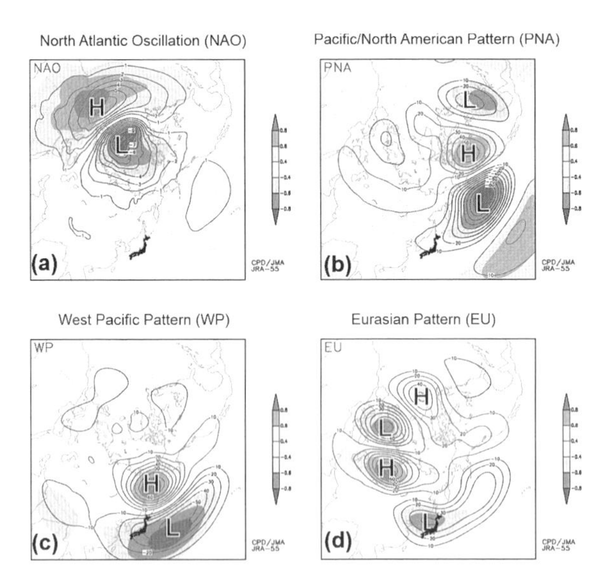

図3.8　北半球冬季の代表的なテレコネクションパターン（気象庁）
図の説明は本文を参照のこと．(a) NAO，(b) PNA，(c) WP，(d) EU．

度偏差でみても，パターンの大まかなようすは変わらない．北大西洋のグリーンランドからアイスランド付近で低気圧偏差のとき，その南の中緯度，東西に伸びた領域で気圧偏差が逆符号になる「南北双極子」型のテレコネクションパターンの代表例である．

北が低気圧，南が高気圧偏差のときは，二者の間で偏西風偏差が強く，移動性高低気圧擾乱の活動も活発になり，その下流の北ヨーロッパでは高温・多雨傾向，南ヨーロッパでは乾燥傾向となる．逆符号の北が高気圧，南が低気圧のパターンも同等の頻度で現れ，このときは，偏西風が弱く南下気味で，北ヨーロッパが低温・乾燥傾向，南ヨーロッパで多雨傾向となる．北が高気圧の位相では，グリーンランド付近にブロッキング現象（次項参照）を伴うことも多い．

一般に，ブロッキング現象は，長いときには1か月以上続くこともあるが，総じて1～数週間のことが多く，月平均図で明らかなブロッキングが認められることはめずらしいが，NAO をはじめ，ここに紹介する北半球冬季のテレコネクションパターンは，いずれも1か月平均でも認知できることが多い．時間スケールでいうとブロッキング現象よりは少し長めの現象である．

なお，NAO の名前に現れる「振動（oscillation）」という言葉は誤解を招くことがしばしばある．NAO だけでなく，中高緯度のテレコネクションパターン全般に，季節内の時間スケールで時間的な振動性の卓越するものはない．南方振動（Southern Oscillation; SO）で有名な Walker and Bliss（1932）の研究には，NAO や，今日ではあまりとりあげられないが NPO（North Pacific Oscillation）というテレコネクションの記述も含まれていた．赤道近くのタヒチとダーウィンの海面気圧差で表現される南方振動は，現在ではエルニーニョ現象の一部と考えられており，数年の不規則な周期ながら時間的な振動性をもっていることがわかっているが，Walker and Bliss（1932）の時代のデータで中高緯度パターンの振動性まで議論はできないので，おそらくこれらに「振動」という語が付いているのは，南方振動と揃えた命名法を好み，かつ，空間的な南北・正負のコントラストを「振動」と呼ぶニュアンスを加えたのではないかと推察する．

(2)　AO（Arctic Oscillation；北極振動）

NAO とよく似た偏差パターンをもつ AO というパターンも近年では有名である．日本語では「北極振動」と呼ぶ．昔から知られてはいたが，Thompson と Wallace による 1998 年の論文以降しばしばとりあげられるようになった．NAO より広い経度範囲で，北極付近の気圧偏差とそれをとりかこむ環状，逆符号の気圧偏差が特徴的である．他のテレコネクションパターンに比べて局地性が少ない．

東アジアや欧米の冬の気温偏差に影響が大きく，また成層圏の循環との関連も大きい．成層圏には東西波数の大きな波は到達できないので，偏差パターンの経度依存性が対流圏より一層小さくなる．このため北極振動を成層圏も含めて議論するような場合には，北半球環状モード（Northern Annular Mode; NAM）と呼ぶことも多い．南半球にも同様のモードがあり，SAM（Southern Annular Mode）と呼ばれる．AO を統計的に NAO や次の PNA と区別して独立に扱うべきか否かについては議論もある．AO については，3.5.4 項でとりあげるので，空間パターンはここでは割愛する．

(3) PNA（Pacific/North American pattern；太平洋／北米パターン）

NAO と並ぶ北半球の代表的なパターンが PNA（図 3.8(b)）である．米国の長期予報官の間では古くから知られていたもので，ここでは Wallace and Gutzler (1981）の提唱する複数の格子点での 500 hPa 高度偏差で指数を作り，図の等値線も 500 hPa 高度偏差を表している．

北太平洋，ベーリング海を中心とした大きな三角形型の低気圧，その北東側アラスカからカナダの高気圧，さらにその下流南東側，北米東岸の低気圧偏差という波列状の偏差パターンが特徴で，最初の低気圧の南側には高気圧偏差も見えるので太平洋上では南北双極子の様相も呈している．各偏差中心の符号がここに述べた（図 3.8(b)に表された）符号のときを正の PNA と呼ぶことが多い．3.4.2 項で紹介したように，エルニーニョ時の北半球の気圧偏差は正の PNA の様相を呈することが多い．ただし，よく調べると PNA（正も負も）の出現は必ずしもエルニーニョ，ラニーニャと一対一とはなっておらず，熱帯に従属した変動性を示すものではない．近年は，PNA の各偏差中心をわずかに東にずらした形のパターンを TNH（Tropical-Northern Hemisphere）パターンと呼び，こちらをエルニーニョへの直接応答をよりよく反映するパターンとして区別する場合もある．

正の PNA パターン出現時は，偏西風ジェットが北米西海岸南部に直接当たるかたちとなり，多雨をもたらす．アラスカやカナダ付近の高気圧偏差はしばしばブロッキング高気圧の様相を呈し，その影響下では高温偏差，北米東岸の低圧偏差は低温偏差を伴っている．負の PNA パターン時には，中央北太平洋で偏西風が弱く，北に蛇行する．アラスカ，カナダは低温，北米東岸は高温偏差傾向である．

(4) WP（West Pacific pattern；西太平洋パターン）

WP と次の EU は，NAO（AO）や PNA に比べると，知名度や長周期変動における卓越性が低いかもしれないが，日本の天候を考える際には重要なのでここでとりあげることとする．欧州では，EA（East Atlantic）等も重要であろうが，ここでは割愛する．

WP は，図 3.8(c)に見られるように，北西太平洋の高緯度，カムチャツカ半島の北方を中心とする気圧偏差とその南の中緯度に東西に伸びる逆符号の偏差がほぼ北緯 45° 付近を境にして南北に並ぶ，南北双極子型のパターンである．日本の冬季天候に影響が大きい．また，北の気圧偏差が正の場合（図 3.8(c)の位相，これを正の WP と呼ぶ）は，ブロッキング高気圧を伴うこともある．エルニーニョ現象時には，負の WP の出現策率が高いといわれることもあるがそれほど明確な関係ではない．

(5) EU（Eurasian pattern；ユーラシアパターン）

図 3.8（d）に示した EU パターンは，北大西洋から北欧を経てはるか極東に達する顕著な波列状のテレコネクションパターンである．図に示した符号のときは，日本付近に寒冬をもたらす．EU に限らず，波列状のパターンは，正負の位相が微妙に東西にずれた形で現れることも多い．北大西洋，北欧を波源とする準定常ロスビー波と解釈したいところであるが，波源を特定できる場合は少ない．

b. 日本の夏季天候に影響の大きいテレコネクションパターン

冬季以外の季節にも再帰性，持続性のある偏差パターンがいくつも認知されている．とくに社会的に影響も大きい夏季の天候に大きな影響を与えるテレコネクションパターンが近年盛んに研究されている．ここでは，東アジアの夏季天候を考える際に重要な二つのテレコネクションについて紹介する．

(1) PJ（Pacific Japan；太平洋－日本）パターン

東京大学の新田勍（つよし）教授によって発見された[8)]，日本の夏季天候にとってもっとも重要なテレコネクションである．西太平洋フィリピン付近は，世界でももっとも降水量の多い，積雲対流活動の活発な場所であるが，その場所での積雲対流が活発なときには，その直近やや西北西側を中心とした下層の低気圧，上層の高気圧偏差が卓越し，そこから対流圏中上層を中心とする正負の波列が北～北東の方向へ伝搬しているように見えるパターンである（図 3.9(a)）．中緯度に行くにしたがって気圧偏差は順圧（上層下層で偏差符号が同じ）の様相を強める．波列はときにカムチャツカ，アラスカから北米にまで至るのが認められることもあるが，多くの場合，日本の南海上と日本付近の偏差重心のみが明瞭である．フィリピン

---

8)　新田先生は，当時は気象庁気象研究所研究官，後に気象庁長期予報課主任予報官としても活躍された．PJ パターンの命名は 1987 年の論文でなされた．

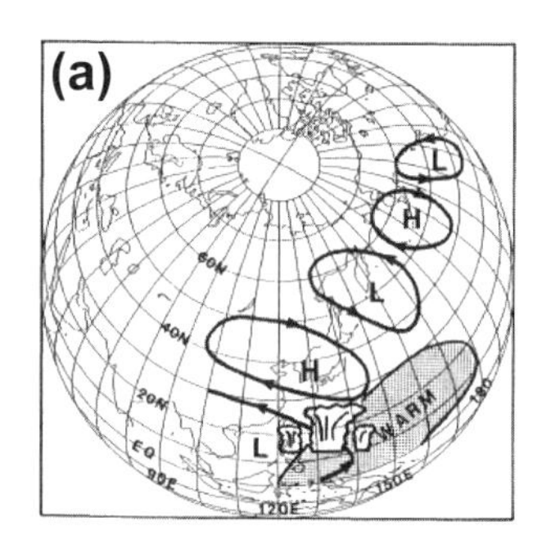

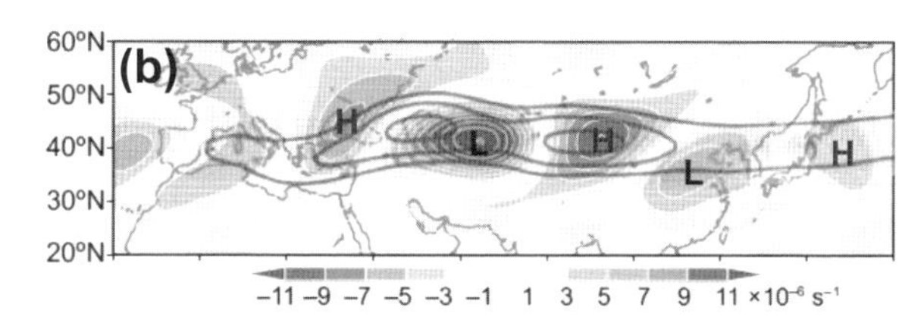

図 3.9　日本の夏季天候に影響の大きいテレコネクションパターン
(a) PJ パターンの模式図 (Nitta, 1987), (b) シルクロードテレコネクション (Enomoto, 2003, 2004). 陰影は, 200 hPa の渦度偏差. 実線は東西風の等値線 (20, 25, 30 m/s; Kosaka, 2012 に加筆).

付近の対流活動が活発な場合, 日本付近は高気圧に覆われ, 高温乾燥傾向, 逆の場合は低温多雨傾向が卓越する.

このパターンの発見以来, 日本の夏季長期予報は, 西太平洋の対流活動を最重要監視項目とするようになった. エルニーニョの影響も西太平洋ではこのパターンを通して現れることが多い.

(2) シルクロードテレコネクション

比較的最近話題になるようになった新しいテレコネクションである. Enomoto らの研究 (2003, 2004) で発見, 命名された. 夏季亜熱帯ジェット上を, 中東の乾燥地帯から極東の日本付近にかけて東西に正負の気圧偏差が並ぶ波列状のテレコネクションパターンである (図 3.9(b)). 波列の各偏差中心は準定常であるが, 包絡線が東進する, ロスビー波のエネルギー伝搬の特徴をしばしば示す. したがって, 日本付近の天候偏差の成長は何日か前からある程度予測することができる. 図 3.9(b) は, 7 月にもっとも現れやすい波列パターンを示しているが (もちろん, これと逆符号のものも現れる), 偏差中心の場所はそれほど厳密に決まっているわけでなく, 実際には東西に位相がずれた形で現れることも多い. この理由で, このテレコネクションは，位相が固定されたパターンとするよりは，夏季アジア上空の亜熱帯ジェットに沿ってしばしば現れるテレコネクションというニュアンスを強調した方がよいと考えたので，項目名に「パターン」をつけなかった．

中東の乾燥地域やチベット高原を含む比較的人口の少ない（したがって観測も少ない）地域の上空のこのようなパターンの動向が監視できるようになったのは，再解析データセット（コラム 11「再解析データ」参照）が整備されたことによるところが大きい．長期間の気候値が統一した解析方法できちんと定義され，そこからの微妙な偏差の値の時々刻々の変化が精度よくモニターできるようになったためである．

そのような精巧な監視ができるようになったおかげで，近年の日本の猛暑エピソード時（例えば 2013 年夏）には，PJ パターンによる南からの影響と（位相はイベント毎に異なるが）シルクロードルートを経た西からの影響が，時には競合し，時には共鳴し合うようなかたちで生じていることが多いことがわかってきた．

残念ながら，中東のどこにどのような波源があってシルクロードテレコネクションが励起されたのか特定することは難しい．しかし，シルクロードテレコネクションは夏季モンスーンのチベット高気圧を経て極東に伝搬してくるので，インドモンスーンの対流活動偏差に刺激を受けて波列が励起されたと思われるエピソードがみられることがある．テレコネクションパターンの維持・励起力学の考え方については，3.5.4 節で論じたいと思うが，PJ パターンやシルクロードテレコネクション概念の発展は，日本の夏季天候変動の監視の仕方や考え方を大きく変えたということはいえる．

コラム 11 ◈ 再解析データ――大気，海洋，そして大気海洋

大気や海洋の長周期変動の解析は，数十年以上にわたる長期間の均質な全球格子点データの存在に負うところが大きい．大気の客観解析[9]データは，毎日の天気予報の初期値を得るために，数値天気予報が始まった 1950 年代から作成されてきた．観測の少ないところを補うために，前時刻からの予報値が第一推定値として用いられる．このため，解析データの品質は，

9)　観測点毎のデータを地図上にプロットして手書きで天気図を描いていた頃の「主観解析」に対していう．近年のデジタル気象データはすべて客観解析されたものである．

予報に使うモデルの進化とともに大きく変わる．解析に用いる観測データも衛星が変わったり，加わったりするなど時代によって変わる．データをモデルに取り入れるデータ同化手法も，次々に新しい，よりよい手法に改善される．長期変動を解析するには，現業解析におけるこれらの変遷は致命的である．実際の長期変動を解析しているのか観測網や解析モデルの変遷を見ているのかわからなくなるためである．

再解析データは，これらの問題を克服するために予測モデルとデータ解析手法を最新に近いある時点のもので凍結し，過去に遡って客観解析をもう一度やり直すものである．これまで毎日の数値天気予報でやってきたことを数十年分まとめてやることになるので膨大な作業である．観測網やデータ数，データ種別の変遷の問題は残るが，古いデータも最新のモデル，解析手法で一貫して解析するので，現業データに比べて長期変動成分の解析には圧倒的に有利である．1996 年に米国気象局によって初めて行われた (Kalnay et al., 1996)．NCEP-NCAR reanalysis data set と呼ばれるこのデータセットの作成には，米国気象局の職員であった日本人の金光正郎が大きな役割を果たした．最初のプロダクトは古い観測データの取り扱いなど課題はあったものの，研究に与えたインパクトは絶大なものがあった．大気の長周期変動解析は一変したといってもよい．

再解析に用いる観測データの品質管理，とくに衛星データの経年変化には細心の注意が払われる．解析と同時に再予報も行えるので，過去事例の予測可能性研究の可能性も大きく開く．現在，大気再解析は米国気象局やヨーロッパ中期予報センター，米国航空宇宙局，そして日本の気象庁も JRA25（1979 年以降；2006 年公開），JRA55[10]（1958 年以降；2013 年公開）を作成して大いに貢献している．とくに JRA25 の作成とそれに引き続く JCDAS としての実時間再解析は，均質な長期解析を可能にし，異常気象分析を大いに推進した．最新の予報システムで解析するとはいっても，水蒸気や降水の詳細な地理分布，長期傾向にはまだ不確実性が大きく，複数の再解析データが手に入ることは，研究界では大いに歓迎されている．

大気再解析プロダクトを用いて海洋大循環モデルを駆動し，海洋内部の水温，塩分，流速を再構築しようという，海洋再解析も最近では盛んにな

10) 外国でも「ジェイラゴーゴー」と呼ばれ，親しまれている．

った．海洋内部の観測データは数が少なく，用いる数値モデルに依存する部分が大きいので沢山のグループが参加して国際相互比較が行われている．2004年以降はアルゴ（Argo）フロートという自動観測装置が全海洋に展開され，2000 m までの水温，塩分をこれまでにない密度で測れるようになったので，このデータが蓄積してくれば海洋変動の実態もよりよく記述されるものと期待されている．

大気上層や海洋内部の観測データが揃うのは1950年代以降で，大気海洋の3次元構造を表現するデータは現在60年あまりしかない．しかし，近年大いに進化したデータ同化の手法を用いれば，100年以上遡ることのできる地上（海面）での観測データから，3次元構造がかなりの精度で推定できることがわかった．米国の研究者が海面気圧データのみを用いた全球大気解析を行ったところ，北半球500 hPaの解析精度は現在の3日予報の精度と同程度であり，十分に「使える」ものであることがわかったのである（Compo et al., 2006）．現在このような方法で構築された19世紀末以降の再解析データセットも複数存在する．さらに，いま世界の有力機関は，大気海洋を結合した100年気候再解析に挑戦しているところである．

3.5.3　ブロッキング現象

本項では，多くの気象学者を魅了してやまない，しかし長期予報官を悩ませることも多いブロッキング現象をとりあげよう．

ブロッキング現象とは偏西風の大振幅の蛇行現象のことである．その一例を図3.10に示した．大きく北に蛇行した高気圧部分が顕著でブロッキング高気圧と呼ばれる．移動性高気圧に比べて一回り空間スケールが大きく，停滞性が強い．この高気圧の影響下では，持続する高温乾燥天候がもたらされる．ブロッキング高気圧の南側には同じく停滞性の強い低気圧が位置することもしばしばで，このとき偏差パターンは，南北双極子の様相を呈する．形態的に，低気圧があまり顕著でないものをオメガ（Ω）ブロック，双極子構造の明瞭なものをレックスブロックと呼ぶこともあるが，これらはブロッキング研究の先駆者であるスウェーデンの気象学者レックス（D. F. Rex）にちなんだものである（Rex, 1950）[11]．ブロッ

11）付録Dで中高緯度での高低気圧の非対称性について解説を試みた．

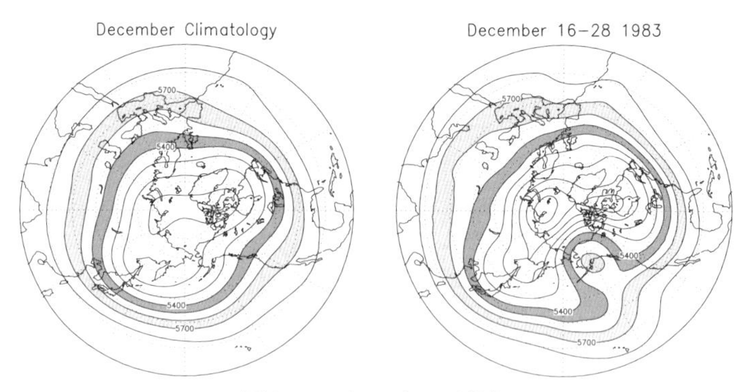

図 3.10　ブロッキング現象
上空約 500 hPa 面の高度分布.（左）12 月の平年値,（右）1983 年 12 月 18～28 日の平均. 5400～5460 m に濃い陰影, 5640～5700 m に薄い陰影.

キングの名前の由来は，これらの高気圧，低気圧によって，偏西風とその上を走る移動性高低気圧の経路をブロック（阻塞）するようなかたちになるところからきている.

ブロッキング低気圧は高気圧に比べるとややスケールが小さく（付録 D 参照），東進したり，場合によっては高気圧の南東側では西進したりもする．ブロッキング高気圧も最盛期を過ぎた後にはゆっくりと西進する場合も多い．ブロッキング高気圧や低気圧は，上空の天気図で見ると閉じた等高度線で特徴づけられる場合が多い．再解析格子点データの整った最近では，ポテンシャル渦度（PV）を手軽にモニターできるようになった．これで見ると通常の東西に走る偏西風に伴う等値線が南北に大きく蛇行して，ブロッキング高気圧，低気圧が切離（カットオフ）するようすをとらえやすくなる．図 3.11 には，図 3.10 のブロッキングの最盛期の上空 320 K 等温位面でのポテンシャル渦度のスナップショットを示した．アラスカ付近で，低緯度側の低 PV 気塊が大きく北に侵入し，逆に高緯度高 PV 気塊はフィラメント上に低緯度まで達している．葛飾北斎の富嶽三十六景神奈川沖浪裏を思い起こさせる，大振幅偏西風波動の砕波[12] のようすを示している.

ブロッキング現象にはっきりと定まった定義はないが，多くの研究では蛇行の大きさ，南北気圧傾度の逆転，現象の持続性に着目してイベントを取り出してい

12）波動の振幅が大きくなり，崩れているようす．波面の巻き込みが見られる.

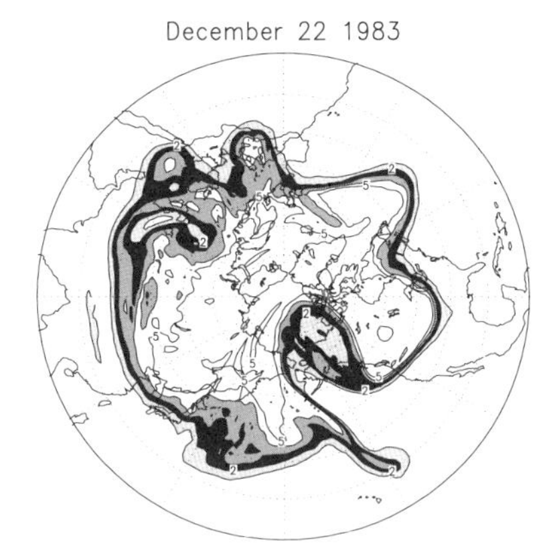

図 3.11 1983 年 12 月 22 日，320 K 等温位面（熱帯では対流圏下層，北緯 40° 以北では高度 10 km 相当）のポテンシャル渦度分布

る．ブロッキング現象は，季節，場所を問わず起こるので，地理的に固定した前節のテレコネクションパターンとは分けて論じられるが，いくつかのパターンについても言及したように，テレコネクションパターンの偏差が大きくなったところでは，ブロッキング現象が生じたと認知されることも多い．時期，場所を問わないとはいったが，中高緯度の長周期変動の激しい冬季偏西風帯，とくに偏西風が減速し，南北への分流傾向の強くなりがちな太平洋，大西洋の東半分での発生率が相対的に高い．南半球でももちろんブロッキングは生ずる．

図 3.11 に関して述べたように，ブロッキング現象は，偏西風の蛇行が何らかの理由で大振幅となり，砕波を起こしている状態と考えられる．偏西風は常に揺らいでいるわけなので，時にはそういうこともある，いったん大きな気塊が切離してしまうと渦の保存則により簡単には消滅しない，南北双極子は互いを西に動かそうとするから基本西風に対して定常性が保ちやすい等々，定性的にはある程度の説明はできるが，どういう条件で砕波が起こるのか，現象の空間スケールや形態はどう決まっているのかなど，力学的なメカニズムはよくわかっていない．さらに，発現，持続，終了の予報も難しい．ブロッキングは，気象学の難問の一つである．

図 3.12 には，図 3.10 のブロッキング期間前後に，ブロッキングの起きた経度帯（東経 150°～西経 120°）で平均した東西風成分を緯度（横軸）-時間（縦軸）断面図として示したものである．12 月中旬～下旬にかけて西風が顕著なダブル

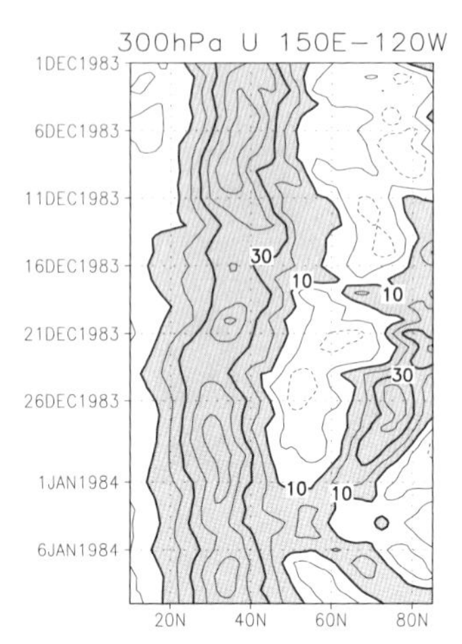

図 3.12　東経 150°～西経 120° で平均した 300 hPa 東西風の緯度-時間断面図

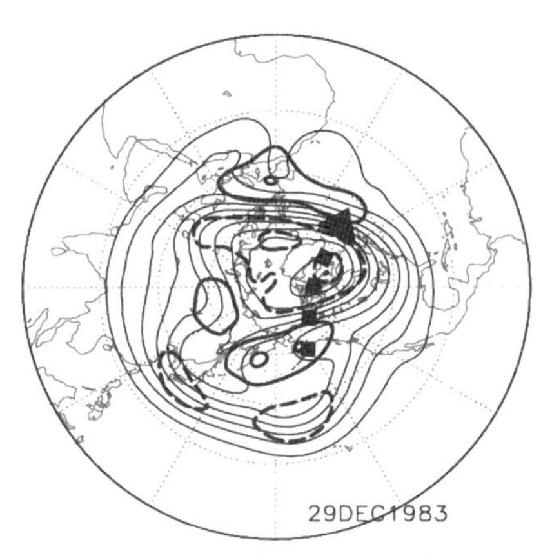

図 3.13　500 hPa 高度（細い実線）とその偏差（太い実線と破線）
1983 年 12 月 24 日～1984 年 1 月 3 日の平均.

ジェット構造を示している．これがブロッキングの期間にあたる．持続期間は 2 週間以上であるが，12 月上旬の平常に近いシングルジェットからダブルジェットへの移行は比較的速やかである．このため，ブロッキング現象は長期予報官の悩みの種である．色々考えて 1 か月先の天候を予報しても，途中でブロッキングが起こってしまってはおしまいだからである．これまでずっとブロッキングの発現予測は週間予報でも難しかったが，近年では 1 週間程度前ならかなり精度はよくなってきた．それより前に発現を予測することはまだ難しく，発現がわかっても持続期間を予測するのは難しい．

ブロッキングの終了のしかたはケースによってさまざまであるが，高気圧の空間規模が大きくなってゆっくりと西進しながら崩れることがしばしば観測される．図3.13は1983年12月のブロッキングの終末期12月24日～1月3日で平均した500 hPa高度である．平年偏差を見ると，矢印で示したようにブロッキング域から下流に向かう波列が見える．このように，準定常ロスビー波束が射出されるかたちでブロッキングイベントが終了することも多い．

コラム12 ◆ ブロックされた移動性高気圧の役割

ブロッキング現象時には，偏西風の南北への大きな蛇行によって，西から移動してきた総観規模擾乱がブロックされ，南北に迂回する傾向が顕著になる．これは，ブロッキング時の天候変動の大事な要素であり，当然古くから総観気象学者の間ではよく知られていたことである．図3.14は，Berggrenらの古典的な論文（1949）に示されたブロッキング発達の概念図である．西からブロッキング領域に侵入してくる総観規模高低気圧が南

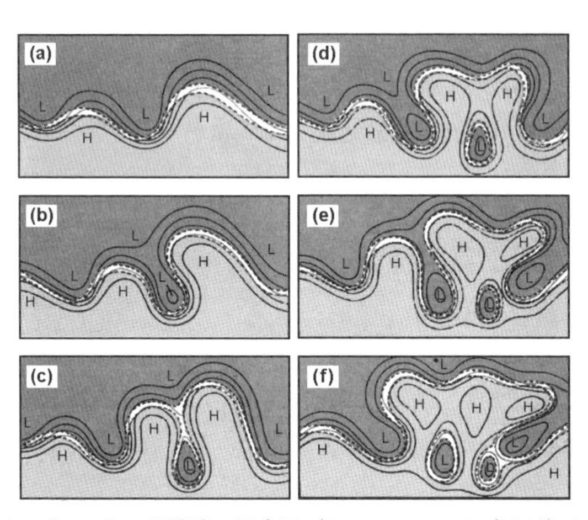

図3.14 ブロッキング発達の概念図（Berggren et al.（1949）による）
実線は500 hPaの流線，破線は前線を表し，北の冷たい気塊は濃い灰色で，南の暖かい気塊は薄い灰色で示されている．H，Lは高気圧，低気圧の位置を示す．(a)，(b)，(c)，……は時間の順に並んでおり，間隔は約2日である．

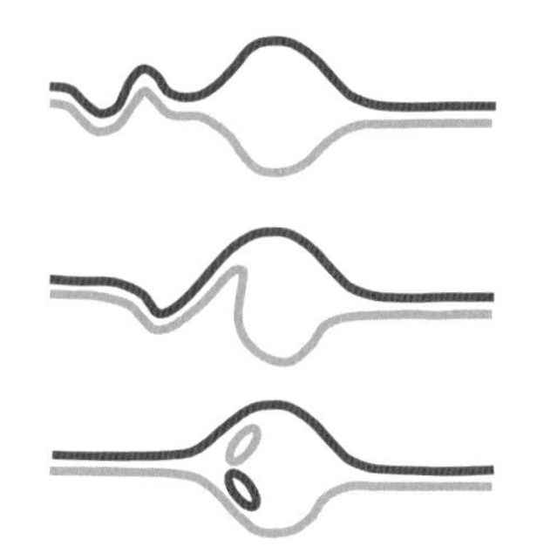

図 3.15　移動性高低気圧によるブロッキングの強化メカニズム（eddy straining 仮説）の模式図

北に大きな伸長を受け，切離した高気圧は，ブロッキング高気圧のある北側に，切離低気圧は南側のブロッキング低気圧に吸収されるようなかたちになっている．すなわち，ブロックされた移動性高低気圧は，ブロッキングをさらに強めるように働いているように見える．このような選択律は，もともと移動性高低気圧が波動的に伝搬しているときに，高気圧部分は北へ張り出し，低気圧部分は南に張り出していたためであると理解できる（図 3.15 に Berggren らの模式図をさらに単純化してみた）．

移動性高低気圧は，基本場から傾圧エネルギーを得て発達するが，その寿命を終えるときには逆に基本場の（おもに）順圧的な空間不均一性を強めるようにフィードバックしうる[13]．ブロッキング時の総観規模擾乱の振る舞いはこのことを端的に示している．

3.5.4 「テレコネクションパターン」はどう理解されているか

ここまでで中高緯度の「テレコネクションパターン」（≡持続性，再帰性が高く定在性の偏差パターン）の維持，発現機構を論じる準備ができた．個々のパターンのメカニズムは現在も研究中のものが多く，正直言ってよくわかっているものは少ないのであるが，ここでは考え方をまとめておきたい．

まず，持続性，定在性を考えると偏差場の鉛直構造は順圧に近いものが望まし

13) どんなときでも総観規模擾乱がより長周期の成分に対して正のフィードバックをもたらすわけではない．

い．完全に順圧で，閉じた等高度線をもつような偏差は他に維持機構がなくても渦保存の原理にしたがって定常性を維持できる．波源から離れたところでは，基本場に対して準定常となる波数のロスビー波偏差は鉛直に順圧となる．波源が定常なら準定常ロスビー波がテレコネクションパターンのよい説明になる．現実には，偏差パターンはさまざまな理由でこのような理想的な状態からずれている．ずれの原因はさまざまに考えられるが，

- 波源が近くにあって強制を受けた状態になっている
- 基本場（といま考えている，より大規模・長周期の場[14]）に空間不均一があり，偏差場の形や位相関係によって，基本場と偏差場の間にエネルギー等のやりとりが生じる（基本場との相互作用）
- 今考えている長周期偏差場より時空間スケールの短い気象擾乱の作用もある
- 同じ長周期変動でも他所からきた成分に干渉を受ける
- 偏差場の振幅が大きくなり，線形の（ロスビー）波動方程式を満たさない非線形効果が生じる
- 地表摩擦や乱流が偏差場を減衰させようとする

等々である．一つ一つが実際のどういう現象に対応しているかは，気象に慣れておられない読者にはおわかりいただきにくいと思うが，ここでのメッセージは，このようなあらゆる障害（偏差に対する散逸過程）を乗り越えて，テレコネクションパターンは繰り返しわれわれの目の前にそれとわかるほどの振幅で姿を現しているのだ，ということである．そのためには，理想的な順圧孤立偏差の姿からのずれを補償してパターンを維持，励起するメカニズムの同定が不可欠である．

そのようなメカニズムのうちもっとも有力なものの一つは，基本場との相互作用である．図2.12で説明したが，基本場西風のもとで気圧の谷峰が西に傾いている傾圧性の偏差場構造は，基本場の南北気温の不均一をならすような熱の北向き輸送を可能とし，擾乱を発達させる．難しい用語を使うと，「傾圧的な擾乱は基本場の傾圧位置エネルギーからの擾乱の運動エネルギーへの変換を可能にする」となる．基本場が順圧であっても水平方向に不均一がある場合，擾乱の構造によってはその不均一をならす方向に，「基本場から擾乱への順圧エネルギー変換」が可能である．基本場の空間非一様性とそこからエネルギーを受け取ることのできる擾乱の空間構造の関係については付録Eで模式的な説明を試みた．基本場と偏差

14）しつこいようだが，基本場とそこからのずれ（偏差，摂動など）に分けるやり方に決まりはない．任意である．

場の相互作用は，実際には基本場と偏差の物理量分布の微妙なずれで決まるので，両者の決め方の詳細によらない明確な見積もりはなかなか難しい．

テレコネクションの維持機構の候補メカニズムには，ブロッキングの話で触れたような総観規模擾乱からのフィードバックも含まれる．総観規模擾乱～移動性高低気圧は長周期変動に伴う偏西風の蛇行によってその経路や発達の度合いを変える，つまりその動向は長周期変動に左右されているのであるが，逆に長周期側にお返しをして，長周期偏差の持続性に寄与することもあるというわけである．基本場からのエネルギー変換同様この効果もまた，観測的な見積もりは難しい．くわえて，移動性高低気圧の発達は傾圧不安定性理論でよく説明できるが，擾乱が衰弱するときにより大規模な場にどういうフィードバックを返すかについては，理論的な整理もよくできていない．

波列状のテレコネクションパターンは準定常ロスビー波伝搬を示すものと解釈し，エルニーニョのときのように波源もある程度特定できる場合もあるが，多くの波列状パターンは，よく波源が特定できないときも現れる．しかも波の位相が地理的に（ある程度，ではあるが）固定している．波源が常に同じ場所にあるならともかく，このような位相固定には基本場や総観規模擾乱とのやり取りなどを考えざるを得ない．

個々のパターンについての維持機構の詳細の発見・整理は目下の研究の大きな課題である．結局本節表題への答えは，あまりよくわかっていない，ということになるのだが，維持機構の詳細はともかくとして，われわれがなぜいつも比較的少数の似たようなパターンを目にしなくてはいけないのか，その大まかな説明は可能である．3.2.3 項で紹介した強制応答問題をもう一度考えよう．

$$\boldsymbol{A}\boldsymbol{x}=\boldsymbol{f} \tag{3.25}$$

$\boldsymbol{x}$ はいま問題にしている偏差パターン，$\boldsymbol{f}$ は外部強制，そして $\boldsymbol{A}$ は基本場に依存する線形演算子とする．いま変数は格子点等によって離散化されていると考えると，$\boldsymbol{x}$，$\boldsymbol{f}$ は格子点×変数の数を並べた巨大な列ベクトル，$\boldsymbol{A}$ はこれまた巨大な行列ということになる．上式は超多元連立方程式である．多元であっても数値的に解けばよいのであるが，それではなぜそんな答えが得られたのかわからない．ここでは，右辺の強制がランダムなノイズであったときにどんな答えが得られるべきか考えてみよう．

線形代数の教科書をみると，行列 $\boldsymbol{A}$ を左からかける演算がスカラー σ をかけるのと同じことになるような列ベクトルの組 $\boldsymbol{v}$，$\boldsymbol{u}$ が存在すると書いてある．

$$\boldsymbol{A}\boldsymbol{v}_i = \sigma_i \boldsymbol{u}_i \tag{3.26}$$

σ は特異値と呼ばれ，非負実数である．$\boldsymbol{u}$ は左特異ベクトル，$\boldsymbol{v}$ は右特異ベクトルと呼ばれる．σ，$\boldsymbol{u}$，$\boldsymbol{v}$ の組は列ベクトルの要素数だけあるので添え字 i がつけてある．σ が複素数になってもよければ，$\boldsymbol{u}=\boldsymbol{v}$ となり，固有値，固有ベクトルと呼ばれている．

特異値，特異ベクトルを使うと(3.25)の解は形式的に次のように書ける．

$$\boldsymbol{x} = \sum_i \frac{f_{u_i}}{\sigma_i} \boldsymbol{v}_i \tag{3.27}$$

ここで f_{u_i} はベクトル $\boldsymbol{f}$ を左特異ベクトル $\boldsymbol{u}_i$ に投影した成分（$\boldsymbol{u}_i$ に平行な成分）であるが，それはともかく，$\boldsymbol{f}$ がわかっていれば求めることのできるスカラーである．つまり，解は特異ベクトル $\boldsymbol{v}$ の線形結合で表される．そして各 $\boldsymbol{v}_i$ の係数は特異値 σ_i を分母にもつ．特異値は非負なので，もしその中にゼロに近いものがあれば，f_{u_i} の値にかかわらず，すなわち強制の詳細にかかわらずそのモード（準中立モード）の $\boldsymbol{v}_i$ を含む応答が卓越することになる．要するに，システムには基本場で決まる励起されやすい空間パターンがあって，強制が小さくまたランダムであったとしても応答にはそのようなパターンが卓越してくるということである．これは，ギターの弦をはじくとその長さと張力に応じた周波数の音が出るのと同じことで，一種の共鳴現象といえる[15)]．

実際にこのような計算を実行してみると（Kimoto et al., 2001），多くの特異値の中でゼロに近い（実際には逆数を時定数と考えてこれが気象の時間スケールで十分に長い）ものはほんのわずかであることがわかる．これは，大規模大気力学では，散逸過程によりよほど自己励起過程の充実したモードでないと生き残れない，そのようなモードの数はごく少ないということを意味しており，比較的少数のテレコネクションパターンが卓越する事実とも整合的である．計算では北極振動によく似たパターンがもっとも減衰の少ない特異ベクトルとして得られ（図3.16），気候平均場と偏差場の間の相互作用にもとづく自己励起過程も議論した

15）一休さんか牛若丸かは定かでないが，賢い小僧さんが大きなお寺の釣鐘を指一本で揺らしてみせるという逸話は，鐘の固有振動数に合わせると小さな力でも大きな応答が得られるという共鳴（共振）の概念を使ったものである．中国に行ったとき，洗面器を上手にこすって噴水のように賑やかに水を立たせる大道芸人に出会ったことがある（魚洗鍋というのだそうだ）．今の場合強制は時間的な振動数でなく空間構造がうまく左特異ベクトルに合っていればよいという話であるが，特異値が他より十分に小さければ強制の空間構造に強い制約はいらない．

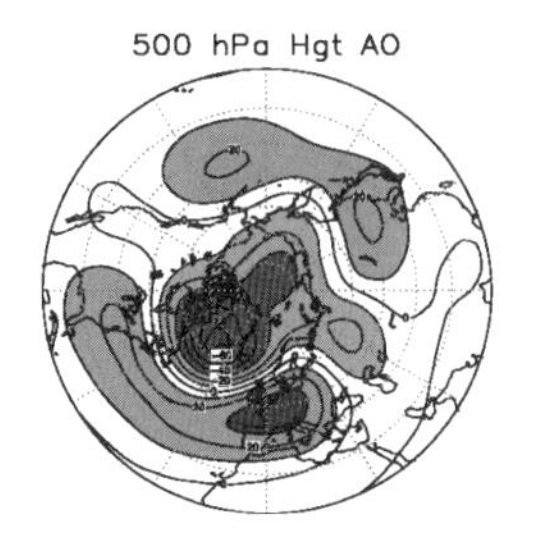

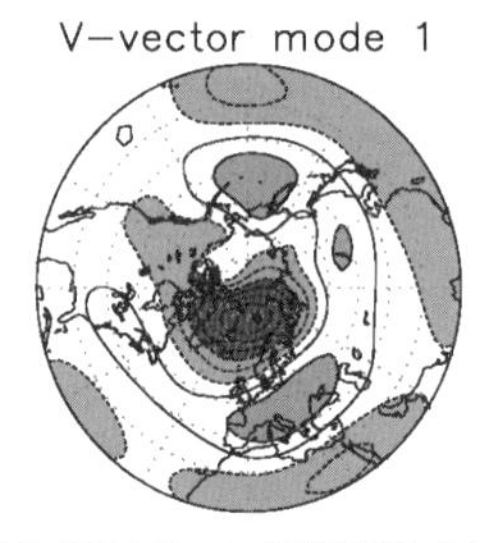

図 3.16　（左）北極振動（AO）に伴う 500 hPa の高度偏差パターン．北極振動指数が正のとき，この図に示すように北極付近が低気圧偏差，そのまわりの中緯度で高気圧偏差になる．指数が負のときは符号が逆になる．（右）左図と同様，ただし冬季気候平均場の第一特異モードの偏差パターン．

が，煩雑になるのでここでは割愛する．

以上の中立モード理論は，再帰性の長周期偏差パターンの出自を説明するのに好適な考え方だと思うが，実際への応用には注意が必要である．比較的単純な数学操作でテレコネクションパターンが出てくるように聞こえたと思うが，ここで述べたような直截な計算で実際のパターンを説明した例は多くない．線形演算子 $\boldsymbol{A}$ には本来，総観規模擾乱や対流など対象とする長周期変動の周期帯以外の気象擾乱からのフィードバックも「偏差場の関数として」含めるべきであるし，この手の計算は基本場や計算領域の選択に敏感であるし，数値モデルで $\boldsymbol{A}$ を求める際の誤差も考慮せねばならないなど，応用にあたっては解決すべき課題も多い．

中立モード理論によれば，偏差パターンを励起する強制は何でもよいように聞こえるが実際はそんな単純ではない．有効な励起方法が複数ありうるというように解釈すべきである．個別のパターンごとに効率よい励起の仕方が明らかにされねばならないし，イベントの発現や終息のメカニズムも理解しなければ予測はおぼつかない．

◇◇◆ 3.6　熱帯の対流偏差が大気循環を変えるしくみ ◆◇◇

本節と次節では熱帯の長周期変動に目を移そう．

われわれが長期予報をなかなかあきらめきれない理由の一つが，ゆっくりした海面水温変動に伴って大気の循環が変わるしくみがあることである．海水温が上がればその分大気への蒸発，すなわち水分の供給が増えるので，上空で雲ができやすくなる．海水温偏差により大規模な対流偏差の場所や強さが変化すると，それに応じて雲へ向かう風＝大気循環にも変化を生じ，さらにそのような循環の変化が，大気中の波として遠くに伝わる．大規模な海水温偏差が持続すると，そこからかなり離れた場所でも普段と異なる天候になりやすいのは，簡単にいうとこういうことである．

熱帯での海水温偏差は大規模な対流活動の位置，強さを変え，大気循環の偏差をもたらす．図3.4では赤道の対流偏差が中高緯度に遠隔影響を及ぼすようすを見たが，実は，熱帯には偏西風は吹いていない．したがって，ロスビー波も通常は伝搬できない．赤道近くでの対流偏差が循環偏差を誘起するようすをもう少し詳しく見る必要がある．また，少し理屈が出てくるが気持ちよく異常気象を理解するためには大事なことなので，少し我慢してほしい．

3.6.1　赤道の特殊性，赤道波

赤道近くでの大気力学の特徴は，コリオリパラメータ（緯度の sin に比例）が小さく，赤道に関して非対称であること，しかしコリオリパラメータの緯度微分（β 効果；緯度の cos に比例）はむしろ中高緯度より大きく，また赤道を挟んで南北対称であることである．この事情は，海洋の力学でも同じで，大気・海洋ともどこに赤道があるのかはっきりとわかる仕方で運動する．

今日われわれが赤道での大気海洋力学をさまざまに語ることができるのは，松野太郎による赤道波の理論（Matsuno, 1966）に負うところがたいへん大きい．この研究は，上記赤道力学の特殊性のもとで生ずる波動を極めてわかりやすいかたちで整理した．

熱帯の大気は，対流域での下層収束，上層発散で典型的なように，上層と下層で反対向きの運動が卓越する．松野はそこに注目し，運動の鉛直構造を簡単化した方程式によって赤道域に可能な大規模波動の理論を提示した．詳しく述べるスペースはないが，ここでは異常気象を理解するのにも極めて重要で代表的な2種の波動について，その特徴を説明する．図3.17に示した赤道ケルビン波と赤道ロスビー波である．両パネルとも赤道が図の中心東西にあり，等値線は気圧，矢印は風を表す．赤道大気の2層性が仮定されているので，下層で図のようなパターンの場合，上層では気圧も風も逆符号になっていると理解されたい．また，以下では，風の収束が気圧上昇をもたらすような説明があるが，数学的には浅水の方程式を扱っていることになっているので，このように考えて差し支えない．

まず，赤道ケルビン波（図3.17左）であるが，赤道を挟んで南北対称な高気圧

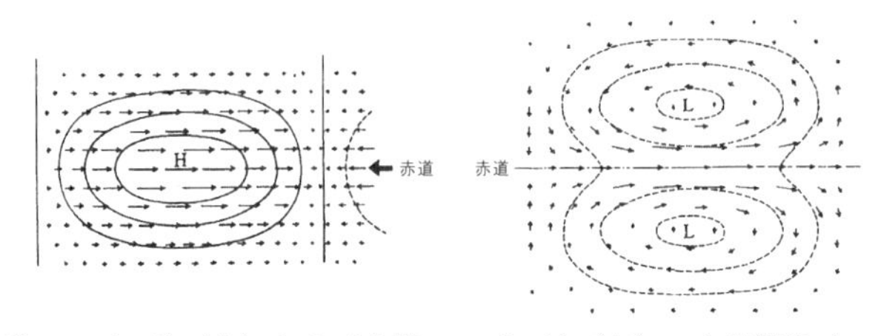

図 3.17 赤道ケルビン波（左）および赤道ロスビー波（右）の空間構造（Matsuno, 1966）
等値線は気圧偏差，矢印は風の偏差を示す．

に西風が重なっている．風は赤道から離れたところでは地衡風になっている．図では左右の端が切れているが，この隣には気圧と風の符号が反対になる位相が続いている．したがって，赤道上では西から高気圧→低気圧となる境目に風の収束，低気圧→高気圧となる境目に風の発散があることになる．収束のところでは空気が集まり，高気圧になろうとする時間変化傾向があり，発散のところでは逆である．すなわち，図に示したパターンは赤道に沿って東進することになる（南北には伝搬しない．また，西進するものもない！[16]）．この東進メカニズムは，池に小石を落としたときや津波の水の波の伝搬メカニズムと同じ，重力波である．鉛直構造の簡単化の都合で水の厚さにあたるパラメータは実際の大気の厚さとは直接には対応しないが，通常の熱帯大気では東進位相速度は，25 m/s 前後，20 日くらいで赤道を 1 周する速さにあたる．分散性がない，すなわち位相速度が波数に依存しないので，どの波数でも位相速度は同じ，さらに東向きの群速度も位相速度と同じである．波動の南北幅は，およそ緯度にして 10°，約 1000 km 程度である．

次に，赤道ロスビー波である（図 3.17（右））．これは気圧の偏差中心が赤道から離れたところにあり，南北で気圧偏差の符号は同じだが，赤道以外の場所では偏差の等値線に沿うような地衡風が吹いており，南北半球で渦巻の向きは逆になっている．これはその名のとおり，β 効果を復元力として西進するロスビー波の一種であるが，赤道に捕捉されて現れる．分散関係は，偏西風帯のロスビー波の (3.19) 式で基本場西風＝0，右辺第 2 項の分母部分が定数となったかたちになり，位相速度も群速度も西向きで（この点で偏西風帯のロスビー波の東向きの群速度

16）ごく簡単には，西進波があるとすると図 3.17（左）で，気圧偏差はそのまま，矢印が反対向きになるはずだが，それでは赤道から離れたところで地衡風の関係を満たさないから，と説明できる．

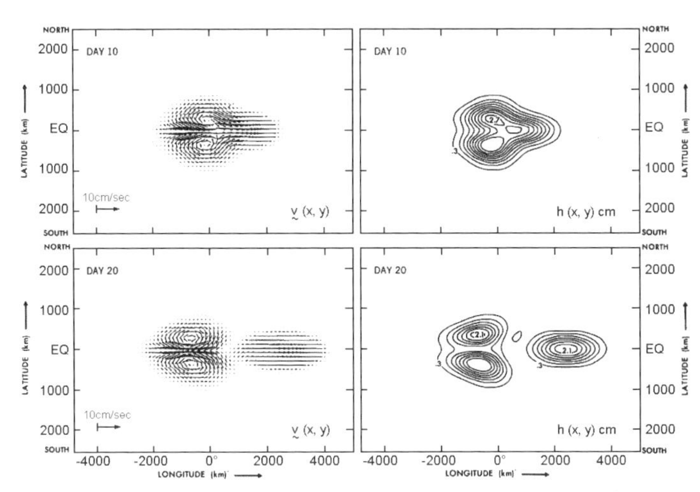

図 3.18　初期時刻に図の原点付近で風応力が与えられた場合の赤道海洋の応答の時間発展（Philander et al., 1984）

とは異なる），その大きさは先の赤道ケルビン波のちょうど 1/3 になる[17]．

赤道ケルビン波とロスビー波が局所的に励起され，その後自由に伝搬するようすが図 3.18 に示されている．この図は海洋を想定した計算だが，赤道波理論はパラメータ値を除いて，大気でも海洋でも同じになるので差し支えない．初期時刻で図の中央に擾乱が与えられると，最初（図の上段；赤道海洋を模した設定で初期時刻後 10 日）は，中央から東側にケルビン波様の赤道上に重心をもつ気圧と風擾乱が，西側に赤道を挟む渦状のロスビー波擾乱が励起され，時間が経つと（図下段；20 日目）両者はそれぞれ東進，西進して分かれてゆくようすがよくわかる．図から伝搬速度は読みとりにくいと思うが，理論通り東向きのケルビン波の方が 3 倍速い．

3.6.2　対流活動の偏差に対する熱帯大気の応答——Matsuno-Gill パターン

さて，前項の準備を終えていよいよ異常気象を考える際のもっとも重要な概念

17）簡単のためここでは南北方向にもっともスケールの大きい波だけを紹介している．また，松野の原論文では，赤道ケルビン，ロスビー波以外にも混合ロスビー重力波など赤道近くでの気象擾乱の考察に重要な波動が解析されているが，ここではグローバルスケールで異常気象を考える際に最低限必要な二つを定性的に紹介するに留めた．

の一つである，熱源に対する赤道大気の応答，Matsuno-Gill パターンについてご紹介しよう．

このパターンは，Gill（1980）によって得られたものだが，松野の自由赤道波理論を強制応答問題に拡張したもので，国際的にも Matsuno-Gill パターンとして広く知られている．図 3.19 は，図の赤道上（$y=0$）の陰影部に積雲対流偏差を模した熱源を与えた場合の赤道大気の定常応答を求めたものである．図 3.19 中段のパネルは，図 3.17，3.18 と同様，気圧と風の成分をプロットしたもので，大気下層の流れに該当する．先の図 3.18 上段の図に似て，熱源から東側にはケルビン応答，西側にはロスビー応答が見てとれる．熱源による強制と摩擦による散逸がバランスするかたちで定常状態が実現している．ケルビン波とロスビー波の位相速度（＝群速度）の違いが東西への波の伸長範囲の違いとなって現れている．図 3.19 上段の等値線は上昇流を示しており，熱源上に強い上昇流があり，ロスビー応答の中心付近に弱い下降流が計算される．図 3.19 下段は，南北に平均した鉛直循環のようすを示したもので中心の狭い上昇流から東西に広い下降流域が広がっている．ここでも下降流域の範囲は，東側で西側の 3 倍である．ここでは図は示さないが，熱源を赤道から少し北へ離して置くと，南北対称性が崩れ，熱源北側の偏差が大きく，南側が小さくなる変形を受ける（Gill, 1980）．

後に 3.7.2 項において，図 2.25 でも触れた MJO と呼ばれる赤道対流の東進現象を紹介するが，完全には定常でないもののゆっくりした（赤道 1 周に約 30～

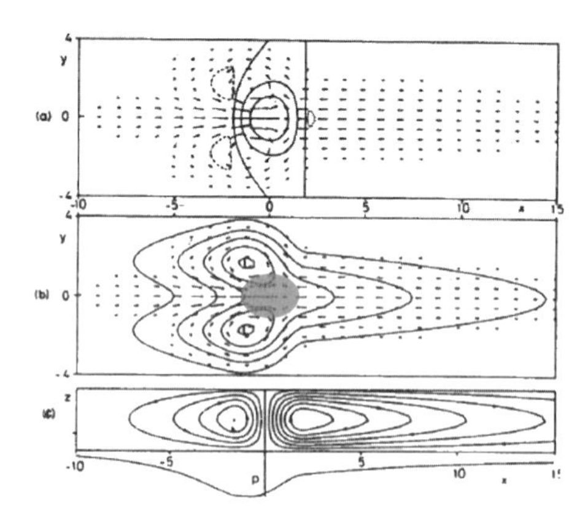

図 3.19　赤道（$y=0$）上に孤立熱源（中段図の陰影）を与えたときの赤道大気の定常応答を示す Matsuno-Gill パターン（Gill, 1980）詳細は本文を参照のこと．

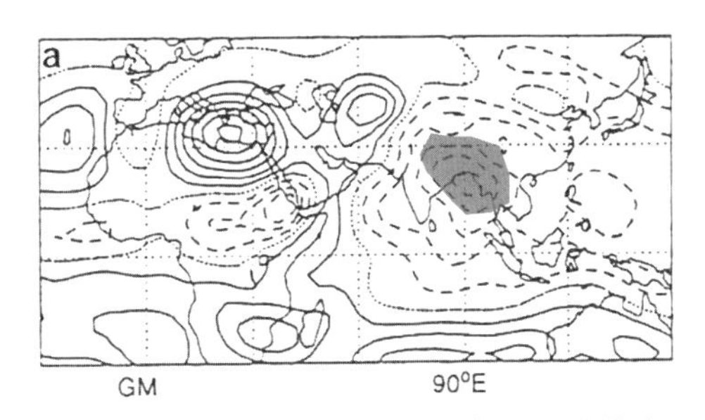

図 3.20　モンスーン-砂漠メカニズムを示す模式図 (Rodwell and Hoskins, 1996)
陰影はモンスーン降水による加熱偏差，等値線は鉛直速度偏差（実線が下降流，破線は上昇流）を示す．モンスーン域の上昇流の補償下降流が中東に見える．

60 日）運動なので対流偏差の周囲には Matsuno-Gill パターンを見ることができる．また，エルニーニョ時の大気応答を示した図 3.4 でも，よく見ると赤道付近にケルビン，ロスビーシグナルの要素が見えると思う．

もう一つ，Matsuno-Gill パターンの応用例として「モンスーン-砂漠メカニズム」を紹介しよう（図 3.20）．後に出てくるが，夏季にはベンガル湾からインド亜半島でモンスーンに伴う大量の降水がある．これを熱源として，赤道からずれたときの Matsuno-Gill パターンが生じ，熱源北西側のロスビー応答に伴う下降流が北アフリカから中東の乾燥をもたらすというものである．したがって，気候平均でも年々変動でもアジアの乾燥地域の天候はインドの降水と密接に関連していると考えられる．

3.6.3　熱帯から中緯度へのテレコネクション

この節の冒頭で，熱帯では西風が吹いていないので中緯度ロスビー波（赤道ロスビー波と区別するためここではこのように呼ぶ）が伝搬できないといった．さらにいえば，熱帯の熱源は，対流圏上層と下層で偏差が逆符号をもつ傾圧性の偏差を励起するはずなので，中緯度で準定常となるための順圧構造（2.5.4 項参照）になるメカニズムの説明がいる．ここでは二つの仕組みについて簡潔に言及しておきたい．

まず一つめは，熱帯の対流偏差は上層に発散風成分の多い北向きの偏差風を励起する．これが平均場のポテンシャル渦度を北向きに移流して偏西風帯上空のロスビー波励起源となるというものである（Sardeshmukh and Hoskins, 1988）．

もう一つは，熱帯熱源からは傾圧ロスビー波が励起されるが，偏西風の鉛直シアのある領域にかかるとシアとの相互作用で順圧成分をもつようになるという考えである．図3.5は西風基本場内で波源から離れると自然に順圧構造を獲得するということだったので，少し異なる話になる．数式を使わないと何を言っているのかわからないと思うが，ここではそのようなことが可能であるくらいにご理解いただければ幸いである．

近年では，数値モデルによって任意の基本場に任意の熱源を与えて線形応答を計算することも可能になった．あまり，理屈がいらなくなってきたともいえるが，理屈に合わない計算をしてしまう危険がないわけではないので注意が必要である．

3.6.4 エルニーニョ後の夏のインド洋コンデンサ効果

少し脇道にそれたがもとに戻って，Matsuno-Gill パターンは，熱帯での局所熱源に対する大気応答の基本形であり，異常天候時の天気図を解釈する際に常にイメージしておくべきものである．ここでは，その応用のさらなる一例として，Xie et al.（2009）によって提唱された「インド洋コンデンサ効果」について紹介しよう．これは，エルニーニョ現象終了後の東アジアの天候に大きな影響をもつメカニズムである．

エルニーニョ時には東太平洋赤道域の海面水温が上がって，ウォーカー循環の重心が東に大きくずれる．このため，インド洋が下降気流の場となり，晴れるためにインド洋全域で海面水温が上がる傾向を伴う．海洋の応答には少し時間がかかるので，インド洋の海面水温偏差は，エルニーニョ終了後の夏も比較的大きな偏差を示し，これが夏の循環偏差をもたらすという概念モデルである（Xie et al., 2009）．インド洋がエルニーニョのシグナルを記憶，蓄熱し，エルニーニョ終了後に影響が現れるので，コンデンサ効果といっている．図3.21はこの効果が顕著に現れた1983，1992，1998，2016年の偏差合成図を示している．上のパネルは7月の合成図，下のパネルは同じく7月の海面水温偏差図である．中央太平洋ではエルニーニョの終了を反映して負の海面水温偏差が現れているが，インド洋は正の海面水温偏差で覆われている．上のパネルを見ると，等値線で示された負の海面気圧偏差がインド洋を覆い，赤道上では一部西太平洋にも侵入していて，Matsuno-Gill パターンの熱源東側のケルビン応答のように見える．矢印で示した大気下層風は，フィリピン付近で西南西向きにこの気圧偏差に吹き込み，日本の南西海上に高気圧性偏差を形成する一助となっている．その北東，日本付近にも低気圧偏差が見える．フィリピン付近の高気圧性偏差は，Matsuno-Gill パターン

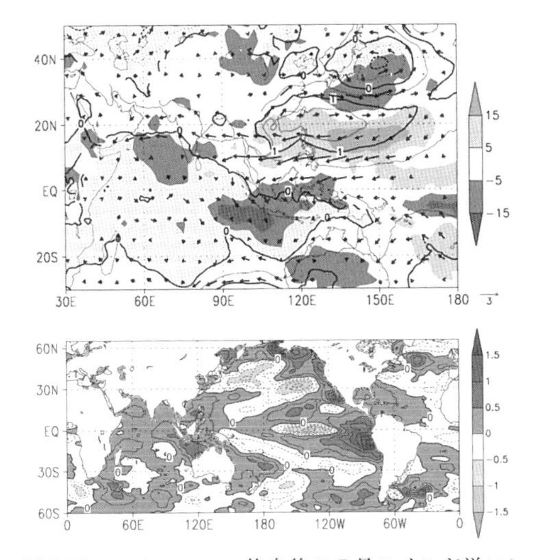

図 3.21　エルニーニョ終息後の 7 月のインド洋コンデンサ効果を示す合成図

(上) 海面気圧 (等値線), 降水量 (陰影), および 850 hPa 風 (矢印) 偏差. (下) 上と同様, ただし, 海面水温偏差.

の一部ではないが, 陰影で示された対流偏差と整合的で, 後に紹介する PJ テレコネクションパターンに似たロスビー波列を励起したものと考えられる. 合成図に用いたどの年も, 7 月に中国南部から西日本にかけて正の降水偏差が見られた. とくに, 1998 年には中国長江で 3000 人を超える犠牲者を出したといわれる大洪水が起こっている.

◇◇◆ 3.7　熱帯の長周期変動 ◆◇◇

前の節で熱帯の気象学を少し補強したので, この節では熱帯循環とその変動の代表格であるモンスーンと季節内変動について考えよう.

3.7.1　モンスーンとその変動

モンスーンは日本語で季節風と訳すが, もとはアラビア語の季節 (マウスィム) という言葉が英語になったものだそうだ. 季節によって卓越風向が変わる場所を調べると, アフリカや南米, オーストラリアにも見られるが, モンスーンといえば, アジアモンスーンである. 季節風という言葉どおり, 南アジアから東南, 東アジア一帯にかけての大気下層の卓越風向は，夏は南西，冬は北東～北西へと変化する（図3.22）．これに伴って降水量にも顕著な季節変化があり，海から大陸に湿潤気塊が運ばれる夏季には大量の降水が，インド～東南アジアにもたらされる．日本を含む東アジアも広域に見たときのアジアモンスーンの一部で，夏は梅雨前線に向かう南西風，冬は大陸からの北西風が卓越する．

モンスーンは大陸と海の温度差によって起こる．春から夏への季節の進行とともに日射が増えるが，陸面より海水の方が圧倒的に熱容量が大きいため，同じように日射を受けても海水の方が温まるのに時間がかかる．したがって，夏には大陸は十分暖まっていても海はまだで，低気圧となった大陸へ向かって海から水蒸気をたくさん含んだ風が吹くのである．海から運ばれた水蒸気は大陸で上昇して降水，雨期をもたらす．冬は温度差が逆転し，大陸から海への季節風が卓越するが，大陸には水が少ないので冬の季節風は乾いている．したがってモンスーン地域では冬は乾季であるが，日本列島の日本海側は例外で，もとは乾いていた大陸の寒気も日本海上で水分を吸い込むため，脊梁山岳の風上側に大雪をもたらす．

モンスーンは陸と海の間の熱循環なので，下層と上層で気圧，風は逆向きになる．モンスーン時の上層の循環は，以前に示した図2.22で見ることができる．夏季には，インドの少し北，チベット高原の上空に夏季モンスーンを象徴するチベット高気圧が存在する．夏季インドモンスーンの場合，下層の気圧分布は海が高気圧，陸が低気圧なのだが，コリオリ効果によって下層風は南西となる．冬は逆である．

図3.23はインドモンスーンの季節進行を少し詳しく見たものである．上段の図は，横軸が月，縦軸は緯度で，インド洋を含む東経40°から110°までを平均した大気下層（700 hPa；破線）と上層（300 hPa；実線）の気温の季節サイクルの平年値を示している．陰影は同じ範囲で平均した降水の気候値である．夏季陸上は下層上層とも高温になっており，海との気温差が冬とは逆転しているようすがよく見える．夏のモンスーン開始とともに降水帯が大きく北上していることもわかる．モンスーンは，海陸温度差によって駆動された大きなスケールの湿潤循環である．

さて，図3.23上図で，5月頃の陸上（北緯15～30°くらい）の破線と実線，下層と上層気温の違いに着目していただくと，大気下層の暖まり方が上層に先行していることがわかる．5月は，下層はかなり暖まっているがまだモンスーン降雨が始まっておらず，深い湿潤対流がないため，大気上層はまだ暖まっていない．6月になって湿潤対流がオンセット（開始）して初めて上層も暖まり，本格的な対

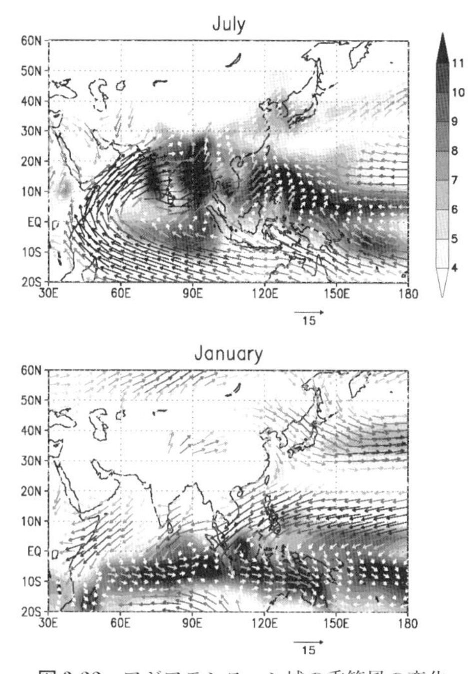

図 3.22　アジアモンスーン域の季節風の変化
（上）7 月，（下）1 月の大気下層（850 hPa）の風の気候値（矢印）．陰影は降水量．

流圏全層にわたるモンスーン循環が確立される．図 3.23 下の図は，プレオンセット期の浅い乾燥モンスーン対流と，オンセット後の深い湿潤対流を模式的に示したものである．

近年相次いでプレオンセット期のインドで記録的な熱波が観測された．2015 年 5 月下旬にはインド中部で，熱波による死者 300 人以上と伝えられ，翌 2016 年にも 5 月 19 日にインド北西部のファローディという町で，最高気温なんと 51.0℃を記録した．

モンスーン降雨は対流性の雨なので，そもそも時空間変動は激しく，したがってモンスーン循環もしかりである．とくに，季節内変動と呼ばれる 10〜90 日の周期帯で大規模な対流-循環の変動がみられ，気候平均的なモンスーン期間内であっても，雨期乾期のメリハリ（アクティブ-ブレイクサイクルと呼ばれる）がつくことが多い．さらに，モンスーンの変動には海面水温とともに陸面の変動も影響を及ぼしているはずである．

図 3.24 は，インド夏季モンスーンの降水量の目安となる外向き長波放射量

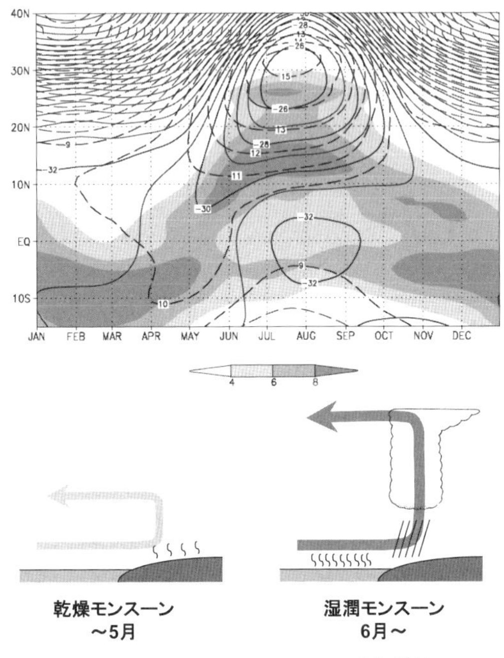

図 3.23　インドモンスーンの季節進行
詳細は本文参照.

(OLR；3.4.2 項参照) の面積平均 (下図に平均領域を示す) の時間変化を，近年の顕著な乾燥年 (1987 年) と湿潤年 (1988 年) について示したものである. 1987 年はエルニーニョ，1988 年はラニーニャが発生中であった. 6～9 月の気候学的雨季の間の降水偏差を目の子で推定してみても，1987 年は負偏差，1988 年は正偏差であったことがわかると思う. しかし，両年ともけっこう季節内変動が大きい. とくに 1987 年は，オンセットがかなり唐突であったが (5 月後半の降水指数の急な増大)，その後も大きな振幅の季節内変動を示している.

モンスーンに伴うインドの降水の年々変動については，エルニーニョ時には少なくなる傾向にあることがよく知られている. エルニーニョの大気側のインデックスとして現在では有名な南方振動は，インド気象局の長官であったウォーカー卿がもともとインドモンスーンの降水量の年々変動の予測因子を探していたときに発見したものである. インドは遠いながらエルニーニョに伴うウォーカー循環の下降域にあたるため上昇流，そしてそれに伴う降水が抑制される傾向にあるのだろうと一般に考えられているが，インド洋の影響などもあり，また，ヒマラヤ

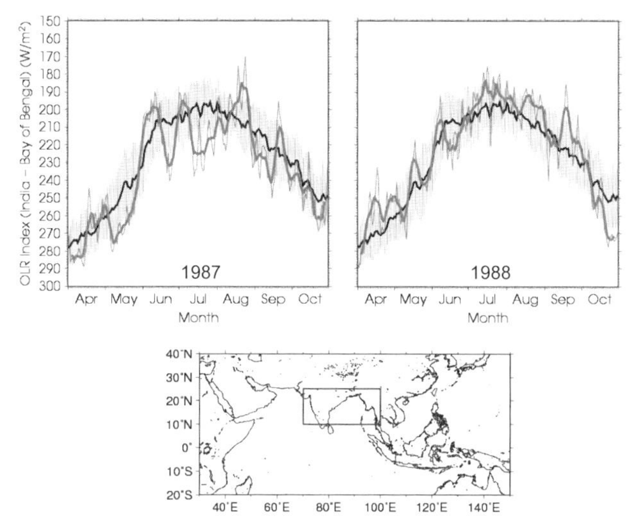

図 3.24　1987 年（上段左）および 1988 年（右）のインドモンスーン域（下段の矩形域）で平均した OLR 時系列

薄い太実線が 7 日移動平均，細実線は日別値；濃い実線と陰影は気候値とその標準偏差を示す．

など春の大陸上の積雪，土壌水分などの変化の影響が大陸の昇温の程度をコントロールし，引き続くモンスーンの強弱に影響を与えているという説もある．いずれにせよエルニーニョとの関係だけでモンスーンを語るには変動はあまりに複雑である．

インドだけでなくアジアモンスーン全般について，降水や循環の変動はエルニーニョに比べても著しく複雑で，色々な研究が錯綜している．上で見た季節内振動の卓越もその一因である．夏を通じて同じ符号の偏差が持続するということはモンスーン域ではめずらしい．

初夏の東アジアの気候を特徴づける梅雨前線（中国ではメイユと読む；図 3.25）も，広くはアジアモンスーンの一部であるが上空の偏西風の影響も受けており，その年々変動もインドや東南アジアのモンスーンとは必ずしも連動していない．

先に PJ パターンの項で述べたように日本の夏の変動は南海上，フィリピン付近の対流活動に大きく影響されていることはだいぶわかってきた．しかし，その対流活動が何に影響されて変動しているかは複雑である．エルニーニョの遠隔影響のほかにも西太平洋やインド洋の海水温偏差，季節内振動などにも影響を受け

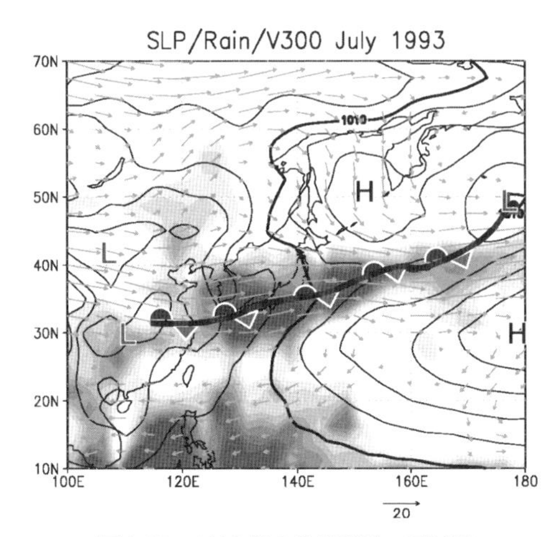

図 3.25　1993 年 7 月冷夏時の天気図

海面気圧（等値線），降水量（陰影），上空 300 hPa（高度約 9 km）の風（矢印）．
日本付近を東西に走るのは梅雨前線．図中の H，L は高気圧，低気圧を表す．

る．

梅雨前線の動向には，南海上の雲とそのすぐ北の小笠原高気圧の変動に加えて，北のオホーツク海高気圧の動向にも注意する必要がある（図 3.25）．梅雨前線はそれら二つの高気圧のせめぎ合いで生じると考えられるからである．南の高気圧は南西から暖湿気を運び，北の高気圧は北東の冷たい風（東北地方でいうヤマセ）を吹き込む．

梅雨期には北と南の高気圧が大事である，ということは数十年前から長期予報官の間でいわれてきたが，南はともかくオホーツク海高気圧の動向を左右する要因についてはあまりよく知られていない．亜熱帯ジェットとは別に，夏にユーラシア大陸と北極海の間に存在する極前線ジェット気流の動向や，広大な北シベリアの春の地面条件などの影響も調べる必要がある（木本ら，2005）．

3.7.2　熱帯季節内変動

前項で述べたように，モンスーンという季節変動には季節内の時間スケールの変動も顕著なのであるが，モンスーン域の季節内変動については研究が錯綜しており，あまりよく整理ができていない．ITCZ など熱帯の降雨帯には偏東風波動が知られているが，水平スケールは 1000 km のオーダー，時間スケールは数日～1 週間程度のいわゆる総観規模現象なので本書では詳しく扱わない．熱帯の季節

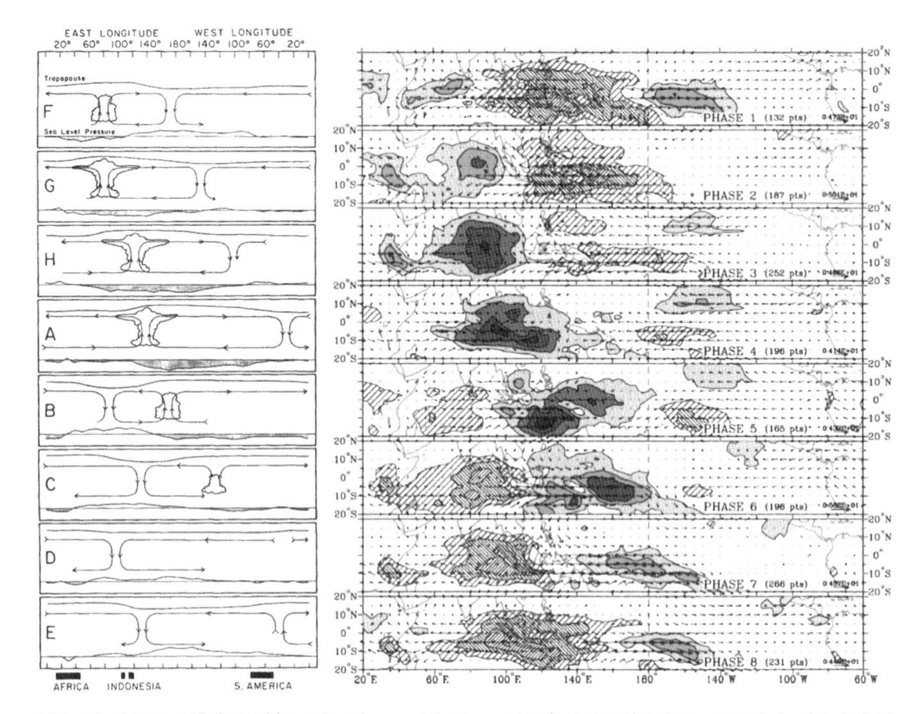

図 3.26　MJO の模式図（左；Madden and Julian, 1972）および観測データにもとづく合成図（右；Wheeler and Hendon, 2004）

右図の陰影は OLR 偏差．矢印は 850 hPa の風偏差．左右のパネルとも，MJO の一周期が 8 つのステージに分けられており，上から下へ時間が進行する．

内長周期変動では何といっても図 2.25 で触れたスーパークラスターを伴うマッデン-ジュリアン振動（MJO）がもっとも顕著である．水平スケールも振幅も大きいので熱帯の天候変動に大きな支配力をもっている．

MJO はその名のとおり，米国のマッデン（R. Madden）とジュリアン（P. Julian）がまだ衛星データの整っていない 1970 年代初頭に，観測所のデータの丁寧な解析によって発見したものである．赤道上をゆっくりと東に進む水平数千 km スケールの対流雲群[18]とそれに伴う上昇流，下層収束，上層発散の循環偏差で特徴づけられる（図 3.26）．対流偏差はインド洋から西太平洋で顕著で，中央太平

18)　上述のスーパークラスターのことであるが，この言葉は日本ではよく使うが欧米の研究者はあまり使わないようである．

洋以東でははっきりしなくなるが，循環偏差は赤道を1周することがわかっている．ある場所でみた周期はおよそ30～60日であり，システムの東進速度は8～15 km/s 程度である．とくに対流偏差の顕著なインド洋から西太平洋では大きな振幅の天候変動をもたらすので，毎日午後にはスコールがくることがわかっている熱帯では明日明後日の天気予報よりMJOの延長予報の方がよほど望まれているくらいである．

MJOは東進しながら，後方のロスビー応答の部分が北進する成分をもつこともあり[19]，インドモンスーンの季節内変動にも影響する．同じくロスビー応答部分は低気圧循環になるのでここからサイクロンや台風が発生することもある．また，赤道上の対流偏差に向かう強い西風下層風は，西太平洋暖水域（海面水温の高い領域）ではエルニーニョの発達に影響を与えることがある．

MJOに伴う循環偏差は，対流の東側に赤道ケルビン，西側にロスビー応答を伴うMatsuno-Gillパターンを示し，東進速度は対流を伴わない乾燥ケルビン波のものよりかなり遅い．このゆっくりした東進の原因はまだよく理解されておらず，大気モデルでもなかなか再現が難しい．数値モデルは観測より東進が速く周期が短い傾向がある．東進をよく表現できないものもある．MJOは今日の大気大循環モデルの抱える最大の難問の一つである．このように，MJOは発見から40年以上経った現在でも熱帯大循環研究の中心課題であり続けている．

◇◇◆ 3.8　海洋，陸面，海氷，ゆっくりと変化する境界条件への応答 ◆◇◇

季節以上の時間スケールでは，大気単独で変動する成分より，海洋や陸面，海氷といったゆっくりと変動する気候システムに応答して変動する成分が卓越してくる．エルニーニョ時の大気応答については3.4.2項で紹介した．大気海洋相互作用については次章で詳しく扱う．ここでは，陸面状態の大気への影響の仕方について考え方を示しておきたい．

雨が降ると地面が湿る．降った雨水は地表面や土壌内を通ってより低い場所へ流出し，残りは土壌水分として蓄えられるとともに，蒸発して大気に帰る．蒸発が多くなると地表気温は低めに保たれるし，水分の補給を受けた大気には雲が生じやすくなるだろう．降水が雪となって積もる場合には，太陽光反射が大きくな

19）MJOとは別に，夏季を中心にインド洋の南半球側から北西太平洋（日本の南海上）にかけて北進する季節内変動モードも知られている（Kikuchi et al., 2012）．

りやはり地表面の大気との熱収支に影響を与える．海氷も雪と同様であるが，海流によって移動し，割れることも多い．海氷上では気温が氷点下以下数十℃になることも可能であるが，割れ目から覗く海水は氷点であるので，大気にとってはたいへん暖かく，大量の蒸発が起こる．

1回の降水イベントの記憶が土壌に残る時間スケールは，1週間～数週間程度と見積もられる．積雪には履歴が積算されるのでもう少し長いだろう．週間予報から季節予報くらいのレンジでは陸面状態が大気変動に与える影響を無視できない．とくに，局地気象を考える場合はそうであろう．陸面偏差が広域にわたって持続する場合は，大気循環の遠隔偏差を誘起する可能性もある．この一例として，プレモンスーンシーズンのチベット高原の積雪や中東乾燥域の土壌状態が引き続くモンスーンの強弱に影響を与えるという仮説がある．もう一つの例としては，近年話題になっている北極海氷偏差の北半球中高緯度への広域影響である．現在，地球温暖化の進行によって北極海氷は顕著な減少傾向を示しているが，露出した海面からの蒸発が大気循環を変え，温暖化ならぬ寒波を欧米や極東にもたらす，というものである．

海洋もそうなのであるが，陸面変動は大気の影響を受けた結果生じている．したがって，大気陸面相互作用に延長予測可能性を求めるのは悪くはない，力学的長期予報の初期値の陸面状態をより精度よく解析することは予報精度向上に確実に貢献するだろう．しかし，初期値の記憶は海面水温ほど長くは続かず，その記憶を正しく見積もるには大気との相互作用を正確に表現する必要がある[20]．陸面影響を純粋に大気への境界値問題として扱うのには注意が必要である．

◇◇◆ 3.9 異常気象分析の実際 ◆◇◇

ここまで偏西風蛇行やテレコネクション，海洋や陸面の影響など異常気象を考える際に必要な概念を説明してきた．本節では，これらが実際の異常気象分析にあたってどんな風に使われるのか，異常気象の要因を理解したいとはいってもどのあたりまでわかるのか，実例に沿ってみていきたい．

まず，図3.27をご覧いただきたい．少しうるさい図であるが，日本の天候変動を考える際に重要な要素を模式的に示してみた．まず，日本の上空には季節を問

20）陸面は非均質性が高く物理過程も多様なので，大気陸面相互作用は気候モデルで改良が望まれる課題の一つである．

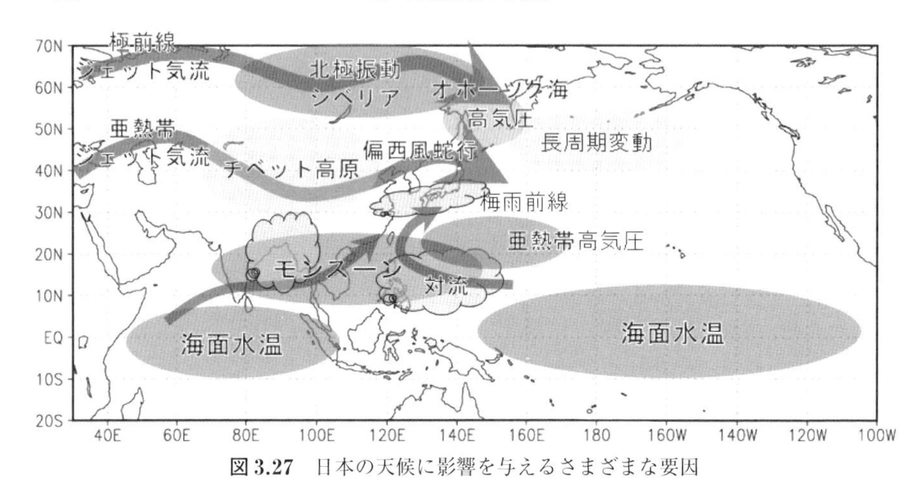

図 3.27 日本の天候に影響を与えるさまざまな要因

わず偏西風が吹いているので，この蛇行のようすがまず第一に天候変動の鍵となる．夏季には，西太平洋フィリピン沖の対流活動が亜熱帯高気圧の変動と連動して偏西風を押し上げ，また勢力の弱いときには偏西風を南下させる．亜熱帯高気圧やモンスーンの変動は日本へ流れ込む暖湿気流の強さ，そして梅雨前線の活動に影響を与える．夏季チベット高原上の高気圧はモンスーンの降水と強く関連しており，その勢力が日本にまで及ぶときには猛暑をもたらすし，また亜熱帯ジェット気流の蛇行を通じて日本上空に気圧変動をもたらす．西太平洋やインド-東南アジアモンスーンの対流活動は赤道太平洋やインド洋の海面水温に強い影響を受ける．日本の夏季天候，とくに梅雨期の天候には北のオホーツク海高気圧の動向も重要である．オホーツク海高気圧は，北極海とユーラシア大陸の間の熱コントラストによる極前線ジェット気流の蛇行の一環ととらえることもできる．少し大胆に単純化すると，日本の夏季天候は，基本的に亜熱帯ジェットの位置，蛇行に支配されるが，その変動は，南（西太平洋など），西（亜熱帯ジェット上の蛇行），そして北（極前線の影響）からの影響を受け，それらの相対的な力関係で決まるといえる．

冬季天候については偏西風蛇行の重要性が増し，その南北位置には北極振動や北太平洋の PNA，WP などの長周期変動が影響を与えるが，短周期のカオス的変動の影響も大きく受けるのでなかなか要因を特定することが困難な場合が多い．冬季日本に吹き込む北西季節風の強さは，シベリア高気圧の勢力に支配されている．これはさらに上流の欧州からユーラシア大陸の偏西風変動に影響を受けている．近年では，北極海の海氷の多寡がシベリア高気圧の強弱に影響を与えうるという研究が注目されている．また，日本の南の対流活動とそれに伴う気圧偏差も季節風の強弱に影響を与える．

図3.27はもちろんすべての可能性を網羅したものではないが，ここでお伝えしたかったのは，日本の，もっと一般的にはある地域の天候変動には複数の，かなり多数の要因が関わっているということである．30年前に比べると，これらの一つ一つについてはかなり記述と理解が進んできた．しかし，これら複数要因の相対的な影響の大きさが定量的に把握されなければ，天候変動の説明や予測は難しいということである．さらにいえば，日本の各地域の天候は，ほんのわずかの偏差の位相の具合で変わってくる．仮に複数要因の一つが卓越するとわかったとしても，その影響の現れ方を微妙な偏差の位相も含めて説明，予測する必要がある．なるほどなかなか難しいものだなとご共感いただければ幸いである．

さて，このような背景のもとで，実際の天候変動にあたって要因分析がどのように行われているか，その一端を簡単にご紹介しておきたい．例として2013年夏の猛暑を取りあげる．分析作業の実際と考え方をご紹介するのが目的なので，このときの異常天候の詳細については気象庁のHPや報告書（異常気象レポート2014など）を参照していただきたい．また，2003年冷夏や2010年猛暑など顕著な事例については，気象学会が気象研究ノートに事後研究も含めてまとめている．

異常天候分析の第一歩はまず状況把握である．日本の気温の経過の概況は図3.28で把握できる．2013年については，6～8月を通じて全国的に高温偏差が顕著であった．とくに西日本は，6～8月気温偏差の歴代1位であった．図3.28は全国を4つの地域に分けたものだが，必要に応じてもう少し細かい区分のものや地点別のデータもチェックする．日最高気温が35℃を超える「猛暑日」日数の記録更新地点数はこの年の場合，1994年に次いで2位であった．

気温だけでなく，降水量や日照の偏差もチェックする．図は省略するが，この年東北地方では7月は曇りや雨の日が続き，たびたび大雨にも見舞われ，多くの地点で月最多降水量を更新した．一方，東・西日本太平洋側と沖縄・奄美の一部では顕著な少雨となった．おおまかには，この年は，西日本中心に猛暑の異常気象であったといえるだろう[21]．気象要素の順位云々もそうだが，社会影響の大き

21）異常気象分析検討会会長として何度も記者レクに出たが，天候状況の説明はともかく，私が「異常気象」という言葉を発するかどうかにご興味の焦点があるように感じることが多かった．ニュースが無駄に理屈っぽくなっても一般の方にはご迷惑かもしれないが，それなら場

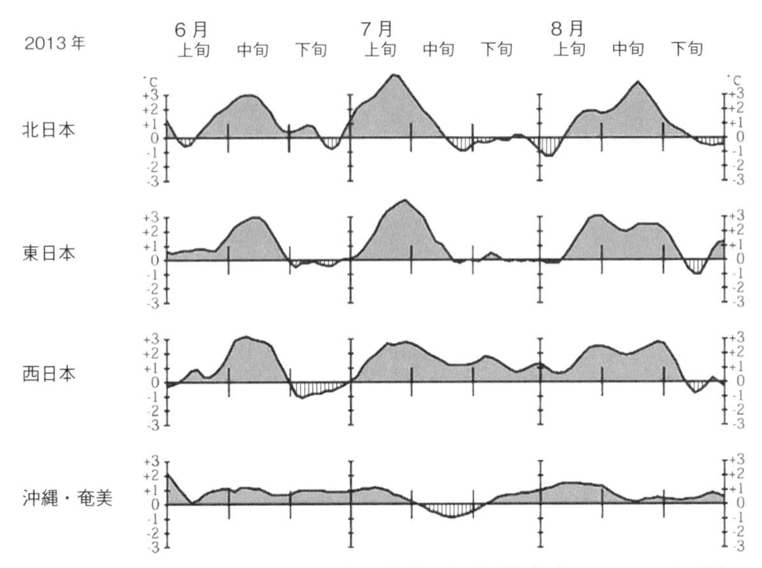

図 3.28　2013 年 6～8 月の日本の気温偏差の経過（気象庁 web ページより）

さも大事な要素である．日本の天候については報道がいやでも耳に入るが，世界各地の天候変動の場合，現地でどの程度の影響があったのかのニュースをチェックするのも大事なことである．大学の研究者にはとても無理であるが，気象庁の担当の方はこのようなチェックもしてくれている．むしろ，ニュースを聞いて，気象要素をよく調べてみたらなるほどすごいイベントだったということの方が多いかもしれない．

さて，色々な要素の状況把握ができたら，それらをもたらした大気循環のようすを天気図でチェックする．天気図は全部コンピュータ化されている（再解析データ）ので，どの地域のどの要素でも自在にプロットして確認できる．昔のように手描きで天気図を作成していてはこうはいかない．基本となるのは天気予報でもおなじみの海面気圧，そして上空の偏西風の監視には 500 hPa 高度は欠かせない．鉛直循環が卓越する熱帯の監視には 850 hPa や 200 hPa の流線関数，速度ポテンシャルを用いる．対流偏差の監視には衛星による外向き長波放射（OLR）のデータが貴重である．口絵 1 の左段には，2013 年 6～8 月平均の地表（2 m）気

所を改めて事情をご説明しておきたいと思ったのが本書執筆の大きな動機の一つである．

温，850 hPa，200 hPa の流線関数の偏差図を例としてあげた．地表気温は，各地点での年々変動の標準偏差で規格化した偏差を示している．日本付近に標準偏差の 3 倍を超える値が出ている．850，200 hPa の図には対流偏差の目安となる OLR 偏差も重ねてある．西太平洋熱帯域に対流活発を示す OLR 偏差があり，その北東，西日本の南側に 850 hPa の顕著な高気圧偏差がみられる．これは，勢力を強めた亜熱帯（小笠原）高気圧が西日本を覆ったことに対応している．ちなみに，高気圧が西日本に偏っていたため，その北西縁をまわる南からの暖湿気流は日本海を経由して東北地方に流入した．これが東北地方の強雨増加の原因と考えられる．一方上空の 200 hPa ではチベット高気圧の極東への張り出しが顕著である．上下二段構えの高気圧に西日本が覆われたことが猛暑の一因と推察される．ここにはこれ以上図は示さないが，モンスーンや亜熱帯高気圧など図 3.27 で指摘したような各種循環要素をその監視にもっとも適した要素の天気図でチェックする．そして，要因を考える際にもっとも重要な海面水温偏差図をチェックする．図は割愛するが，2013 年夏は，ラニーニャ現象の定義には至らないものの，東太平洋が低温，西太平洋が高温傾向で，北太平洋中緯度にも広く高 SST 偏差が広がっていた．インド洋の偏差は小さかった．

循環場偏差のようすを把握しながら[22)]，この年の特徴とそれをもたらした要因への考察に進めてゆく．さきの二段構え高気圧はこの夏の大きな特徴である．200 hPa の速度ポテンシャル，発散風をチェックすると，西太平洋の対流偏差中心から発散風偏差が出て下層の高気圧偏差付近で収束しているようにみえる．過去類似の例はないか，例えば西太平洋の対流偏差がこの年と類似しているときに 850 hPa の高気圧偏差はみられるか，チベット高気圧が東に張り出した年とこの年の類似点はないか，等々，特徴に応じた合成図や相関解析を行ってチェックする．これも格子点化された再解析データが揃っていなければ行えない作業である．

とはいえ，過去のデータの年数は限られている（再解析データは五十数年分）．ぴたりと同じ年など見つからない．そこで活躍するのが数値モデルである．線形化した大気力学方程式を用いると，対流による加熱偏差に強制された循環応答が計算できる．そのような計算の例を口絵 1 の右段に示した．加熱偏差は口絵 1(d) に示した領域で与え，計算された 200 hPa と 850 hPa の流線関数の応答が口絵 1

22）少し前からの時間経過や，夏の前半と後半で特徴が違う場合，季節内変動に伴って猛暑イベントが起こった場合など，チェックする天気図は状況に応じて千差万別に変わる．色々な変動モードのチェックにはそれまでの研究成果が大いに役に立つ．

(e), (f)に示されている. 850 hPaでは西日本南方の高気圧偏差が, そして200 hPaではチベット高気圧東縁の強化が表現されている. もう一度与えた加熱偏差をみるとインドモンスーン域でも対流偏差に対応した加熱偏差があり, これが亜熱帯ジェットの蛇行を通じてチベット高気圧の偏差をもたらしたものと考えられる. 二段構え高気圧の原因は西太平洋とインドモンスーンの対流偏差であったといってよさそうである.

では, それらの対流偏差は何によってもたらされたか? ラニーニャ的な海面水温偏差は西太平洋の対流偏差には好都合であろう. 過去データの合成図でもこれは確認できる. また, ラニーニャ時にはインドモンスーンは活発になる統計的傾向がある. これまでは, 海面水温の対流偏差への影響は統計結果に頼らざるを得なかったが, 近年では, 海面水温偏差を与えた大気モデルによるアンサンブル実験もリアルタイムの気候監視で用いることができるようになってきた. 注目している海域以外の影響も考慮する必要があるから, 統計だけに頼るよりは望ましい. この年の場合, 西太平洋の対流偏差はモデルでも再現されたが, インドモンスーンは北インド洋の負のSST偏差の影響で不活発という, 現実とは異なる結果であった. しかし, 実際にはこの負のSST偏差はモンスーン下層風が強かったために大気によって冷やされたものと考えられ, むしろ現状での大気モデルのみによる診断の不得手な面が出たとみる.

一例ではあるが, このようにデータだけでなく数値モデルも含めて使える道具をさまざまに駆使して要因の分析を行う. これらの分析手法の多くは, 過去の研究の蓄積からきている. ここでは触れなかったが, 顕著な高温エピソード時の気温偏差が水平に移流されてもたらされたものか, それとも下降気流による断熱昇温の方が大きかったのかは, 気温偏差の方程式各項値を見積もる「収支解析」が用いられる. 近年では, ヒートアイランドが高温偏差にどの程度影響したかも数値モデル計算で見積もっている.

上で取りあげた2013年夏の例は, 要因が比較的明瞭に分析できた例の一つである. このときの報道発表で用いた模式図を図3.29に示す. 報道発表には迅速性が要求され, どうしても説明しきれなかった部分が残る. この事例でも後でよく考えると, ラニーニャと定義されないほどのSST偏差でそれほど大きな対流偏差がもたらされたのか, たまたまインドの降水もシンクロして二段構えをもたらしたのか, 等々. 他の多くのケースでは説明しきれなかった部分の方が多いのが実情である. 記録的な猛暑に地球温暖化などの長期傾向がどの程度寄与していたのかなどは一般の方でも思いつく疑問だと思う. これについては, 後に4.6.3項で

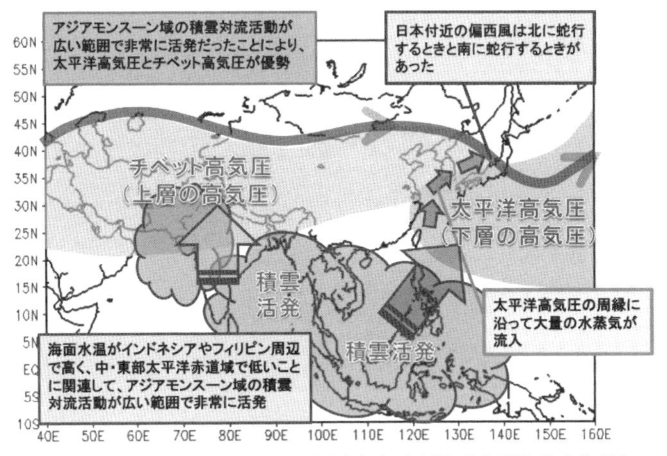

図 3.29 2013 年猛暑の要因（異常気象分析検討会報道発表資料）

紹介するイベントアトリビューションと呼ぶ研究で少し定量的に答えることができるようになった．

以上に駆け足で紹介した分析の実作業や模式図（案）の作成は，リアルタイムの異常気象分析検討会では，気象庁の担当者チームが精力的に行ってくれる．大変な仕事だが，気象の好きな人ならこんな面白い仕事はないと思う．検討会の大学の先生はふむふむと頷きながら時々コメントする程度である，というのは言い過ぎだが，彼らは研究に基づいた視点から分析作業の指針を示唆し，またそもそも研究を通じて分析の手法開発[23]に大いに貢献しているのである．

23) 実際に異常分析の現場で使われている研究発のツールには，ロスビー波伝搬を診断する Takaya-Nakamura フラックス，本文で紹介した線形大気モデル，等温位面座標を用いた寒気流出量診断ツール，低気圧頻度分布図などがある．

気候変動の考え方

大気と海洋は海面で接している．大気は海面水温の変化に呼応して積雲対流の強さや位置を変え，テレコネクションを通じて循環も変わる．一方の海洋の方も海面の熱や水のフラックス偏差が海面水温や海水の密度を変え，また大気の風の変化も加わって海洋循環も変わる．季節より長い時間スケールでは，海面水温の変化も予測の重要な対象となり，大気海洋結合系に生じる変動がゆらぎの主役となる．

大気と海洋，そしてこれに雪氷を含む陸面が加わった気候システムは，数年，数十年，さらにはもっと長い時間スケールでもさまざまな形態で変動することが知られている．

本章では，異常気象の理解と予測に重要な年々変動，とくにエルニーニョ現象を中心に，実態と考え方を論じる．十年規模やもっと長周期の気候変動についても紹介し，最後に地球温暖化と異常気象など自然変動の関係についても考える．

4.1 エルニーニョ現象の概要

本節では大気海洋変動の代表であるエルニーニョ-南方振動現象の記述から始めよう．言うまでもなく，海洋側のエルニーニョ（El Niño）と，大気側の南方振動（Southern Oscillation）が一体となった現象である．両者の頭文字を合わせてENSOと呼ばれることも多い．

まず，図4.1を見よう．エルニーニョに伴う海面水温偏差の監視海域としてよく使われる赤道東太平洋のNINO3領域（南緯5°～北緯5°，西経150°～西経90°）で平均した海面水温偏差（sea surface temperature anomaly; SSTA）と，ウォーカーが定義した南方振動指数（Southern Oscillation index; SOI）の時系列であ

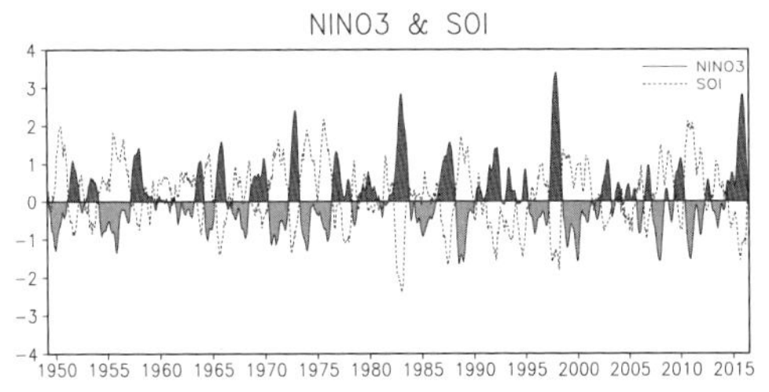

図 4.1 NINO3 海面水温偏差（実線と陰影）と南方振動指数（SOI；破線）の時系列

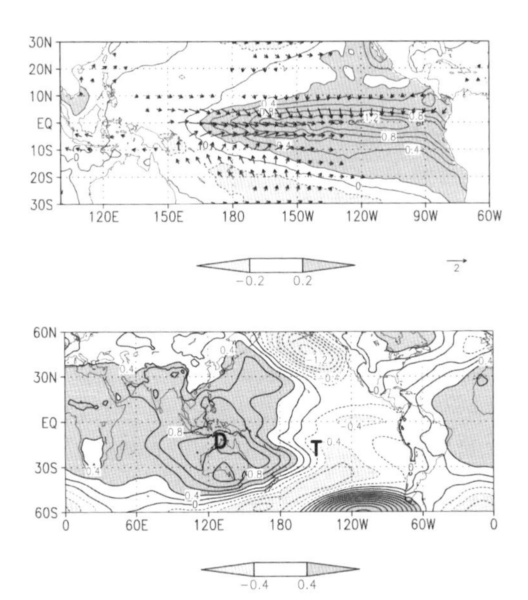

図 4.2 NINO3 海面水温偏差に回帰した，海面水温（陰影），海面気圧（太い実線と破線），および海上風（矢印）の偏差の地理分布

下段の D，T は，ダーウィン（D；130.50° E，12.25° S）とタヒチ（T；149.57° W，17.53° S）の位置を示す．

る．SOI は，タヒチとダーウィン（Tahiti と Darwin；図 4.2 に位置を示した）の地上気圧の差を指数化したものである．貿易風の強さの目安の一つであり，正の値のときは気圧の低い西のダーウィンに向かう貿易風（東風）が強いことを表し，逆に負の値のときは，貿易風が弱いことを表している．

図 4.1 で NINO3 と SOI 両者の時系列を見比べると一目で逆相関があることが

わかる．東太平洋の海水温が高いときには貿易風は弱い．NINO3 が正で，SOI が負となるエルニーニョと逆のラニーニャは不規則ながら数年ごとに繰り返している．

エルニーニョの「ニーニョ」はスペイン語で男の子，boy の意味で，冠詞がつくと the boy，神の子キリストを意味している．もともとは南米の太平洋岸赤道に近いペルーやエクアドルで，毎年クリスマスの頃に赤道からの海流が流れ込む現象をキリストにちなんでこう呼んでいたものである．赤道からの温かい海水の流入で栄養塩に富んだ下層水の沿岸湧昇がストップし，漁も休みになることから現地の人たちが親しみを込めて呼んでいた局地的な季節現象のことであった．

しかし，20 世紀半ばを過ぎて世界的な観測網も充実してくると，毎年起こる局地現象とは別に，数年に一度もっと広い範囲で赤道に沿った海面水温が上昇し，何季節にもわたって持続することがあることが広く知られるようになった．今では，この広域現象をもっぱらエルニーニョと呼ぶが，気象庁ではもともとの局地現象と区別するために，広域現象の方をエルニーニョ現象と呼んでいる．

図 4.1 では平均の季節サイクルは除去されているので，広域エルニーニョが描かれている．実際，SSTA の高温，低温イベントは半年以上にわたって継続するものが多い．気象庁では，5 か月移動平均した監視海域の SSTA が 6 か月続けて +0.5℃を超えたときにエルニーニョ現象が発現したと定義している．エルニーニョと反対に東太平洋の SSTA が低くなる現象は，女の子を意味するラニーニャと呼ばれている．当初はアンチエルニーニョなどとも呼ばれていたが，神の子キリストにアンチではいかにも語感が悪い．

図 4.2 は，NINO3 SSTA の時系列と全球の各点での SSTA，海面気圧，海上風の回帰係数を示し，エルニーニョ(反対符号を考えれば，ラニーニャ) 時に典型的な偏差の空間分布を表したものである．赤道中央から東太平洋にかけての広い範囲で SSTA が正となり，赤道西太平洋やそこから北東，南東に伸びる馬蹄形の領域で SSTA が負となっている．海面気圧偏差は，ウォーカーの発見した南方振動の空間的広がりを確認するように，タヒチを含む赤道東太平洋で負，ダーウィンを含む赤道西太平洋から東インド洋で正となる東西双極子構造を示している．

これらに伴う風応力の偏差をみると，赤道中央太平洋に顕著な正の偏差（西風偏差）がみられる．

このとき海洋内部ではどういうことが起こっているのか．そもそも数百 m までの表層とはいえ，海洋内部の水温等の物理量を観測するのは容易でない．しかし，

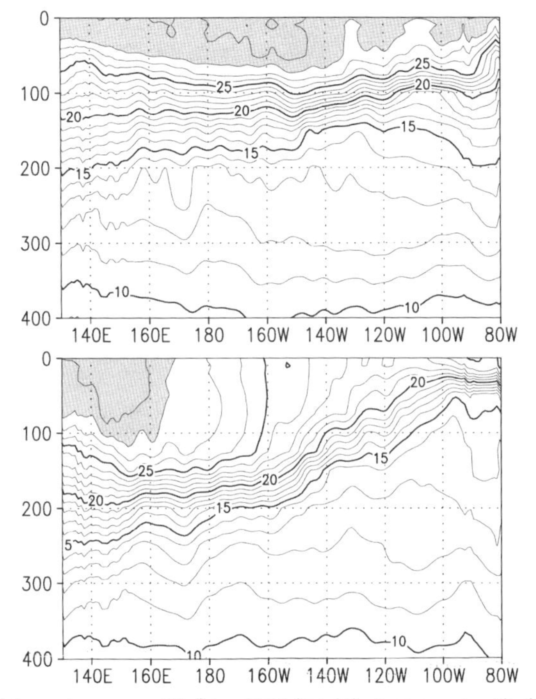

図4.3　エルニーニョ時（上；1998年1月）とラニーニャ時（下；1989年1月）の赤道太平洋の表層水温の経度-深さ断面図
水温28℃以上の領域に陰影.

今日では図4.3に示すような赤道表層水温の断面図を簡単に描けるようになった[1].

図4.3の上の図は史上最強といわれる1997-98年エルニーニョの最盛期の水温分布，下の図は近年の顕著なラニーニャ現象の一つである1988-89年ラニーニャ時の分布である．気候平均では，赤道上は東からの貿易風が吹いており，これに

1）1982年から1983年にかけて大規模なエルニーニョ現象が発生し，ペルーの大雨やインドネシア，オーストラリアの干ばつだけでなく，北米西海岸も偏西風の強まりで大雨に襲われ，ロサンゼルスではサンタモニカの桟橋が流されてしまった．このとき全世界の科学者はエルニーニョ現象の発生とその影響に気づかず，その教訓が，その直後1985年から10年かけて行われた赤道海洋-全球大気研究計画（Tropical Ocean-Global Atmosphere; TOGA プロジェクト）における爆発的なエルニーニョ研究の駆動力となった．TOGA プロジェクトの一環で整備された赤道の係留ブイ網による自動観測が図4.3のような海洋表層監視を可能にし，さらにはエルニーニョ予測の現業化をもたらした．

よる暖水の西への吹き寄せにより，20℃等水温線付近で鉛直に水温が大きく変わる水温躍層が西太平洋で深く，東太平洋では浅くなっている．エルニーニョ時には貿易風が弱まるため，水温躍層の傾きが小さくなり，図4.3上図ではほとんど水平になり，東太平洋の海面の水温は西太平洋とほぼ同じになっている．ラニーニャ時には気候平均より傾きが大きくなる．貿易風の強さと水温躍層の傾きは，力学的にも容易に理解される同時現象である．

海面水温がどのようなプロセスを通じて変わるかは次節で詳しく説明するが，ここでは，東太平洋の海面水温の決定には下からの冷水の湧き具合，赤道湧昇と呼ばれる現象が支配的であることだけを指摘しておく．赤道湧昇は，海面で東風が吹いたとき赤道の南北でコリオリ効果を受けた海水の運動が赤道上に発散をこしらえるため，それを補償するために下から冷たい水が上がってくる．図4.3上は赤道湧昇が弱い（ほとんどない）状態，下は強い状態となっている．

今日では図4.1のように海洋と大気の指数を同時に描くことはあたりまえになっているが，そもそもエルニーニョ現象が単に海洋の現象であるだけでなく，大気の大循環の変動と不可分であることを看破したのは，ノルウェー出身，米国カリフォルニア大学ロサンゼルス校（UCLA）大気科学教室の教授であったビャークネス（J. Bjerknes）である（Bjerknes, 1969）．1960年代の半ば，ウォーカーの発見した南方振動とエルニーニョ現象が表裏一体，同一現象の大気側と海洋側での表れであることを見出した．

エルニーニョ現象が起こっているとき，赤道太平洋東側では海面水温が普段より高く大量の水蒸気が大気に供給されるため，多くの雲が立ち，上昇気流が生ずる．海面気圧も低くなる．上昇した空気は，太平洋の西半分に収束，下降し，そこでは気圧も高くなる．南方指数は負になるわけである．東西の気圧の偏差により貿易風は弱まる（ウォーカー循環が弱まる）が，これにより普段は東から西への貿易風によって西に吹き寄せられていた暖水が東へ移動し，東太平洋の海水温偏差は一層強化される．そして，その暖水はまた，貿易風を一層弱めて，……という具合に大気と海洋の偏差の間に互いを強め合うようなプロセス（正のフィードバックという）が働くために，海水温偏差も南方指数偏差もどんどん増幅してゆくのである．ビャークネスは，このような大気海洋相互作用，フィードバックがエルニーニョ現象を成長させる，とした（図4.4）．赤道大気と海洋の間に働くこのような自己増幅作用を，今日ではビャークネスフィードバックと呼んでいる．

図4.1でもみられるように，周期はおよそ2～7年と不規則であるが，エルニーニョとラニーニャはだいたい交互に繰り返す振動傾向を示す．3.2.4項で述べたと

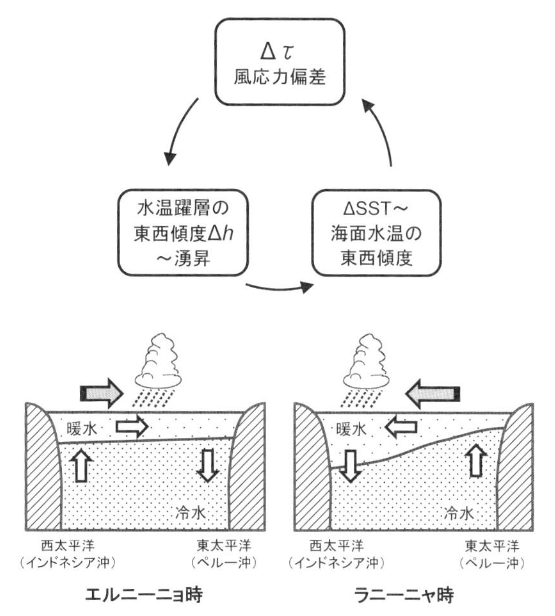

図 4.4　ビャークネスフィードバック（本文参照）の模式図

おり，エルニーニョ振動を理解し，また増幅メカニズムであるビャークネスフィードバックをより詳しく理解するためには，少し丁寧に大気相互作用をみる必要がある．次節以降で説明しよう．

エルニーニョ現象は，図 3.4 でみたような大気循環の偏差を通じて，太平洋の熱帯域だけでなく日本を含めた中緯度にも無視できない影響を与える．エルニーニョ時には，暖水の影響で南米西岸は多雨となる．また，ウォーカー循環が弱まり，上昇域が東にシフトするのに伴って，西太平洋の赤道域，インドネシアやオーストラリア北部，インド洋でも下降流が卓越し，干ばつ傾向になる．夏季のインドモンスーンは弱まる傾向で，これはウォーカーが南方振動を発見したことと整合している．エルニーニョに伴う降水〜大気加熱偏差は，ロスビー波列によって北米，南米大陸に顕著なテレコネクションをもたらす．これはとくに冬季に顕著で，アラスカやカナダ西岸では高温，カリフォルニアや北米南東岸では多雨傾向がみられる．ラニーニャ時にはおおむねエルニーニョ時と逆符号の天候偏差が現れる．

日本の天候への影響については，エルニーニョ時には，夏は冷夏，長梅雨，冬は暖冬になりやすい．ラニーニャ時は逆に暑夏，寒冬傾向である．日本の天候はエルニーニョ以外の偏西風やモンスーンなどにも影響を受けるので，これらはあくまでも傾向であって，必ずそうなるというほど強いシグナルではないことには注意してほしい．エルニーニョの日本への影響は，ウォーカー循環の偏差の影響を受けた西太平洋，フィリピン東海上での対流活動の偏差，PJ テレコネクションパターンと大いに関係している．この海域は年を通じて海水温が世界でももっとも高く，大量の背の高い積乱雲群の生じる場所である．エルニーニョ時にはこの海域はウォーカー循環偏差の下降域にあたるため，普段の活発な雲活動が抑制される傾向にある．下降流偏差は高気圧性の循環偏差を伴い，夏季の小笠原高気圧を南偏させ，冷夏傾向をもたらす．高気圧偏差の西端から日本に向かう暖湿気流偏差は西日本中心に多雨ももたらす．ラニーニャ時にはフィリピン沖は対流活発，低気圧偏差で，これに伴う上昇流の補償下降流が日本付近に晴天をもたらして暑夏となる．冬の場合には，同様な西太平洋の対流-循環偏差が，エルニーニョ時には北からの季節風を弱め，ラニーニャ時には強めることとなるので，それぞれ暖冬，寒冬となる．

エルニーニョのもたらす暖冬は雪国には恵みかもしれないが，東京など太平洋側の都市では暖冬時には逆に大雪に要注意である．暖冬で冬型の気圧配置が緩むと普段の真冬にはあまりみられない日本南岸での低気圧通過が多くなる．低気圧は雨を伴うが，暖冬とはいえさすがに 1，2 月は上空の気温も低いので，普段の冬ならからっ風で晴天続きの太平洋側でも雪が降るというわけである．雪国と違って 5 cm の積雪にも敏感な大都会では，交通や通信障害，転倒事故などが相次ぐ．1998 年エルニーニョ時の 1，2 月に首都圏は繰り返し大雪に見舞われ，筆者も滑る雪の中を 1 時間近くかけて駅から歩いた思い出がある．

◇◇◆ 4.2 海面水温の決まり方—大気海洋相互作用のキホン ◆◇◇

ここでは，大気にとって重要な海面水温（SST）を決めるプロセスについて説明しながら，大気海洋相互作用を考える基本事項について押さえておきたいと思う．

4.2.1 海面フラックスと海洋混合層

SST がどう決まるかを説明する（図 4.5）．まず大気との熱のやりとりの仕方には 4 種類ある：

(1) 短波（太陽）放射フラックス

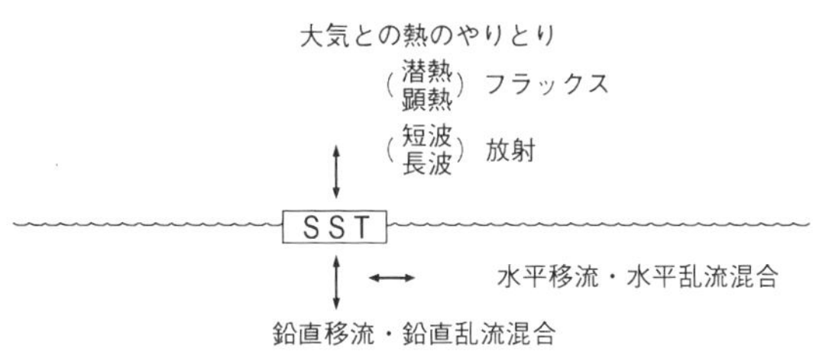

図 4.5　海面水温（SST）を決めるさまざまなプロセス

(2) 長波（赤外）放射フラックス

(3) 顕熱フラックス

(4) 潜熱フラックス

である．海と大気の熱の交換は，海面を通る熱輸送ということなので「フラックス（流束）」とつけてある．ここでは上向きを正として話をする．

(1) の短波放射フラックスは，太陽光が大気中で散乱されたり，雲に遮られたりしながら海面まで達したもので，海面によって反射された部分を除く．常に下向きで，海面を温めるように働く．

(2) の長波放射フラックスは，海面がその温度に応じて上向きに射出する赤外放射と大気から返ってくる下向きの成分の差である．大抵上向きが勝つので海面を冷やす方向に働く．(1) の短波もここでの長波も電磁波であるが，6000 K の太陽放射と 300 K 前後の地球の赤外放射では，波長も放射特性も著しく異なるので分けて扱う．

(3) の顕熱フラックスは，大気海洋境界面付近の乱流による熱の輸送フラックスのことである．海面の水温（SST）とその直上の大気温の差と海上風速に比例するように計算される．温度差の方は，暖かい方から冷たい方へ熱が流れ，その差が大きいほど熱流も大きいと理解される．風速に比例させるのは，海面はほぼ静止しているので（なぜなら大気風速に比べて海流は小さい），海上風速が大きいほど海面付近のシアが大きく乱流が活発に違いない，と考えるためである（実際にもそうである）．乱流は，風のシアが強く鉛直安定度が悪いとより活発になる．

(4) の潜熱フラックスは，水蒸気の蒸発フラックスのことである．暖かい海面上に乾いた大気が乗っていたら，海面から大気へ水蒸気が蒸発する．海水が蒸発して気体になるのでその気化熱の分海水は冷やされるが，大気に加わった水蒸気はそのままでは大気を温めず，上空で凝結するときに凝結熱を大気に与える．今は熱ではないけれど，という意味で潜熱といっている．(3) は直接熱フラックスなので顕熱である．潜熱フラックスまたは蒸発は，顕熱フラックスと同様の定式化で計算される．「海面の水蒸気圧と直上の大気の水蒸気圧の差」×「風速」である．海面の水蒸気圧は海面水温と同じ気温の大気の飽和水蒸気圧であるとする（したがって海面水温だけの関数である）．直上大気の水蒸気圧は，相対湿度と大気温に対応する飽和水蒸気圧との積である．

SSTを決める海面熱フラックスは以上のとおりであるが，ついでなので大気との水のやりとりについても少し触れておく．海面での水フラックスは降水と蒸発の差である．これだと下向き正だが，降水をP，蒸発をEと書いて，P-Eフラックスという場合が多いのでご容赦願いたい．蒸発は上記の（3）潜熱フラックスと同一のものである．海面水フラックスは大気の水（水蒸気を含む）の量をもちろん左右するが，海水の密度を変える働きもある．海水密度は水温が高いと下がるが塩分が多いと上がる．大気から淡水が補給されると海水の密度は下がる．ITCZ（熱帯収束帯）など降雨域の下では海水は軽くなるが，亜熱帯では蒸発が勝って海水密度は上がる．重くなった水が海流で高緯度まで運ばれると水温が下がり，ついには下の水より重くなったところで沈み込んで海洋の深層循環を形成する．深層循環を熱塩循環とも呼ぶのはこのためである．海面の水フラックスは海水温を変える役割はもっていない．

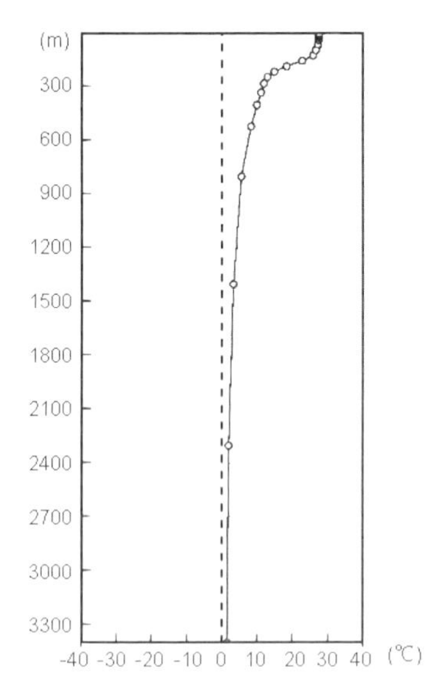

図 4.6 赤道上日付変更線（180°）での水温の鉛直分布

次に，上述の熱フラックスの他にSSTを変える海洋中のプロセスの話に進みたいが，そのために海洋混合層という概念も知っておくと便利なのでその説明をする．電磁波は海水を通らない（正確には，太陽光は水深50m程度まで通るがごくわずかである）ので，海水温の鉛直分布は塩分がよほど変わらない限り海面でもっとも温かく，水深が増すほど冷たくなっている（図4.6）．しかし，観測すると50mくらいの深さまでは，水温もまた塩分も海面からほぼ一定値となっていることがわかる．この等密度層を海洋混合層という．このようになっているのは，海面付近では大気の風によるかき混ぜや時空間的に局所的な鉛直不安定等によって乱流が卓越しており，海水が上下によく混ざるためである．混合層の深さは場所と季節によって異なるが低緯度では50m程度である．高緯度では，大気風速が強くなったり，冬季に冷やされた海水が鉛直不安定を起こしやすくなったりして100mを超えるようなところも出てくる．

ほとんどすべての場所で海洋表層には混合層があるので，海面での熱・水フラックスは混合層の水温（≈SST），塩分（SSSという．sea surface salinity）を変えることになる．

海洋混合層の乱流活動は，通常50m付近で急激に弱くなる．これは深さとともに鉛直成層が安定となるためである．乱流は，鉛直の成層安定度を（海流の）鉛直シアで割ったリチャードソン数が0.25より大きくなると，自発的には生じなくなることが知られている．というわけで，混合層下端はわりと明瞭に認められるのであるが，ここでは混合層とその下の水とが乱流による混合で少しずつ混ざっている．この混合プロセスを乱流エントレインメントという．イメージしにくいかもしれないが，夏の入道雲のカリフラワーのようなもこもことした部分が雲中の激しい乱流渦の表れで，もこもこと動きながら外側の乾いた空気をエントレインしている=引きずり込んでいるのである．これと同様な乱流混合が混合層下端で起こっている．混合層より下の水は冷たいからこれは混合層水温を下げる方向に働く．

混合層のすぐ下で鉛直上向きの海流（湧昇という）があると，混合層が押し上げられて乱流エントレインメントが盛んになり冷却効果が増すと考える．鉛直流が下向きのときには，混合層の水は外に出るかもしれないが，外（海面）から入ってはこないので混合層水温は変えない（ここでは水平運動は無視している）．

水平の海流による移流によっても混合層水温は変わる．移流という言葉が耳慣れない方もおられるかもしれないが，水温に差のある別の場所から当該地点に向かう海流があると水温が変わるという単純なことである[2)]．

4.2.2 風応力の効果

大気はSSTに応じて対流の強さや位置を変え循環を変化させるが，海洋は，大気からの熱・水のフラックスで海面水温や海水の密度を変えるのに加えて，大気の風の影響も受ける．海上の風は海水を引きずって動かそうとする．この力のことを風応力と呼んでいる．

---

2) 単純ではあるが，当該地点から水がどこへ行こうが当該地点の水温には影響がない．移流はあくまで上流が下流を変える効果なのである．

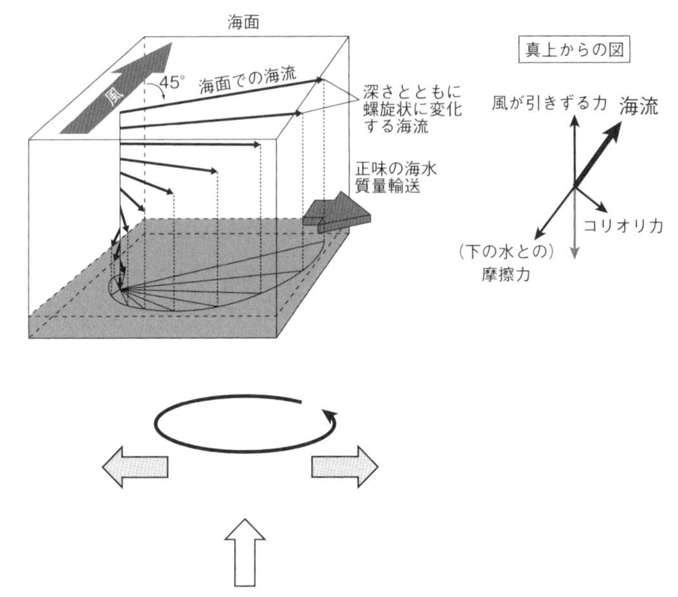

図 4.7 (上) 風によって駆動される海流の鉛直分布 (エクマン螺旋) の模式図 (北半球の場合). コリオリ力のため, 風向に垂直な成分の海水質量輸送 (陰影矢印) が生じる. (下) 風が低気圧性の渦度をもつ場合, 質量発散が生じ, これを補うためエクマン湧昇 (白抜き矢印) が生じる.
http://www.ccpo.edu/~jay/OCE306/lecture6/sld020.htm/ より

海流は風に引きずられた同じ方向の成分と同時に, コリオリ効果でその方向に垂直な成分ももつ. コリオリ効果は乱流混合によっておよそ数十 m くらいの深さまで及ぶ (エクマン (Ekman) 層 ; 図 4.7 上). 先の混合層とは定義がまったく違うが同程度のオーダーである.

風応力が循環を伴っている場合には, コリオリ効果によって低気圧性の循環の場合は海洋内部に鉛直上向きの海流成分が生じる (エクマン湧昇 ; 図 4.7 下)[3]. 高気圧性の場合は逆向き (沈降流) である. 湧昇には SST を下げる効果が伴う. この効果はコリオリパラメータが一定で, β 効果のないときも生じる.

風応力が低気圧性回転 (正の渦度) をもつときのエクマン湧昇は, その下の海水を伸ばす効果があり, ポテンシャル渦度を保存するために海水を惑星渦度の大

3) 北半球で考えると低気圧性 = 反時計回りの循環にはコリオリ効果は外向き, つまり発散を生じさせるように働くことがわかるだろう.

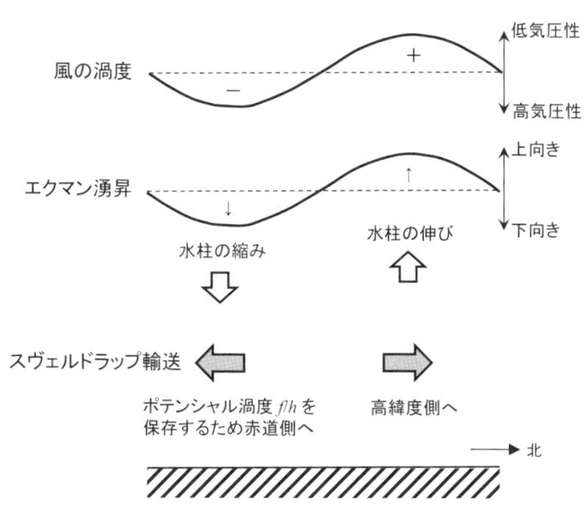

図 4.8 海面での風応力によって引き起こされるスヴェルドラップ輸送（北半球の場合）
低気圧の風の渦度は，エクマン湧昇を伴い，エクマン層より下部の水柱を伸長させる．ポテンシャル渦度（海洋の大規模場ではコリオリパラメータを水柱の高さで割ったものと近似できる）を保存するように水柱の高緯度側への輸送が生じる．風応力が低気圧性の場合は赤道向きとなる（南半球では，渦度の正負と高低気圧の対応が逆になるが，低気圧性渦度-湧昇-高緯度側へのスヴェルドラップ輸送の関係は同じである）．

きい高緯度側へ移動させる．風応力が負の場合は逆となる．これをスヴェルドラップ（Sverdrup）輸送という（図 4.8）．β 効果を感じるような大きなスケールで渦を巻く風の下で，海水も大きな閉じた循環の輪を形成しているとすると，高緯度側に働くコリオリ効果の方が大きいので，その向きに輪全体も移動しようとする，と考えると覚えやすいかもしれない．スヴェルドラップ輸送の概念は黒潮や北米東岸のメキシコ湾流を含む中緯度海盆全体の風成循環を考える際に重要な概念であるが，本書では次節でエルニーニョ振動のメカニズムを説明するときに用いる．

さて，次にエルニーニョ現象の理解には欠かせない赤道湧昇について説明しよう．赤道上を貿易風（東風）が吹くと，赤道ではコリオリパラメータが 0 なので，赤道に沿って西向きの海流が生じるが，赤道から離れるとコリオリ効果によって北半球側では北向き，南半球側では南向きの海流成分が生じ，赤道上では海流の発散が生じることとなる．これを埋めるために，下層から湧昇が生じる．これを赤道湧昇という（図 4.9）．海水は海面から一様に水温が下がっているので，湧昇してくる水は海面より冷たい．すなわち，湧昇域は周りより低温である．

赤道上を東風でなくて西風が吹いたときには赤道に向かう南北収束が生じるこ

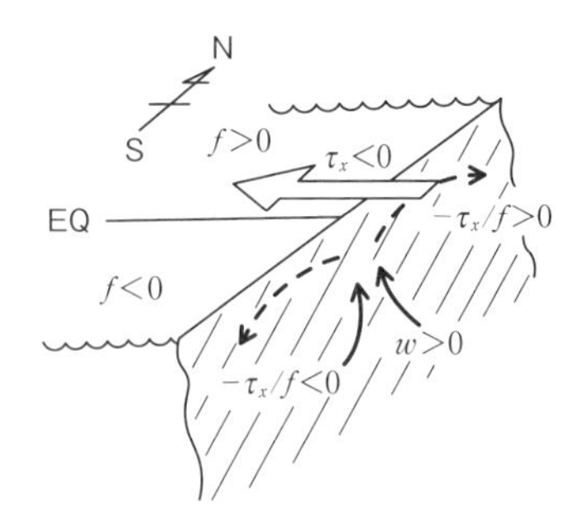

図 4.9　赤道湧昇の模式図
赤道上で東風（白抜き矢印）が吹いているときコリオリ力を受けて海水は北半球で北向き，南半球で南向きに輸送され，これを補償するために赤道上で上向きの海流（湧昇）が生ずる．

ととなるが，この場合移流に関する 4.2 節の注 2）のとおり，（暖かい海水が沈み込むだけなので）鉛直移流では SST は変わらない．水平移流でどうなるかは周囲の水温傾度のようすに依存するが，赤道湧昇がなければ熱帯外洋では海水温はほぼ一様なので，赤道西風のときには SST 変化はないと考える．

◇◇◆ 4.3　海洋から大気，大気から海洋への影響 ◆◇◇

この節では，前の節の知識をもとに海洋から大気へ，また大気から海洋への影響について考える．

まず，大気から海洋への影響は，熱・水フラックスを通じて行われるが，大規模大気循環にとってもっとも重要なのは潜熱フラックスの変動である．同時に熱フラックスは SST を変えるが，このときも潜熱フラックスの変化によって変わる度合いが大きい．SST と潜熱変動の相関の地理分布を調べることによって海洋が大気に影響を与えている海域と，逆に大気が海洋をコントロールしている海域の見当をつけることが可能である．

海洋が大気を変えている場合，SST 偏差が大きければ潜熱が大きくなると期待される．この場合，SST と潜熱フラックス（上向き正）の相関係数は正である．逆に風が強くなったりして潜熱がたくさん出ると SST は下がるだろう．大気が主導権を握っているこの場合は，相関係数は負になるだろう．

というわけで，図 4.10 には近年 30 年の月別データによって SST と潜熱フラックスの同時相関の地理分布を示してみた．等値線で示した量は，SST 偏差 1℃あ

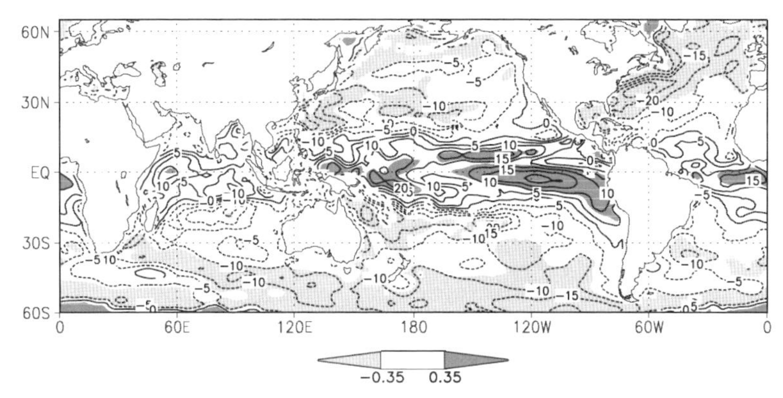

図 4.10　SST と潜熱フラックスの相関関係

JRA55 再解析データで，1981 年 1 月～ 2010 年 12 月の間の月別値から計算．等値線は回帰係数で，SST 偏差 1℃あたりの潜熱フラックス偏差（W/m^2）を表す．陰影は，両変数間の相関係数が統計的に有意な領域を示す．

たりの潜熱偏差（W/m^2）を示す回帰係数であるが，相関係数と符号は変わらない[4)]．陰影のついたところは統計的に有意である．

これで見ると熱帯ではおおむね相関が正で，海洋から大気への影響が卓越することを示している．しかし，緯度 15 ～ 20° より極側では値が負で，大気が SST を決める効果が卓越していることがうかがえる．よく見ると熱帯でも南シナ海やカリブ海など値が負のところもある．熱帯でも統計的に有意な相関は赤道太平洋と大西洋の一部に限られ，その他の熱帯では，影響が小さい，もしくは時期によっては大気からの影響が勝つような事情になっていることが伺える．

本来，大気海洋相互作用がどちら向きであるかは，観測的には時差相関も見て，またメカニズムに立ち入るならモデル実験も駆使して調べるべきもので，図 4.10 は一つの目安にすぎないが，そこから得る印象は，やはり海洋から大気への影響といえばエルニーニョが圧倒的，ということであろう．

数値モデル実験が普及してきた近年では，エルニーニョによる遠隔影響を大気のみならず他地域の海洋（SST）への影響も含めて調べる実験が行われている．図 4.11 はそのような実験の一例で，上の図は東太平洋赤道域のエルニーニョ監視領域（図の矩形領域）の 11 ～ 1 月の SST 偏差指数と，次の季節（2 ～ 4 月）の全

4)　変動の標準偏差が小さいところでは，相関係数が高くても実際のフラックス偏差は小さくなって物理的に有意でなくなるので次元付きの回帰係数を採用している．

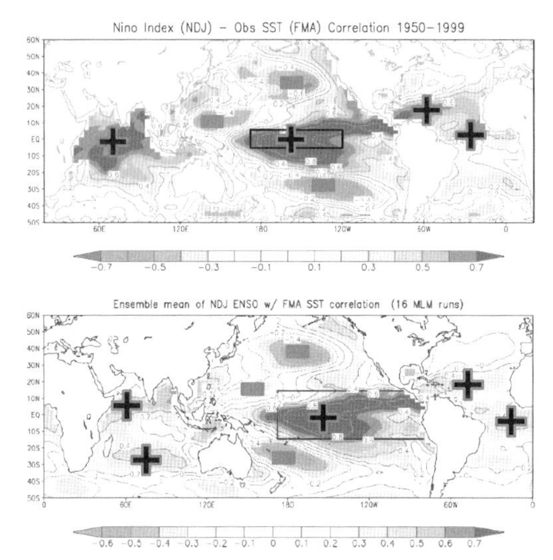

図 4.11 Atmospheric Bridge の数値実験による検証
(上) 図の矩形領域の 11～1 月の SST 偏差と引き続く 2～4 月の全球各点の SST 偏差の相関係数分布．(下) 左図と同様，ただし，図の矩形領域のみで観測された SST 偏差を与え，残りの海域では混合層モデルで SST が計算された数値実験の結果．(Alexander et al., 2002)

球各点の SST 偏差の相関係数を示したものである．11～1 月のエルニーニョのピークにやや遅れて，南北太平洋の中緯度で負の SST 偏差，インド洋，大西洋の熱帯で正の値がみられる．観測データだけからは，これら赤道太平洋以外の領域での SST 偏差がなぜ生じたかはわからないが，数値実験をすることによって，これらが，エルニーニョ海域の SST 偏差に対する大気応答を経て形成されたものであることがわかる．図 4.11 の下図は，上図と同じ方法で計算したモデル結果である．ここでのモデル実験は，下図の矩形領域では観測された SST 偏差を与え，大気と他領域の SST 偏差は計算によって求められている．矩形領域以外では，SST 偏差は大気偏差を受けた海洋の混合層モデルで計算されている．下図は上図の観測された相関係数の分布をよく再現していることがわかる．図 3.4 でみたようなエルニーニョに応答したグローバルな大気偏差が，広く中緯度，他海盆にも影響を及ぼす（atmospheric bridge と呼ばれている)．インド洋，大西洋の熱帯では下降気流に伴う日射の増加や潜熱フラックスの減少が正の SST 偏差を形成し，南北太平洋の中緯度では，テレコネクションで強化された偏西風が潜熱フラックスを増やし，また西風応力に呼応した低緯度向きのエクマン流が南北方向に大きな傾度をもつ気候平均 SST を移流することによって負の SST 偏差が形成される.

◇◇◆ 4.4　赤道大気海洋結合系の考え方 ◆◇◇

さてこの節では, 4.2 節で概説した基本事項を用いて赤道太平洋での大気海洋結合系を包括的に, しかしできるだけ簡潔に記述し, その気候値とそこから現れる自励振動（ENSO）の力学の考え方をまとめてみたい. 本節の記述は, Jin（1996）に拠っている. 数式が出てくるが, 3.2 節で出てきた 2 元連立常微分方程式を少し難しくした程度のもので, 目的はそこに表現されたプロセスのより具体的な理解と, それらが全体としてどのように働き, 大気海洋結合系の変動をもたらしているかを知ることにある. 全部わかるとすっきりすると思うので, 少し我慢してほしい.

さて, いきなりで恐縮であるが, Jin（1996）による赤道大気海洋結合モデルは以下の 2 本の常微分方程式(4.1), (4.2)からなる. やや難しそうにみえるかもしれないが, 一つ一つ何を表しているか説明するとなんだそんなことかということになると思う. 図 4.12 にこのモデルの設定の模式図と記号の意味がまとめてある.

$$\begin{cases} \dfrac{dT_e}{dt} = -\varepsilon(T_e - T_r) - M(w)(T_e - T_{se})/H_m & (4.1) \\ \dfrac{dh_w}{dt} = -r\left(h_w + \dfrac{bL\tau}{2}\right) & (4.2) \end{cases}$$

(1)　まず, (4.1)式のいうところを説明する. T_e は東太平洋の海面水温である. (4.1)式はその時間変化率を表す.

• 熱帯の SST は, 海流や湧昇など海洋内部の影響がなければ, 放射と海面熱フラックスの収支で決まる平衡温度 T_r になる. T_r はこのモデルでは定数で約 30℃ である. 西太平洋は暖水が深く, 湧昇や海流の影響がないので常に西太平洋の海面水温 T_w はこの温度になる.

$$T_w = T_r \tag{4.3}$$

• 同じく海洋の影響がなければ, T_r からのずれは ε^{-1} の時間スケールで減衰する((4.1)式右辺第 1 項). ずれはおもに長波放射と潜熱で減衰される（SSTA が高ければフラックスがたくさん出てもとに戻る). ε^{-1} は観測からおよそ 150 日程度と見積もられる.

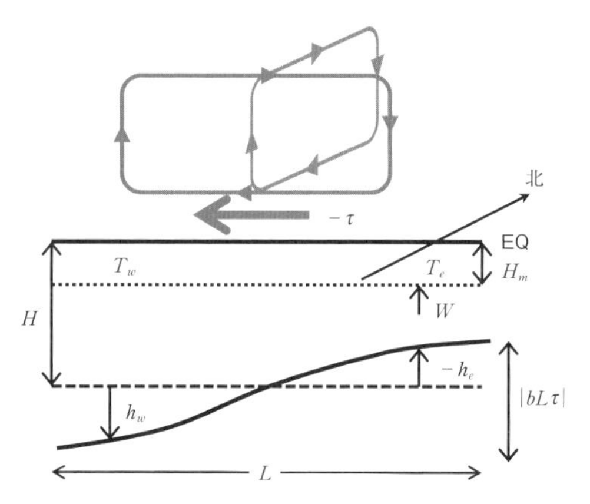

図 4.12　Jin（1996）による赤道大気海洋結合系の簡易モデルの設定

T_e　：東太平洋の SST（予報変数）
h_w　：西太平洋の躍層深度（基準値 H からの偏差；予報変数）
T_w　：西太平洋の SST
h_e　：東太平洋の躍層深度（基準値 H からの偏差）
T_r　：放射−熱バランスで決まる平衡 SST
τ　：海上風応力（$\tau=\tau_H-\mu(T_w-T_e)$）
τ_H　：海上風応力（ハドレー成分）
L　：海盆の経度幅
b　：躍層東西傾度と風応力の関係を表す比例定数（$h_w-h_e=-bL\tau$）
w　：湧昇速度（$w=-\alpha\tau$）

$$M(w)=\begin{cases}0, & w\le 0\\ w, & w>0\end{cases}$$

T_{se}：湧昇水温

$$\left(T_{se}=T_r-(T_r-T_{r0})\left\{1-\tanh\left[\frac{(H+h_e-Z_0)}{h^*}\right]\right\}\right.$$

T_{r0}：躍層以深の水温
z_0　：湧昇速度 w の深度
h^*　：躍層の水温鉛直傾度の強さを決めるパラメータ
H_m：混合層深度（定数）
ε　：SST の緩和時間
r　：海洋の緩和時間

- 東太平洋では湧昇による冷却効果がこれに加わる．(4.1)式右辺第 2 項がこれを表す．この項の詳細は後述する．

(2) 次に，ビャークネスフィードバックの説明に出てきた SST と貿易風の強さの関係，貿易風の強さと水温躍層の東西傾度の関係を表現する．

- 太平洋で経度平均した貿易風の強さ τ（東向き正）は，ハドレー循環とウォーカー循環の強さで決まる．前者はいま一定と考える．後者は，SST の東西差に比例するとする．次式でこれを表現する．

$$\tau=\tau_H-\mu(T_w-T_e) \tag{4.4}$$

- 水温躍層の深さの東西傾度($2\Delta h\equiv h_w-h_e$)は貿易風の強さ τ に応じて大きくなる．同じ τ でも海盆の東西幅 L が広ければ Δh は大きくなるので L にも比例する．

$$2\Delta h \equiv h_w - h_e = -bL\tau \tag{4.5}$$

- 水温躍層の深さの東西傾度が大きいと，表層海洋の東西鉛直循環（～海洋中のウォーカー循環）の強さが変わるので，東太平洋での湧昇流の強さ w は Δh，したがって τ に比例する（(4.5)式）．

$$w = -\alpha\tau \tag{4.6}$$

- 湧昇流の強さ w は次項に述べるしかたで東太平洋の海面水温 T_e を変える．(4.4)式に戻ってビャークネスフィードバックループが閉じる．

(3)　湧昇による冷却の表現．

- まず，湧昇冷却は湧昇時のみに起こる．(4.1)式の $M(w)$ を，$w<0$ のとき $M(w)=0$，$w \geqq 0$ のとき $M(w)=w$ となる関数とすることでこれを表現する．w は上の(4.6)式で求める．
- (4.1)式右辺第2項は，T_e が湧昇してきた水温 T_{se} で冷やされることを表している．T_{se} は以下の(4.7)式で東太平洋の水温躍層深度の偏差 h_e の関数として決めるが，式を見るよりそれをグラフ化した図4.13を見る方が早い．太実線で海洋表層の気候学的な水温鉛直分布を模し，h_e が負で躍層が浅いとき（図4.13で h_e の向きに注意）にはより深く冷たい水温を T_{se} とする．h_e が正（躍層が深い）のときは通常より暖かい水温を T_{se} とするような表現である．h_e が大きくなると T_{se} は頭打ちになる．

$$T_{se} = T_r - (T_r - T_{r0})\left\{1 - \tanh\left[\frac{H + h_e - z_0}{h^*}\right]\right\}/2 \tag{4.7}$$

(4)　海洋力学

ここまでで，ビャークネスフィードバックは表現した．湧昇時のみ働き，躍層の深さによって冷却の度合いの異なるような東太平洋の湧昇プロセスも記述した．残りは，ENSO振動の復元力をもたらすゆっくりとした海洋内部の力学の表現が残っている．これを用いて(4.2)式で西太平洋での躍層の深さ h_w の時間変化を記述すれば方程式は閉じる．

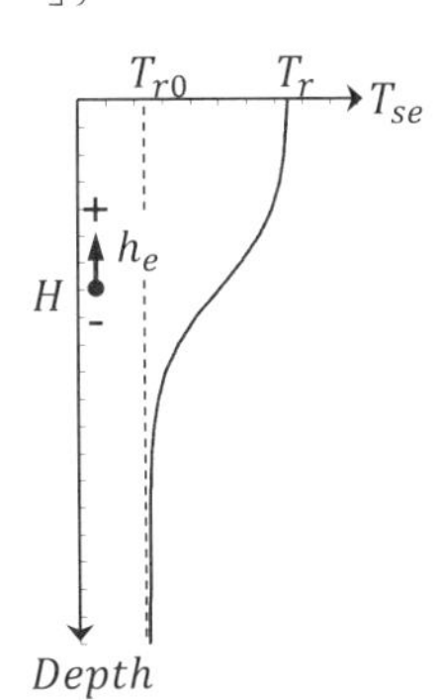

図 4.13　(4.1) 式右辺第2項で表現される水温躍層深度 h_e（縦軸）と湧昇水温 T_{se}（横軸）の関係

- まず，躍層の傾き $2\Delta h = h_w - h_e$ は，他に何も維持するプロセスのないときには r^{-1} の時間スケールで0に減衰すると考える．r^{-1}は赤道海洋が摂動を分散させて静止状態に戻るタイムスケール（アジャストメントタイム，調節時間ともいう）で，数百日程度と見積もられる．

$$\frac{d(h_w-h_e)}{dt}=-r(h_w-h_e) \tag{4.8}$$

- 最後に，東西に平均した温度躍層深度$\overline{h}=(h_w+h_e)/2$の時間変化率は，(4.8)式と同じ時定数r^{-1}でτに比例すると表現する．これは，例えばτが赤道上で値をもつと，赤道から少し離れた（風応力の小さい）南北半球には高気圧性の風応力のシア（渦度）があると考えられるので，それに対するスヴェルドラップ輸送を考慮したことになっている．τが負，東風なら赤道で収束となり，水が赤道に集まる．正のときは発散である．

$$\frac{d}{dt}\frac{(h_w+h_e)}{2}=-r\frac{bL\tau}{2} \tag{4.9}$$

hは暖水の深さの目安で，しばしば表層熱容量とも呼ばれる．観測では，hは表層数百mで鉛直平均した水温とよく対応する．(4.9)式は赤道域の熱量（$(\overline{h})$）の蓄熱（charge），放熱（discharge）を表していることになる．

- (4.8)，(4.9)式の組は，書き換えると以下の組と同じことである．(4.10)式は(4.2)式そのものである．

$$\frac{dh_w}{dt}=-rh_w-r\frac{bL\tau}{2} \tag{4.10}$$

$$\frac{dh_e}{dt}=-rh_e-r\frac{bL\tau}{2} \tag{4.11}$$

というわけで，Jin（1996）のモデル赤道大気海洋結合系の成り立ちがわかった．湧昇の表現や最後の海洋力学を除けば，これまでに個別に説明してきたことを式に乗せただけである．幸い2本の式ですんでいるので，個別プロセスがどのように働いて全体の解を生み出すかをよく見ることができる．

a. 定常解

(4.1)，(4.2)式の予報変数T_eとh_wは偏差ではない．したがって，(4.1)，(4.2)で$\frac{dT_e}{dt}=\frac{dh_w}{dt}=0$となるような定常解をもとめて，実際の観測と整合的であるかみることができる．(4.1)式右辺第2項だけがややこしいかたちをしているので，第1項を表す直線と第2項を表す曲線をT_eの関数としてプロットしてその交点

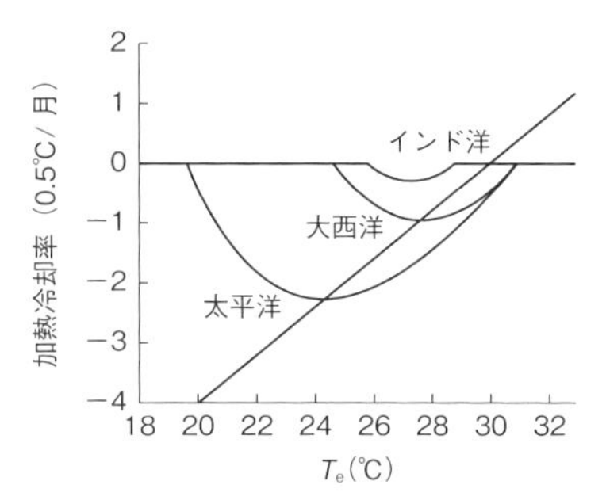

図 4.14　グラフによる Jin（1996）モデルの定常解
縦軸は加熱（冷却）率，横軸は東太平洋 SST（T_e）．（4.1）式の右辺第 1 項×(−1)を表す直線と同第 2 項を表す曲線の交点が T_e の定常解となる．複数の曲線は，海盆幅（L）を変えたもの．

を求めることで定常解をグラフィカルに求めることが可能である．図 4.14 はその結果で，大洋名のついた 3 本の曲線は，海盆幅 L を変えて太平洋より狭い場合にどんな大気海洋結合気候値が期待されるかも合わせて考慮してみたものである．

図 4.14 によると，太平洋の大きさでは，東太平洋の海面水温 T_e は約 24℃で観測と整合している．狭い大西洋では東西の h の差が小さいので東の海水温は高く，東西水温差は小さくなる．インド洋では東西とも同じ T_r になる．大洋によって異なる気候値の特徴をよくとらえている．

b.　振動解

上で得た定常解に摂動を加えて，3.2 節に述べた手順で摂動の時間発展を記述する連立常微分方程式が得られる．その結果は以下のとおりである．

$$\begin{cases} \dfrac{dT'_e}{dt} = RT'_e + \gamma h'_w & (4.12) \\ \dfrac{dh'_w}{dt} = -\dfrac{rbL\mu}{2}\,T'_e - rh'_w & (4.13) \end{cases}$$

ここで，(4.12)式と（4.13)式で新たに出てくるパラメータは，定常解を $\overline{(\ )}$ として以下のように定義されている．

$$R = -\varepsilon_T \frac{\varepsilon}{1+\varepsilon} + rbL\mu - \frac{M(\overline{w})}{H_m} \tag{4.14}$$

$$\varepsilon = -\frac{\tau_0}{\mu(T_r - \overline{T_e})} \tag{4.15}$$

$$\gamma = \frac{M(\overline{w})}{H_m}\frac{\partial \overline{T}_{se}}{\partial \overline{h}_e} \tag{4.16}$$

(4.12), (4.13)式が時間的に増幅する解をもつかどうかは，解の形を $\exp(\sigma t)$ に比例すると仮定して代入してみるとわかる．結果は σ が2次方程式の解として

$$\sigma = \frac{(R-r)^2 \pm \sqrt{(R+r)^2 - 2\mu rbL\gamma)}}{2} \tag{4.17}$$

のように求まる．実際にパラメータ値を代入してもよいが，ここでは，通常のパラメータ設定では根号の中は負になると知れば，$(R-r)$ が正のときに増幅解が存在するとわかる．根号内を $-4\omega^2$ とおけば，$\omega(=\sqrt{2\mu rbL\gamma-(R+r)^2}/2)$ が振動数となる．ω に対応する周期（$=2\pi/\omega$）はおおむね数年と計算され，ENSO 振動が得られたことになる．周期を決めるには，湧昇の h_e への依存性（thermocline feedback）を表すパラメータ γ（(4.16)式）と赤道域の蓄熱放熱の時間スケールを決めるパラメータ rbL が重要な役割を果たしていることがわかる．また，R が大きいほど振動解の増幅率が大きいが，これには東西海水温差がどのくらいの強さの海上風偏差をもたらすか，すなわちビャークネスフィードバックの強さの目安を与えるパラメータ μ（(4.4)式）が重要である．μ は大気海洋結合係数とも呼ばれる．

図4.15は，振動解のようすを T_e, $\overline{h}$, そして h_w の時系列で示したものである．T_e の山はモデルでのエルニーニョ現象のピークと考えられるが，h_w, $\overline{h}$ は T_e に先立ってピークがくる．観測では，西太平洋に暖水偏差がたまった後にこれが赤道ケルビン波で東に移動し，SST が上がり，大気海洋相互作用がトリガーされて

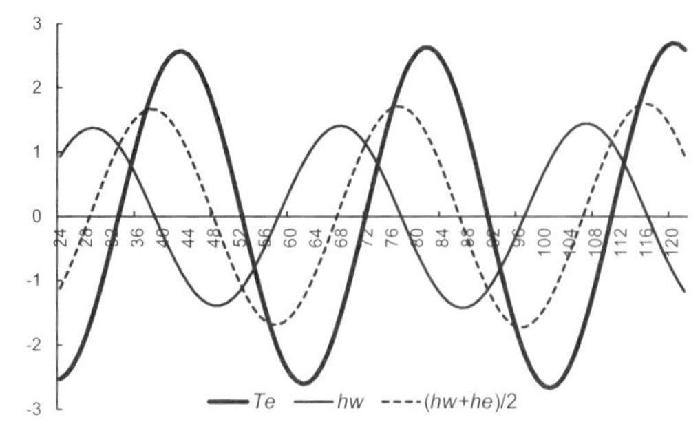

図 4.15　Jin モデルの振動解の一例．横軸は時間（月），縦軸は規格化した SST または躍層深度．太実線，破線，細実線はそれぞれ T_e, $\overline{h}$, h_w を表す．

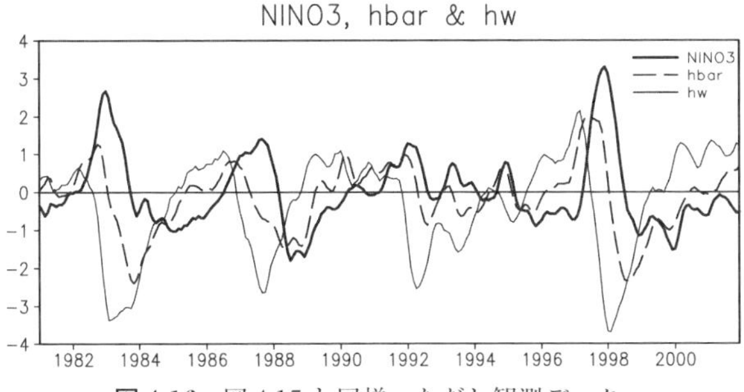

図 4.16　図 4.15 と同様，ただし観測データ．

エルニーニョになることが知られているが，h_w の振る舞いはこのようなエルニーニョ発現前の蓄熱状態をよく表している．$\bar{h}$ の振る舞いを見ているのはこのモデルの特徴であるスヴェルドラップ輸送による赤道域とその外との熱のやり取り[5]を反映する変数だからである．

図 4.16 は，モデルの図 4.15 にあたる時系列を観測データで描いてみたものである．変数間の位相関係はよく類似していることがわかる．h_w や $\bar{h}$ の振る舞いを監視することでエルニーニョの予兆をとらえることができる．

ここで記述された ENSO 振動は recharge-discharge oscillator（Jin, 1997；植田，2012 は充填・放出振動子という日本語をあてている）と呼ばれている．そのしくみを模式図（図 4.17）でまとめておこう．

まず，図の左上 phase I は，エルニーニョの最盛期を示している．東太平洋の SST 偏差は最大で，風応力偏差は東向き，躍層偏差は西で浅く，東で深い．このとき，(4.9)式にしたがって赤道外向きのスヴェルドラップ輸送が起こり，$\bar{h}$ は負の時間変化率となる．

Phase II（図の右上）では，$\bar{h}$ が浅くなりエルニーニョが終息，ラニーニャに向かう状態である．浅い $\bar{h}$ が負の T_e 偏差をもたらし徐々にラニーニャが発達して Phase III（右下）に向かう．Phase III から IV，さらに I へ戻るプロセスは，さきほどと符号が逆になる．

Recharge-discharge oscillator では，振動の復元力（3.2.4 項参照）にあたるプロセスは海洋のスヴェルドラップ輸送が担っており，経度平均した海水が赤道と

5)　正確には質量のやり取りだが，先にも述べたように h は暖水の深さの目安で，しばしば表層熱容量とも呼ばれるのでこのように表現した．

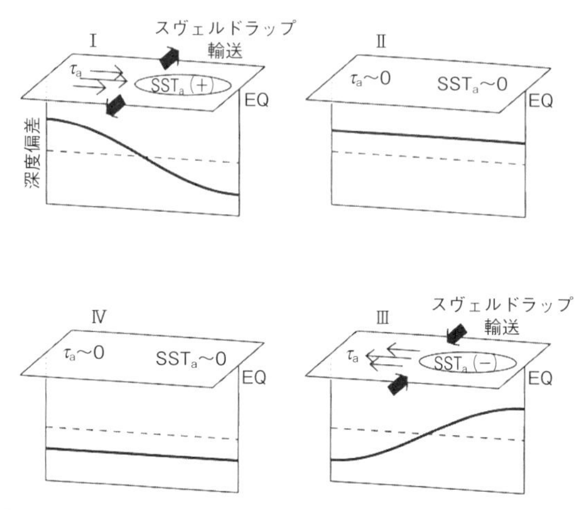

図 4.17 recharge-discharge oscillator のしくみを表す模式図
(Meinen and McPhaden, 2000)

その外で行き来する振動が T_e のと約 1/4 周期ずれて起こっている．数学的にも簡単でわかりやすく，図 4.16 で見たように観測との対応もよいが，海洋の赤道導波管[6] 内での運動の詳細は表現されない．遅延振動子（Shopf and Suarez, 1988）と呼ばれる ENSO 振動の別の見方では，海洋のケルビン，ロスビー波の役割がより強調される．赤道海洋の観測データを見る際には，この見方も有用であるので，図 4.18 でその概略を見ておこう．これらの振動子モデルは，どれかが正しくてどれかが間違いというよりは，複雑な実際の現象の簡単化，抽象化の仕方が異なるものととらえるべきである．

図 4.18（a）は，エルニーニョの最盛期を表している．大気の西風偏差の東側に躍層 h が深くなる符号をもつ海洋ケルビン応答，西側に躍層の負偏差を伴うロスビー応答が励起されている．赤道から離れたところに偏差中心をもつロスビー成分は西に伝搬し，海盆の西端（現実海洋では西太平洋のニューギニアやインドネシア多島海）で反射し（図 4.18（b））東に進むときには赤道上に偏差中心をもつケルビン波として伝搬する（図 4.18（c））．これが元の h の正偏差の符号を変えてラニーニャへの位相反転が起こる．遅延振動子説では，このように説明され

6） およそ南緯 5°〜北緯 5° 程度．海洋の赤道ケルビン，ロスビー波の南北幅にあたる．海洋は大気より成層が弱いぶん狭くなる．

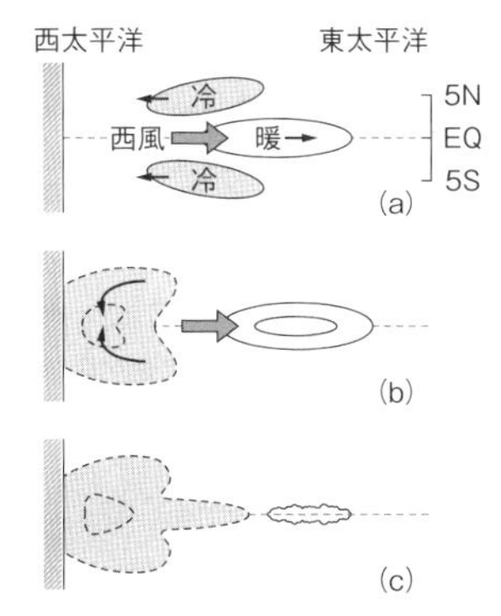

図 4.18　遅延振動子の模式図
濃淡のハッチはそれぞれ正，負の海洋表層の温度偏差（～躍層の深度偏差）を表す．細い矢印は偏差域の動き，白抜き矢印は貿易風偏差．

る．実際のエルニーニョ現象の監視においては，エルニーニョ発現期の海洋ケルビン波の強さや規模，衰退～位相反転期の西太平洋での赤道から少し離れた緯度帯も含めた蓄熱の度合いなど，この模式図に示されたような特徴が詳しくモニターされる．ことに，エルニーニョやラニーニャの起こり始めにあたる図 4.18（c）（とその逆符号）のフェイズでは，西太平洋に貯まった正負の躍層偏差が東へ伝搬するタイミングが，強い風応力偏差を伴う季節内の時間スケールの大気イベント（西風の強いものは西風バーストと呼ばれる）に支配されるので，季節内の時間スケールのモニタリングも重要である．

recharge-discharge や遅延振動子は，東太平洋 SST 偏差が主として温度躍層偏差によってコントロールされるとしている．しかし，現実には西風応力によって励起された東向き海流の移流によって東太平洋の SST 偏差が維持されるメカニズムもあり，前者中心の ENSO サイクルをサーモクラインモード，後者中心のものを SST モードと呼ぶこともある．周期は前者の方が長く 3～4 年またはそれ以上，後者は 2 年程度の場合もある．また近年では，SST 偏差が東太平洋の端まで広がらずに，中央太平洋に寄って現れるエルニーニョのバリエーション（エルニーニョモドキ，CP（Central Pacific）Niño などと呼ばれる）も見つかっている．いずれにせよ現実のエルニーニョは毎回異なった様相を見せ，なかなか見本のような典型例は現れず，予報は簡単ではない．また，太平洋のエルニーニョほどの振幅はもたないが，インド洋や大西洋の赤道帯にも独自の大気-海洋結合変動モードがあることがわかっている．とくにインド洋ダイポールモードと呼ばれるものは，日本の山形俊男の研究グループが発見したもので（Saji et al., 1999），オーストラリアや日本を含むアジアの天候変動監視にも重要なものである．もっとも卓越する赤道大気海洋の変動がエルニーニョであることは間違いないが，周辺地域の天候変動予測には他海盆の変動も含めたモニタリングが必要である．

◇◇◆ 4.5　十年規模気候変動 ◆◇◇

エルニーニョは，地球気候の年々変動の中でもっとも顕著なものであるが，気候にはもっと長い時間スケールの変動もあることが知られている．本節では，エルニーニョの研究に目途がついた1990年代以降注目を浴びるようになった，十〜数十年の時間スケールをもつ気候変動についてお話ししたい．

前節で，数か月以上の気候変動にはほとんど必ず海洋が関わっていると述べた．十年規模変動では年々変動にも増して海洋の役割が重要になる．そして，時間スケールが長くなるにつれて，緯度の高いところの海洋が重要性を増すようになる．まず，この理由について押さえておこう．

海洋は，大気からの熱・水や運動量フラックスに応答して変動する．まず熱に対しては，海水は空気に比べて圧倒的に熱容量が大きいために，水温の変化は緩慢である．海面での熱フラックスにはまず海洋混合層水温が応答するが，混合層水深を50 m とすれば，熱容量は，密度×深さ×比熱（単位質量の海水を1℃暖めるのに必要な熱量）で計算できて，$1.0\times10^3\,\mathrm{kg\,m^{-3}}\times50\,\mathrm{m}\times4.2\times10^3\,\mathrm{J\,deg^{-1}\,kg^{-1}}=2.1\times10^8\,\mathrm{J\,deg^{-1}\,m^{-2}}$ となる．これは単位面積（$1\,\mathrm{m^2}$）の海洋混合層を1℃暖めるのに要する熱量である．これに比べて大気の方であるが，地表付近の大気密度 ρ_0 は約 $1.3\,\mathrm{kg\,m^{-3}}$ であるが，高度が上がると密度は小さくなる．大気密度の高度分布を $\rho_0\exp(-z/H)$ で近似すると $\rho_0\times H$ で単位面積の大気全層の質量の目安になる．H は（密度についての）スケールハイトと呼ばれる量で，およそ7 km という値になる．大気の比熱は海洋の約1/4である．これらから単位面積あたりの大気柱の熱容量は，$1.3\,\mathrm{kg\,m^{-3}}\times7\,\mathrm{km}\times1.0\times10^3\,\mathrm{J\,deg^{-1}\,kg^{-1}}=9.1\times10^6\,\mathrm{J\,deg^{-1}\,m^{-2}}$ となって，海洋混合層の1/20以下，同じ熱量が与えられても暖まるのに海洋は大気の20倍の時間がかかるという見積もりが得られる．6月の夏至が太陽高度の一番高い日であるが，海洋に接した日本では年最高気温は8月にずれていることを思い出していただくとよい．

海面水温の変化だけでなくて，海洋は大気の風に引きずられて運動を起こす．外力に対する海洋の応答時間の目安は次のようにして得られる．海洋上のある場所，ある時に海上風の偏差があったとすると，その影響は海洋中の波動で遠くに伝わる[7]．赤道域ではケルビン波（重力波の一種）もあるが，中高緯度ではロスビー波である．ロスビー波の位相速度はコリオリパラメータの緯度微分 β に比例するので，大洋の東西に一定距離を波動がシグナルを伝える時間は $\beta \propto \cos$（緯度）に反比例して高緯度ほど長くなることになる．エルニーニョは，海洋の中ではもっとも応答の早い赤道域の現象で，年々の時間スケールをもつ．したがって，時間スケールが長く，十年，数十年規模になると中高緯度海洋の役割がより重要になってくる．

4.5.1　太平洋と大西洋の十年規模変動

大気には運動をさえぎる水平境界はないが，海洋は大陸を越えて流れることはできず，海盆ごとに変動が異なる．十年規模気候変動では，太平洋と大西洋に顕著な変動モードが知られている．口絵2は，太平洋，大西洋それぞれで代表的なモードの空間パターンと時系列を示したものである．

口絵2左のパネルは，太平洋十年規模変動（Pacific Decadal Variability; PDV）に伴うSST偏差の空間パターン（上；陰影）とその時系列（下）を示したものである．赤道近くでは，エルニーニョ時のSST偏差とよく似ている．中高緯度，とくに北半球に大きな偏差が見られるが，これも図4.11で見たエルニーニョ域のSST偏差に対する遠隔影響とよく似ている．このように，SST偏差の空間パターンはENSOに伴うものとあまり区別ができない．強いていえば，中高緯度の偏差が相対的に振幅を増している．しかし，時間スケールにはだいぶ違いがあって，時系列，とくに陰影をつけた5年移動平均を見ると数十年のスケールで偏差の符号が変わっていることがわかる．1970年代中頃の負から正への転換は特に顕著で，PDVを世に広める契機となった[8]．下図の時系列の薄い実線は，年々の変動であるが，これはエルニーニョの時系列と相関がよい．このようにPDVは，ENSO年々変動を中高緯度に拡張し，時間スケールが長くなったもののように見える．

しかし，図に示したパターン，時系列は，北緯20°以北のSST偏差の解析から得られたもので，Pacific Decadal Oscillation（PDO）と呼ばれてきたものである．

---

7)　海流による移流より波動による方が早い．

8)　一般に，十年規模変動，とくにPDVの符号の転換を，海洋学者の間ではレジームシフトと呼ぶ人が多い．海洋生態系への影響が顕著で，魚種交代などPDVの符号転換と同時に様相が変わるほど大きな変化があるからである．

赤道を含めた全域に解析を広げるとENSOとの相関が見つかったわけである．上の図には，PDVに伴う大気500 hPa高度偏差の等値線も示してある．北太平洋から北米にかけてPNAに似た波列が見られる．

海洋表層の水温偏差等の解析，モデル実験などさまざまな解析によりPDVが調べられており，モデル実験では赤道のENSOを止めても中高緯度独自の十年規模変動を示す結果も得られている．もちろん，赤道でのSSTや風を含めた偏差パターン，遠隔影響などのENSOとの類似から，ENSOのより長周期での変調がPDVであるという見方もある．PDV変動の成因については，まだコンセンサスが得られていない．立場によって変動の呼び方も，PDO（北半球中緯度），IPO（Interdecadal Pacific Oscillation；南北半球中高緯度も含めた太平洋全体の変動としての見方）と色々使われるが，ごく近年研究者の間では，太平洋全体を指してPDVと呼ぼう，oscillation（振動）は周期もはっきりしないので避けようという意見が多くなっており，おそらくこれが定着することになると思うので，ここでもPDVを採用した．太平洋は，この後に述べる大西洋と異なり，海洋の深層循環はない（正確には非常に弱い湧昇のみである）[9]ので，PDVに関わる海洋循環変動は表層中心と考えられているが，その実体はまだよくわかっていない．赤道と中高緯度の関係についても，赤道海洋は力学の特殊性から中高緯度とは境界がはっきりしている[10]ため，海洋中の赤道–中高緯度間相互作用は簡単には起こらないと考えられており，不明な点がまだ多い．

PDVが卓越するときの天候への影響は，ENSOのときと似ている．口絵2左の符号を正とすると，アリューシャン低気圧の強まり，北米北西部の高温，米国南東部，メキシコでの低温などがそうである．日本でも夏の低温傾向がみられ，東アジアモンスーンにも影響があるという研究もある．PDVに限らず気候の十年規模変動は，日本付近のマイワシとカタクチイワシの魚種交代など，海洋生態系にも大きな影響があるといわれている．

最近では，PDVとは空間分布や時間変動の異なる，North Pacific Gyre Oscillation（NPGO）と呼ばれるモードも重視されるようになってきた．このモードは北

9）地形の差異等により，太平洋には冷たく塩分の多い「重い」海水の沈み込み域がないためである．

10）中緯度偏西風帯と貿易風の間の高気圧性循環は黒潮などの西岸境界流を含む「亜熱帯ジャイア」（ジャイア（gyre）は，大きな渦巻きの意）を形成しており，赤道海洋のケルビン，ロスビー波の導波管とは平均的には水のやり取りがない．赤道導波管の南北幅は，緯度10～20°程度と狭いものである．

東太平洋に偏差の重心があり，熱帯のシグナルは大きくない．

さて，口絵2の右のパネルは大西洋における代表的な（数）十年規模変動を示している．通常AMO（Atlantic Multidecadal Oscillation）と呼ばれているが，PDV同様AMV（Atlantic Multidecadal Variability）と呼ぶようにしようという動きがある．以下本書ではAMVを用いる．SST偏差パターンは，大西洋の北半球全域を覆う同符号の偏差が特徴的である．口絵2右上のパターンは北大西洋の赤道から北緯60°までのSST偏差を平均して得られたものである（地球温暖化のシグナルを除くためそこから全球平均が引かれている；Trenberth and Shea, 2006）．大西洋の南半球は，北半球とは偏差符号が逆になる傾向である．太平洋にもSST偏差がみられるが，これはそれほど強いものでなく，一般にはAMVの一部とは見なされていない．時系列指数の作り方の詳細によって，北大西洋以外の部分の偏差の大きさや符号は微妙に変わる．

AMVの時系列（口絵2右下図）で陰影を伴うものは11年の移動平均を施したもので，PDVのときの5年移動平均より長いが，研究の慣例にしたがったものである．その分を差し引いても，AMVの方がPDVよりやや時間スケールは長く，「数十年」規模変動と呼ばれるゆえんである．

4.2節で少し触れたが，海洋には深層循環または熱塩循環と呼ばれる，海洋底付近にまで達する深い循環がある（図4.19）．北大西洋の北部で沈んだ部分は大西洋を南極周辺まで南下し，そこから太平洋でゆっくりと上昇して，インド洋を巡り，今度は大西洋の表層付近を南半球から北半球に抜けてもとに戻る．水塊がこ

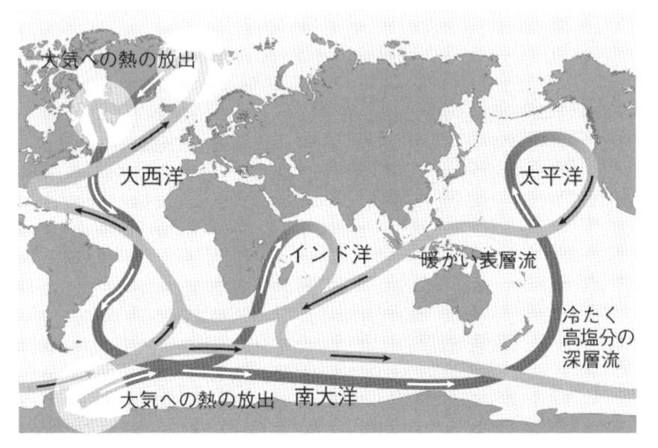

図4.19　深層循環の模式図（気象庁webページ；IPCC（2001）をもとに作成）
海洋の循環を表層と深層の二層で単純化したもので，濃い灰色線は深層流，薄い灰色線は表層流を示す．

の循環を一周するには数千年かかるといわれているゆっくりした循環である．大西洋で，海洋循環の深度-緯度断面図を描くと，東からみたときに時計回りに南北大西洋を巡り，表層付近を北上する循環が明瞭である．北大西洋で深層に沈んだ水塊を北大西洋深層水（North Atlantic Deep Water; NADW）と呼び，それを含む循環もNADWと呼ぶことが多い．NADWは北大西洋で暖水を高緯度まで運び，西ヨーロッパに緯度のわりに温暖な気候をもたらしている．

AMVに伴う南北両半球で対照的なSST偏差パターンは，NADWの強弱に伴うものと考えるのが自然である．数値モデルでは，NADWの変動を含んだ数十年規模振動が見出されているが，海洋深層循環の観測は容易でなく，観測的にはまだAMVとNADWの関係は実証されていない．NADWに伴う循環の強さの定量的，本格的な観測は，2004年から英国と米国の共同研究チームが始めたばかりである．

AMVは大西洋周辺で顕著な天候変動を伴っている．これまでの研究では，米国の干ばつ頻度（PDVの影響もある）変動や，AMVが正（口絵2に示された位相）のときにサハラ砂漠の南のサヘル地域の降水増加，米国東部やヨーロッパの暑夏傾向がみられ，大西洋のハリケーン活動を活発化させる等々といわれている．

AMVは長周期の自然変動と考えられているが，長周期なので限られた期間のデータでは地球温暖化等の長期傾向（気候の強制変動成分）との分離が難しいと言われている．口絵2のSST偏差パターンの定量的な様相は長期傾向の分離操作にある程度依存すると述べた．近年の研究では，人為起源のエアロゾル（大気汚染物質を含む大気中の微粒子）がAMVの長期変動に影響を与えている可能性も指摘されている．

PDVのときと同様，AMVのSST偏差パターンにも500 hPa高度偏差を等値線で重ねてある．この場合は，NAOに似たシグナルがみえる．北大西洋のSST偏差をよくみると，北米東岸のSST偏差の相対的に小さい部分を，南北に偏差の大きな部分が馬蹄形のように覆う空間構造が認識できる．月単位のNAO変動に伴うSST偏差を調べるとこのような「三極構造」（月単位だと東岸の部分は負になる）が見られるので，AMVのSST偏差にもNAOによる反映がみえているといえる．

PDV，AMVに限らず，十年規模変動では，海洋の変動が主役ということに疑いはないが，図4.10でみたように中高緯度では平均的には大気から海洋への影響が卓越しているので，口絵2でみたPDV，AMV変動にPNA，NAOといった大気側の変動が伴っていることをどう解釈すればよいかは不明である．平均では大気から海洋が卓越しているとしても逆向きの成分はありうるので，十年規模でも大気海洋相互作用は重要であるという考えもあるが，大勢としては3.3.2項で紹介したような大気のホワイトノイズに対する海洋のゆっくりした応答と考えるのが主流のようである．

数値気候モデルでは，PDVやAMV，それに伴う大気変動も少なくとも空間パターンは良好に再現できている．ただ，周期については観測でもあまりはっきりせず，モデルでも一致度は低い．残念ながら海洋の循環変動の観測データが短い期間しかないため，十年規模変動の大気海洋力学についてはまだ多くが未解明の状態である．

4.5.2　より長期の気候変動

測器にもとづく観測データは，口絵2に示した19世紀後半からの海面水温（海面気圧のデータもある）が最長であるが，木の年輪やサンゴなどに含まれる安定同位体比等の「プロキシ」データ[11]によって，数十年より長い時間スケールの気候変動の可能性も指摘されている．数値気候モデルでも長い時間スケールの変動は現われるが，その実体はまだ明らかになっていない．

また，大陸氷床コアの安定同位体比データからは，数十万年以上に及ぶ古気候変動が明らかになってきている．ミランコビッチサイクルと呼ばれる十万年周期の氷期-間氷期サイクルは，その中でも有名なもので，これは地球の自転，公転軌道のゆらぎに対する，気候と大陸氷床の結合システムの応答として古くから研究されてきた．多くは，簡単な数学モデルによるものであったが，近年では地球温暖化やエルニーニョ予測にも用いられるような大気-海洋大循環を陽に表現するモデルを用いる研究も現れ始めている（Abe-Ouchi et al., 2013）．

時間的に高解像度の同位体データによる古気候変動の中には，数十年規模で気温差にして10℃以上に及ぶ大きな変動があった可能性も指摘されており，海洋深層循環の変動と関係づけた研究も行われている．これらすべては，たいへん興味

11)「プロキシ（proxy）」とは「代理・代替」の意で，直接測器によって気温，降水量などの気象変数を測ったものではなく，安定同位体比等から推定した間接指標を指す．南米ペルーで日本では縄文時代にあたる時期の貝塚（古代人のごみ箱）を調べると数年ごとに食べ物の種類が違っており，この頃からエルニーニョ現象は存在したようである．近年の高分解能古気候プロキシデータでは，30万年前に遡る過去のエルニーニョを反映する時間変動も抽出できている．氷期-間氷期変動のような大きな気候変動に伴ってエルニーニョのような自然変動モードがどのような変調を受けていたかは，現象を理解するうえでも貴重な研究題材である．

深い研究課題であるが，残念ながら本書でこれ以上深く議論する余裕はない．

◇◇◆ 4.6　地球温暖化 ◆◇◇

本章の最後に地球温暖化と異常気象の関係についての考え方を述べておきたい．そのためには地球温暖化の概要をお話ししておく必要があるが，これは本一冊を使っても足りないくらいの大問題なので，ここでは異常気象に関係した重要な二点のみに集中することにする．その一つは，異常気象や極端気象が起こった際によく聞かれる「地球温暖化のせいですか？」という質問に答えること，もう一つは，「温暖化時には降水の変化に注意」してほしいということである．これら二点の議論は次項で行うこととするが，本節ではその準備を兼ねて，地球温暖化について簡潔にまとめておく．

まず，本書で地球温暖化というときに指すのは，産業革命以降の人間活動を原因とした気候変化のことである[12]．地球大気には，二酸化炭素，一酸化二窒素など温室効果気体が微量ながら含まれるために，地球の平均地表気温は 2.1 節のコラム 5 で入射太陽光と外向き長波放射のつり合いで求めた 255 K より 33 K も高い 288 K（=15℃）と，われわれにとっては快適な値になっている．温室効果気体とは，赤外線を吸収する能力をもった気体のことで，これが大気中に含まれると，地表からの赤外放射をいったん吸収し，その一部を地表へ返すのでその分地表面が暖かくなる．宇宙から見たときは地球の温度は温室効果気体の存在を考えないときと同じ 255 K であるが，上空大気から射出される赤外線がこれに相当し，大気の下部と地表は暖かい．

人間活動によって大気中の温室効果気体が増え，このような自然の熱バランスがわずかに崩れて気温が上昇するのが地球温暖化である．次の項では，2.1 節の計算を少し拡張して温室効果のしくみをごく簡単に説明したうえで，放射バランス

12）「気候変動」という日本語をこれにあてる場合も多い．これは 1992 年に採択された国連の気候変動枠組条約（United Nations Framework Convention on Climate Change; UNFCCC）を日本語訳するときに，英語の climate change をこう訳したところから来ている．自然の，偏差が上下する「変動」を扱っている者からすると，一方的な「変化」を「変動」と訳すのには抵抗があるので，本書ではこの使い方をしていない．本書で「気候変動」といったら，climate variability（variations/fluctuations）の意で，「気候変化」というときは，climate change のことである．

が変わるときの気温の上がり方，気候フィードバックの概念についてまとめた．これらの話題は本来地球温暖化研究の最先端の内容を含むものであるが，紙数に限りがあるため，本書では最小限に留めざるを得ない．ただ，一点ここで指摘しておきたいのは，水蒸気は非常に重要な温室効果気体であるということである．水蒸気は気候の外部変数というよりは内部変数で，その時空間分布，長期の変化は，気候モデル計算の中で扱われる．したがって，外部パラメータ[13]としての温室効果気体のリストに入っていない場合が多いが，水蒸気による温室効果は，気候フィードバックのもっとも重要なものの一つとしてちゃんと計算に入っているので誤解のなきよう申し上げておく．ちなみに，現在地球大気の温室効果は，地球平均気温でいうと33 K だが，この約半分は水蒸気によるもので，二酸化炭素単独の寄与はおよそ20%である（その他に，雲が約20%，オゾン6%）(横畠，2014)[14]．

4.6.1 温室効果と気候フィードバックについて

地球全体での年平均について大気の上端での放射エネルギーの収支 N（下向きを正とする；単位面積あたりを考慮することにするので，単位は $\mathrm{Wm^{-2}}$ である）を考える．まず入射する太陽放射は，太陽定数を S_0，地球のアルベド（太陽光反射能）を α とすると，$S_0(1-\alpha)$ ($S_0 = 1370\ \mathrm{Wm^{-2}}, \alpha = 0.3$) である．地球から宇宙に射出される赤外放射は，地球を黒体と考え，その温度を T_e とすると，σT_e^4 である．

$$N = S_0(1-\alpha)/4 - \sigma T_e^4 \tag{4.18}$$

定常状態 ($N=0$) を仮定して T_e を求めると，$T_e = 255\ \mathrm{K}$（$= -18$℃）となることは2.1節のコラム5でも述べた．これは宇宙から見た地球の温度で，大気のない場合にあたる．ここでは，大気の温室効果をごく簡単なかたちで考慮に入れてみよう．図4.20のように上空に温室効果をもつ大気層が一層だけあり，その気温を T_a，地表の温度を T_s とする．大気層は，地表からの上向きの赤外放射 σT_s^4 を吸収し，自分の気温に応じた赤外放射 σT_a^4 を上下に射出する．下向きの放射は地表が受け取り，上向きは宇宙に出る．太陽光は大気を素通りするものとすると，大気層と地表での収支 N_a，N_s は，

13）最近の地球システムモデルでは，炭素循環の一部として二酸化炭素量もモデル内部で計算する．

14）http://www.cger.nies.go.jp/ja/library/qa/11/11-2/qa_11-2-j.html/

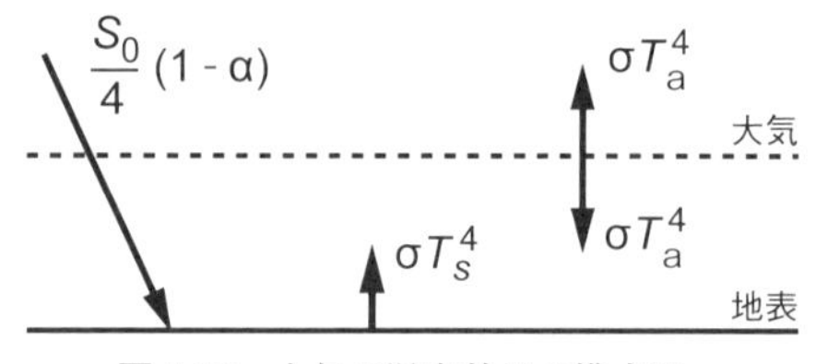

図 4.20　大気の温室効果の模式図

$$N_a = \sigma T_s^4 - 2\sigma T_a^4 \tag{4.19}$$

$$N_s = S_0(1-\alpha)/4 - \sigma T_s^4 + \sigma T_a^4 \tag{4.20}$$

定常（$N_a = N_s = 0$）として，T_a，T_s を求めると，

$$T_a = T_e \tag{4.21}$$

$$T_s = 2^{1/4}\, T_e \cong 1.19\, T_e = 303\,\mathrm{K} \tag{4.22}$$

となり，温室効果のために地表気温は，T_e よりこの場合 48 K も高くなることがわかる．実際の観測による T_e は 288 K なので，この見積もりは大きすぎるが，これはモデルが単純すぎるせいである．量的にはともかく，上空に温室効果気体があれば地表の気温は(4.18)式で決まる T_e より高くなることはわかった．

放射のモデルをより精巧にすることは他の教科書に譲り，ここでは次の議論のために実測の T_s を(4.18)式の T_e の代わりに入れたときに $N=0$ を満たすように射出率 ε というパラメータを導入して，(4.18)式を以下のように書き換える．

$$N = S_0(1-\alpha)/4 - \varepsilon\sigma T_s^4 \tag{4.23}$$

射出率 ε は $T_s = 288\,\mathrm{K}$ とすると，0.61 という値になる．大気の温室効果を(4.18)式で測るための便法である．(4.23)式右辺は複数のパラメータ，S_0，α，ε に依存するがこれらがそれぞれ，ΔS_0，$\Delta\alpha$，$\Delta\varepsilon$ だけ変化したとすると，

$$\Delta N \cong \Delta S_0(1-\alpha)/4 - S_0\Delta\alpha/4 - \Delta\varepsilon\sigma T_s^4 - 4\varepsilon\sigma T_s^3 \Delta T_s \tag{4.24}$$

と近似できる（Δ のついた量の積を無視した）．再び定常（$\Delta N = 0$）とすると，

$$\frac{\Delta T_s}{T_s} = \frac{1}{4}\left(\frac{\Delta S_0}{S_0} - \frac{\Delta\alpha}{1-\alpha} - \frac{\Delta\varepsilon}{\varepsilon}\right) \tag{4.25}$$

として，各パラメータの変化に対する T_s の変化（感度という）を記述する表式が得られる．

例えば，太陽定数の 1% の変化（$\Delta S_0/S_0 = 1\%$）に対する ΔT_s は，(4.25)式で $\Delta\alpha$，$\Delta\varepsilon$ を 0 とおいて 0.72 K と見積もられる．11 年の太陽黒点周期とともに観測される太陽定数の時間変動を少し大きめに S_0 の 0.1%（$\Delta S_0 = 1.37\,\mathrm{Wm^{-2}}$）としても，期待される地表気温変動の大きさは，$\Delta T_s = 0.07\,\mathrm{K}$ 程度である．このような

簡単な熱収支からは，太陽定数の変動がよほど大きくない限り，二酸化炭素倍増時の気候モデルによる温暖化予測，$\Delta T_s = 1.5 - 4.5$ K を大きく変えるとは考えにくいことがわかる．アルベドについては，$\Delta\alpha = 0.03$ で ΔT_s に 3 K の変化があることになる．アルベドは雲や雪氷等の変化がわかってはじめてわかる量なので，見積もりは難しい．

さて，同じく(4.25)式において温室効果気体が増えたことを想定して $\Delta\varepsilon = -2.6 \times 10^{-3}$ としてみる．これは，二酸化炭素倍増時の放射変化として想定されている約 4 $\mathrm{Wm^{-2}}$ に対応する値である．このとき，$\Delta T_s = 1.2$ K となり，上記気候モデルの予測幅より小さい．これは，実は(4.25)式では，温暖化計算に重要な気候フィードバック，例えば温暖化することで増える水蒸気の温室効果，が考慮されていないためである．このことを定性的に理解するために，(4.18)式と同様に地表面での熱収支を以下のように書いてみる．

$$N_s = R(\lambda,\ T_s,\ x_i) \tag{4.26}$$

ここで，λ は二酸化炭素量等の「外部」パラメータ（簡単のためここでは一つだけとする），T_s は地表温度，x_i は水蒸気，雲，海氷などの気候システムの「内部」変数（T_s に依存）である．複数あるので添え字 i がついている．(4.26)式は，気候フィードバックの概念を示すためのシンボリックな表現で，R の具体的な関数形はいま必要なく，λ，T_s，x_i に依存していることだけで十分である．上記(4.24)，(4.25)式と同様の次の操作を経て，ΔT_s の λ に対する「感度」，$\Delta \equiv \Delta T_s/\Delta\lambda$ を表す次式が得られる．

$$\Delta N_s = \frac{\partial R}{\partial T_s}\Delta T_s + \frac{\partial R}{\partial \lambda}\Delta\lambda + \sum_i \frac{\partial R}{\partial x_i}\frac{dx_i}{dT_s}\Delta T_s \tag{4.27}$$

(4.27)式で $\Delta N_s = 0$ として，

$$\Delta \equiv \frac{\Delta T_s}{\Delta \lambda_s} = \frac{\Delta_0}{1 - \Sigma_i f_i} \tag{4.28}$$

が得られる．ただし，

$$\Delta_0 \equiv -\frac{\partial R}{\partial \lambda} \bigg/ \frac{\partial R}{\partial T_s} \tag{4.29}$$

$$f_i \equiv -\left(\frac{\partial R}{\partial x_i}\right)\frac{dx_i}{dT_s} \bigg/ \frac{\partial R}{\partial T_s} \tag{4.30}$$

と定義されている．ここでの数式操作は偏微分に慣れていないと追いにくいかもしれないが，結論が(4.28)式のようになる，分母に「内部」変数の関わる項がある，ということが大事である[15]．

Δ_0 は $f_i=0$ のとき，すなわち R が「内部」変数 x_i に依存しないときの感度で，二酸化炭素倍増の場合，上で計算したように約 1 K である．f_i は，フィードバックパラメータと呼ばれ，x_i が水蒸気のときは，気温上昇とともに水蒸気も増えてその温室効果がさらに気温上昇に働くという増幅効果を表している．気候モデル実験等により，水蒸気フィードバックの f はおよそ 0.4 と見積もられている．これは二酸化炭素倍増のみの場合の気温上昇を $1/(1-0.4)=1.67$ 倍に増幅することにあたる．x_i が氷の場合は，気温が上がって太陽光を反射していた白い氷が融けて黒い地面が現れると太陽光が吸収されるようになって気温上昇をさらに増幅する，アイス-アルベドフィードバックと呼ばれる過程を表すことになる．この場合，f はおよそ 0.2 と見積もられ，1.25 倍の増幅率を与える．

さらに重要なことは，複数のフィードバックが共存する場合で，水蒸気，アイス-アルベドフィードバック両者が共存する場合には，増幅率は $1/(1-0.4-0.2)=2.5$ 倍となる．それぞれ単独の場合より大きい．このように，温室効果気体の増加分による気温上昇をさまざまな気候フィードバックが増幅するため，地球温暖化は深刻なものになっているのである．そして，このような複雑なフィードバックを定量的に見積もるために，できるだけ自然を忠実に表すことのできる気候の数値モデルが必要になるのである．

ここでは，水蒸気フィードバックとアイス-アルベドフィードバックを例にあげたが，他にも重要なものとして，プランク応答，温度減率，雲などによるフィードバックがある．プランク応答は実はもっとも基本的なもので，温度が高くなると外向き長波放射が増えて温度上昇を抑えようとする（(4.18)式の T_e を用いて，$-4\sigma T_e^3$ に比例する．(4.24)式右辺にも出てきた）負のフィードバックである．温度減率フィードバックとは，温暖化するときには地表より対流圏上層の方が気温の増加率が大きくなる（成層安定化；水蒸気増加で凝結熱が増えることで気温減率が小さくなる）ぶん，大気層全体で同じ応答をするにも地表気温の変化分は少なくてよいというプランク応答の微修正である．雲によるフィードバックは，気候科学の大問題で，温暖化時の気温の予測幅が使うモデルによって大きくばらつくもっとも大きな原因である．雲は太陽光を反射し，赤外域では温室効果

---

15) 分母にくるのは，x_i が T_s の関数であるために x_i による R の変化率の項が ΔT_s に比例する形で(4.27)式右辺第 3 項に現れるからである．外部パラメータ λ の変化によって変わった T_s が x_i を変えて，それがさらに熱バランスを変えることで T_s のさらなる変化をもたらす．

をもつ．前者は地球を冷やす効果，後者は暖める効果である．地表に近い下層雲では前者が勝ち，上層雲では後者の効果が大きい．問題は，そういう働きをもつ雲が気候変化時に増えるのか減るのか，厚くなるのか薄くなるのかということである．

より長い時間スケールでは，気候が変化することによる植生や氷床の変化もフィードバックをもたらしうる．また，炭素循環を扱うようになった近年の地球システムモデルの大きな課題は，温暖化に伴う炭素循環の変化が気候変化を助長するように働くのか，抑制する方向に働くのかという炭素循環フィードバックである．現在のところ，土壌の有機物分解が進んだり，海洋の炭素吸収能力が弱まったりするので助長方向（正のフィードバック）なのではないかといわれている．

4.6.2 地球温暖化時の気候変化予測のまとめ

この項では，気候変動に関する政府間パネル（Intergovernmental Panel on Climate Change; IPCC）が2013～2014年に刊行した第五次評価報告書（Fifth Assessment Report；以後AR5と略す）の第一作業部会編にもとづいて，温暖化時に予想される気候変化の概略をまとめておく．次項での温暖化と異常気象の考え方の議論が本書の本題なので，それに関係する事項が中心となる．海面上昇予測や社会経済シナリオに応じた温暖化の時間変化の違いなどについては，温暖化問題としては重要であるがあまり詳しく扱わないことをご容赦願いたい．

まず，図4.21をご覧いただこう．全球平均地表気温偏差の時系列を示している．1950～2005年は過去を再現したもので，実線が多数モデルの平均値，陰影はモデル間のばらつきを表す．2006年以降は2100年までの予測も同様に平均値と不確実性幅が描かれており，気温上昇の大きい方のカーブは，RCP8.5と呼ばれる将来の社会経済シナリオで予測された温室効果気体，人為起源エアロゾル（大気汚染物質など）を与えた計算値である．RCP8.5は，特段の温暖化緩和策が行われない社会経済シナリオになっているので，ビジネスアズユージュアルシナリオとも呼ばれる．気温上昇が小さい方のカーブは，RCP2.6と呼ばれる，精力的な緩和策がとられた場合のシナリオにもとづくもので，この場合国際的によくいわれる「2℃目標[16]」が達成される見込みになっている．21世紀末の気温上昇量

16）ここでの2℃は温室効果気体の人為排出がない産業革命以前の気温を基準にしたときのものである．図4.21の基準である1986～2005年平均は，産業革命前を基準にすると+0.61℃である．

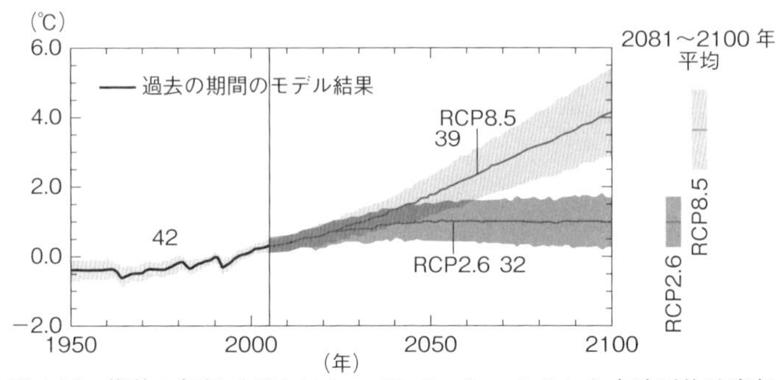

図 4.21　複数の気候モデルによってシミュレートされた全球平均地表気温時系列（1986～2005 年平均に対する偏差（IPCC, 2013））

時系列の横の数値は，複数モデルの平均を算出するために使用した CMIP 5 のモデルの数を示している．2005 年以前は過去の再現実験で，実線と陰影は複数モデルの平均値と不確実性幅を示す．2006 年以降の予測は薄い灰色が RCP 8.5，濃い灰色が RCP 2.6 シナリオにもとづくモデル間平均値（実線）と不確実性幅（陰影）．全ての RCP シナリオに対し，2081～2100 年の平均値と不確実性の幅を彩色した縦帯でパネル右端に示している．

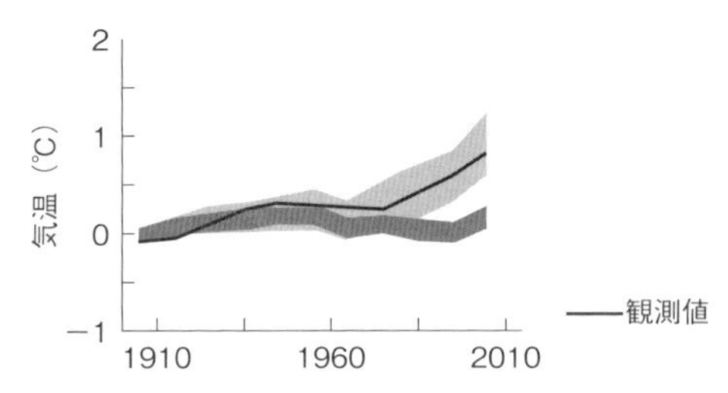

図 4.22　観測全球平均気温の時系列（1880～1919 年平均からの偏差（IPCC, 2013））

実線は観測値，薄い灰色のハッチは，自然起源と人為起源の両方の強制力を使った多数の気候モデルシミュレーションの 5～95% 信頼幅．濃い灰色ハッチは自然起源の強制力のみのシミュレーション結果．

は，両シナリオ間で 3℃ 程度異なる．

図 4.21 の 2005 年以前の部分は，地球に温暖化をもたらす温室効果ガスの増加，冷却をもたらすエアロゾルの増加等の人為要因のほかに，大規模火山爆発や，太陽定数の変化などの自然要因の過去の経緯を外部条件として与えて計算されている．期間を 1900～2005 年に拡張した図 4.22 では，観測値（実線）と 2 種類のモデルシミュレーションを比較する．薄い灰色は，人為要因，自然要因の双方を取

り入れたシミュレーション結果で，濃い灰色は自然要因のみを考慮したものである．人為要因を入れなければ，観測された気温の上昇傾向は再現できないことがわかる．この他多くの観測証拠などにももとづいて，IPCC AR5 は，「地球の気温は上昇しており，とくに 20 世紀後半についてはそのもっとも大きな原因は人間活動である」と述べている．

地球はすでに温暖化の途上にある．では温暖化が進むとどのような地理分布で気温上昇が起こるかをみておく．口絵 3 の上図は RCP 8.5 シナリオにもとづくモデル予測の 21 世紀末の昇温量分布である．全球どこも気温が上昇するが，よくみると海洋より大陸，低緯度より高緯度の方で温度上昇が大きい傾向がある．これは温暖化計算では以前からよく知られた傾向で，前者は陸と海の熱容量の差，後者は高緯度域でアイス-アルベドフィードバックが昇温を増幅することが主因であり，polar amplification（極域増幅）とも呼ばれている．

海水温上昇の地理分布は図では見にくいが，ばらつきは大きいものの赤道太平洋ではエルニーニョ寄りになると予想するモデルが多いといわれている．これは平均場に関してのことでエルニーニョが増えるということではない．実際エルニーニョは温暖化しても相変わらずもっとも卓越した年々変動であるが，その振幅や周期に大きな変化はないと考えられている．

口絵 3 の下図は同じく，RCP 8.5 にもとづく 21 世紀末の年平均降水量変化予測である．気温が上がると水蒸気量も増えるので，降水も増える．降水の全球平均は，全球平均地表気温の 1℃上昇あたり，1～3% で増加するが，地域差が非常に大きい．温暖化しても降水量が減るところもある．降水は局地性の大きい気象変数なので温暖化時の変化には要注意である．温暖化時の降水を含む水循環の変化については，本項の最後にもう少し詳しく議論する．ここでは，温暖化時の降水の増減の地理分布は，現在気候での降水量とよい相関があることを指摘しておく．降る場所ではより多く，降らない場所ではよけいに降らなくなる．英語では，rich-get-richer メカニズムと呼ばれている（Chou et al., 2009）．緯度帯別にみると，温暖化に伴う低緯度からの水輸送の増加により，高緯度や中緯度湿潤域で降水増加が相対的に大きい．上で，エルニーニョには大きな変化はないと述べたが，エルニーニョに伴う降水変動については水蒸気が増えた分振幅を増すと指摘されている．

温暖化すると氷も融ける．北極海の海氷が季節的にもっとも面積の小さくなるのは 9 月であるが，21 世紀後半には 9 月の海氷が消滅してしまうと予想されている．アルキメデスの原理により，海上に浮かぶ海氷が融けても水位は上がらないが，陸上の氷床が融けて海に流れ出すと海水が増えて水位が上がる．グリーンランド，ヨーロッパ，ユーラシア，南米大陸など多くの場所で数十年前に比べて氷床の体積が減っているようすがすでに報告されている．南極は広大な大陸の上に高さ3000 m を超える氷床が乗っているが，あまりに気温が低いため，まだ顕著に融ける傾向は認められていない．温暖化が進めば水蒸気量が増える効果もある．最近は，衛星で南極大陸から棚のように突き出た部分の氷床が崩れて洋上に流れ出るようすが報告されることがあるが，大陸内で雪が降り積もって氷床質量を増やし，端では時折崩壊して氷床質量の減少に貢献するのは，定常収支の範囲内のことなので，長期傾向があるかどうかは慎重に見極める必要がある．

さて次に，異常気象に関係する大気・海洋循環変化の要点をまとめる．まず，温暖化の極域増幅に伴って中緯度の地表付近の気温の南北傾度は小さくなる傾向があるが，ジェット気流の極端な弱化は予測されておらず，わずかに（緯度にして1～2°）緯度が極寄りになる傾向があるといわれている．偏西風帯の総観規模，移動性高低気圧擾乱の活動度の変化も不確実性が大きく大きな変化はないと考えてよい．

基本的に，温暖化してもさまざまな時間スケールの自然変動は，現在と変わらずに存在し続ける．変動の種類によっては，微妙な変化が予測されているものもある．温暖化時の台風の個数は全球的には減少するという研究があるが，IPCC AR5ではまだ十分な信頼性を付されていない．それに比べると，水蒸気の増加による台風や偏西風帯の擾乱に伴う降水の増加傾向，強い擾乱の相対頻度増加傾向の方が確実性が高い．

温暖化に伴う降水や蒸発，水蒸気輸送といった水循環の変化は重要なので，ここであらためて知見をまとめておく．まず，気温が上昇するとクラウジウス-クラペイロン則（CC 則）によって大気の飽和水蒸気量も増加する．相対湿度が大きく変わらないと，大気中の水分もこれに応じて増加する．実際，気候モデル実験等でも相対湿度はほぼ不変である．この理由はまだ明快に説明されていないが，直観的には，乾燥域，湿潤域の比を決める大循環が気温の絶対値には大きく依存しないためだと思われる（循環は物理量の水平傾度により大きく支配される）．ともあれ，大気中の水蒸気量もCC 則に沿って，温度1℃上昇あたり7%の割合で増加する．このことは現在までの観測でも検出されている．降水量も増加するが，その割合は，全球平均や広域長期間の平均でみる限りCC 則よりもはるかに小さい1～3%/℃である．この理由は，積算降水量，すなわち大気中の総凝結量は，水蒸気の量ではなく，放射収支で決まる大気の総冷却量と一致しなくてはいけないという熱力学的制限で決まっているためである[17].

温暖化時には，熱帯におけるハドレー-ウォーカー循環の弱化が予想されている．2.7.3項で用いた加熱と鉛直流に伴う温位の断熱変化のつり合いの式(2.9)から，増分についての式を求めると，

$$\Delta(\rho w)/\rho w = \Delta Q/Q - \Delta(\partial\bar{\theta}/\partial z)/(\partial\bar{\theta}/\partial z). \tag{4.31}$$

これより，質量輸送 ρw の変化は，右辺第1項が水蒸気増加によって増える効果と，第2項の温暖化に伴う気温減率の減少（温度上昇に伴う凝結熱の増加による）によって減る効果の競合で決まることがわかる．モデル計算をすると第2項が勝つことがわかるが，その理由を Held and Soden（2006）は以下のように説明している．対流による上昇流（convective mass flux）を M_c とすると，降水量 P は，（大気下層の）水蒸気量 q と M_c の積に比例する($P = qM_c$)．したがって，

$$\Delta M_c/M_c = \Delta P/P - \Delta q/q. \tag{4.32}$$

右辺第1項は降水量の増加比率，第二項は水蒸気の増加比率だが，上述の議論で後者の方が大きいので温暖化時には $\Delta M_c < 0$ となる．

モデル計算によれば，ハドレー循環セルの広がりも予想されている．これは平たい言葉でいうと，熱帯の広がり，亜熱帯乾燥域の極側への拡張といえる．

モンスーンの循環そのものはハドレー，ウォーカー循環の弱化と同様の理由で若干弱まるが，水蒸気増加の効果が勝るため，モンスーン降水は増加すると考えられる．

温暖化に伴う水蒸気増加によって，極端現象（extreme events）と呼ばれるような強い気象擾乱イベントに伴う降水量，あるいはそのようなイベントの頻度の増加が予想されている．例えば地理的変動は大きいものの，年最大降水量の20年再帰値はその場所の気温1℃上昇あたり，4～5.3%増加するとされている．これは次のように考えられる．

全球や大規模スケール，長期間平均では，熱収支（～乾燥域の大気冷却）で ΔP は決まる．しかし，短い時間スケール，局所現象では，P は水蒸気の水平収束に支配される（$P \sim -\nabla.(\boldsymbol{V}q)$；$\boldsymbol{V}$ は水平風ベクトル，$\nabla.(\ )$ は水平発散を表す）．このとき，

$$\Delta P = -\nabla.(\Delta q \boldsymbol{V}) - \nabla.(q\Delta \boldsymbol{V}) \tag{4.33}$$

17）温暖化すると，地表気温の増加と大気中の水蒸気を含む温室効果気体の増加により大気の冷却は大きくなり，したがって降水量も増えるが，その割合はCC則ほど大きくないということである．

である．降水の増加 ΔP は，水蒸気量の増加 Δq によるものと，循環の変化 ΔV による成分に分けられる．一般に，前者が卓越し，短い時間スケール，局所現象の降水増加率は全球平均などよりはるかに大きい．降水が増加すれば，補償下降流も強くなることが予想されるので，降水，干ばつの極端化が起こると予想されている．実際，数値モデルでは，降水イベントの強さ，降水量が（CC 則をはるかに上回る率で）増し，干ばつもひどくなることが予測されている．社会的な影響も大きい気象擾乱である台風は，強い台風の相対頻度や強度は増すと予測されている．台風の数については減少するという計算結果もあり，ハドレー‐ウォーカー循環の弱化に原因を求める説もあるが，台風は熱帯での対流による上昇流 M_c のわずかな割合しか占めていないので広域の議論を適用できるか否かはまだ不明である．

コラム 13 ◈ 東京の温暖化の 2/3 は都市化のせい

時系列に長期傾向がみられたとき，まずそれが統計的に有意なものか，すなわち，シグナルがノイズに比して大きなものであるかを検定しなくてはいけないが，有意であったとしてもその長期傾向が何のせいで起こったのかはまた別の話である．人間活動による温室効果気体排出に起因する地球温暖化と，都市化による温暖化は慎重に区別されねばならない．研究やそれをまとめた IPCC 等の報告では神経質なほどにそれらは区別されているが，ここではその区別が端的にわかる 1 枚のグラフをお示ししよう．

口絵 4 は気象庁が作成したもので，文部科学省・気象庁・環境省による「日本の気候変動とその影響」(2009）に掲載されている．地球温暖化を議論するときに用いる日本の国内 17 地点の年平均気温（黒）と，これには含まれない東京など 5 つの大都市の気温の時系列を示したものである．東京の年平均気温の上昇率は 100 年あたり 3℃を越えている．他の大都市も 2℃以上上昇している．しかし，17 代表地点の平均気温の上昇率は 1.1℃である．後者に都市化の影響がないかどうか，都市化とは無関係の日本周辺海域の海面水温の上昇傾向を水色で示してみると，年々変動も含めて黒線の平均気温との一致はよい．このように，17 地点の代表性が示されると同時に，東京の温暖化傾向の 2/3 が都市化のせいであることがわかる．

4.6.3 地球温暖化と異常気象の考え方

異常気象や極端気象が起こった際に「地球温暖化のせいですか？」とよく聞かれる．ここまでお付き合いいただいた読者の方々には，おわかりいただけることと思うが，個々の気象イベントは，偏西風の蛇行のようすや熱帯の積雲対流偏差，波動伝搬等々の具合がさまざまに絡んで起こるので，時間スケールの長い地球温暖化だけのせいで起こっているわけではない．地球温暖化が影響するとすると，いま起こっているような変動の強さや頻度を長期的に変えることであり，観測データでは数十年以上の長期の統計結果にはじめて現れることである．質問の本来の意図も，そのような温暖化の影響があると考えられますか，あるとするとどれくらいですか，ということであろう．したがって，この質問に答えることは，今回の気象イベントの要因を分析し，それに類似するイベントの生起確率を求め，その確率分布に対する温暖化の影響を定量化することが必要である．

気象現象を確率過程ととらえた場合，実際に起こったイベントは決められた外的条件，初期値のもとで起こりうる多数の可能性のうちの一つであると考える．これらの可能性は，気象変数の取りうる値の確率密度分布（直観的には頻度分布）のかたちで表され，異常気象や極端現象などの頻度の低い現象は，確率密度分布の裾の方の値がたまたま現れたということになる．外的条件の影響を知ることは，この確率密度分布がどのようなかたちをしていて，外的条件の変化によってそれがどう変わるかを知ることである．外的条件を簡単に，ここ 30 年で平均した温室効果気体量の条件とすれば，確率密度分布を観測値から推定することも可能である．30 年分の日本の気温データの頻度分布を表すヒストグラムを作ればよい．この場合 2010 年夏の値は，一番右端に現れ，それが現れたのが温暖化のせいなのかどうかはわからない．温暖化の影響を定量化するためには，もし温暖化が起こっていないとすれば確率密度分布はどのようになっていたかを知らねばならない．観測データだけを使う場合には，温暖化の影響がまだ顕著でなかった 20 世紀初頭以前のデータでヒストグラムを作って比べることになるだろう．観測データを用いるこのような方法は，決定的にサンプル不足から逃れることができない．30 年分のデータで，30 年に 1 回以下の低頻度異常気象の発生確率の変化，確率密度分布の裾野の微妙な変化を論じることは不可能である．そこで，大量の数値シミュレーションを用いて確率密度を推定することになる．計算機能力の進歩と，観測された確率密度分布をある程度再現できるようになった数値気候モデルの進歩によって，近年このような実験が可能になった．

あるイベントに影響を与える外的条件として何を考えるかは，イベントの発生要因として何を考えるかによる．2010年夏の日本の猛暑のような天候イベントを想定すると，地球温暖化の進行具合もそうだが，その年の海面水温の状況が影響を与えたかどうかも知りたいだろう．地球温暖化のせいでなく発生しつつあったラニーニャ現象の方が大事だったかもしれないからである．このように外的条件を変えた大量のシミュレーションで実際に起こった気象，気候イベントの要因分析をする研究をイベントアトリビューションと呼び，近年盛んに行われるようになった．

イベントアトリビューション研究の一例として，2010年8月のロシアの熱波について行った研究の結果を口絵5に掲げる（Watanabe et al., 2013a）[18]．口絵5(a)は観測された8月の地表気温偏差である．4℃を超える大きな偏差がロシア西部で観測されている．ロシアで過去最高の気温39℃を記録したほか，熱中症や森林火災による死傷者，農産物の収量減など，大きな社会経済的影響を与えた．口絵5(b)は，(a)の矩形領域（Rと呼ぶ）で平均した地表気温偏差の時系列である．黒が観測，赤線と陰影は，温室効果気体やエアロゾルなど気候の人為強制と観測された海面水温偏差を与えた大気大循環モデル実験によるシミュレーションである．図の時系列に用いた実験は同じ条件で1949年に設定した初期値[19]を変えて10回（10メンバーと数える）繰り返した結果で，赤実線はそのアンサンブル平均を示している．口絵5(b)は，用いたモデルの再現性を確認するためのもので，気温偏差の温暖化傾向と，内陸のロシアであるので海面水温偏差の影響は限定的であるが，それでもある程度の年々変動成分をモデル実験は再現している．どんな実験でもそうだが，そもそものモデルの再現性のチェックは必須である．

さて，口絵5(c)が本研究の主要な結果で，さきの実験を2009年，2011年に限って100メンバーに増やしたF（factual）実験を行い，2010年8月矩形領域Rでの気温偏差のヒストグラム（頻度分布）を赤い棒グラフで，それを少し平滑化した確率密度関数（pdf; probability deusity function）を赤い実線で描いた．灰色の棒グラフと黒い実線は，1981～2009年のモデル（口絵5(b)の10アンサンブル実験）のヒストグラムとpdfである（CLIMと呼ぼう）．赤いpdfの方が右に寄っており，このシフトはこの間に進んだ温暖化と2010年の海面水温偏差の影響で

18) 先ほどから例にあげているとおり，この年の夏は日本も記録的猛暑であったが，論文として出版した図のわかりやすさの点でロシアの事例についてのものをとりあげることとした．

19) これはこの種の実験では任意である．大気の場合数か月で初期値の影響はなくなる．初期値を変えるのは，統計的に独立なサンプルをたくさん得るためである．

あるといえる．イベントアトリビューション実験では，温暖化の影響を定量化するために，F 実験で用いた海面水温偏差から温暖化による長期変化傾向を除去した条件でもう一組実験を行う．これを非温暖化実験とも呼ぶが，ここでは簡便にCF（counter factual）実験と呼ぶ．口絵 5(c)で，青い棒グラフと実線がCF 実験のものである．黒い気候学的分布に比べると右にシフトしているが，F 実験（赤）ほどではない．このようにF とCF の差で温暖化の寄与を定量化することができる[20]．口絵 5(c)の横軸に赤い▲で示した観測の気温偏差を超える確率はCF 実験では0.6％に過ぎないが，F 実験では3.3％となっており，温暖化による猛暑イベントの発生確率増加が定量化できる．

温暖化と異常気象への関心の高まりからこのようなイベントアトリビューション実験が盛んに近年盛んに行われるようになった．米国気象学会の機関誌は2012年以来毎年，世界の顕著な異常天候イベントに対するアトリビューション研究をまとめた特別報告を出している．

イベントアトリビューションは，冒頭の「温暖化のせいですか？」という素朴な質問への答えに科学的な根拠を与える有効な手段であるが，新しい手法であり，いくつかの課題を認識しておかねばならない．第一は，モデルの現象再現性である．気温に関わる異常気象は比較的再現しやすいが，降水に関わるものは難しい．台風や集中豪雨イベントは，解像度の低いモデルではそもそも観測された強さのイベントが表現できない．第二に，イベントの要因候補である外的条件を何と考えるかである．上のロシア熱波の例では，温暖化と海水温偏差を考え，大気大循環モデルで実験を行ったが，2013 年 11 月にフィリピンを襲った台風 30 号（英名 Haiyan）のようなスーパー台風は温暖化のせいで生じたのだろうか？ あのような強い台風を自発的にモデルで発生させ，その長期統計を議論できるほどの長期積分を行うことは，現在の計算資源では無理である．そうすると台風発生直前，もしくは発生後の初期値を与えて，アトリビューション実験をすることになる．温暖化分の海水温上昇を引いた実験もできるだろう．しかし，その場合，そもそも初期値で台風発生は担保されているので，議論できるのは温暖化による強さや進路に対する影響ということになる．温暖化のせいで発生したかどうかには答えられない．猛暑イベントについてもそうである．日本のように海に囲まれた場所

20) CF とCLIM の差は2010 年のSST 偏差による貢献ということになるが，本来CF 実験からは温室効果気体とエアロゾルによる人為強制も除くべきである．この場合の結論を変えるほどではないが，この後の研究では温暖化成分除去はより注意深く行われている．

では，気温は海水温に大きく影響を受ける．そして，海水温は逆に大気の晴れ曇りの天候から影響を受ける．そもそも猛暑の影響を受けた海水温偏差を与えてしまっては何を調べているのかわからなくなってしまう．知りたい現象に見合う実験手段を選び，そしてモデルの性能に見合う現象の議論をすることが肝要であると考える．

コラム 14 数値実験を用いた要因分析

イベントアトリビューションについて解説した本文では，方法論についての注意も述べたが，基本的には数値実験は，実際の研究対象に対する実験を行うことが不可能な地球科学においては，欠くことのできない仮説検証の手段である．数値天気予報が始まって60年以上，大気海洋結合気候モデルの開発が本格化してからも20年を経て，今や数値モデルは予報でも研究でも中核的な役割を果たしている．とくに，計算機能力の進歩により，さまざまな実験を行い，観測データだけでは困難な現象の要因分析が行えるようになった．イベントアトリビューションもその一つであり，人為要因による温暖化を決定づけた図 4.22 のような実験もそうである．

ここでは，最近観測されて話題になった，イベントというよりもう少し長期の気候変動についての数値実験による要因分析結果を簡単にご紹介しておく．

温暖化は止まった？

全球平均地表気温（surface air temperature; SAT）は，図 4.21 でもみたように，20 世紀後半以降上昇傾向が顕著であるが，歴史的イベントといわれた1998年のエルニーニョ時のピーク[21]以降21世紀に入って上昇傾向が鈍化する傾向がみられ，英語で停留，停滞を意味するハイエイタス（hiatus）現象と呼ばれるようになった（口絵6）．図にはIPCC の第四次，第五

21）エルニーニョは端的にいうと，西太平洋の海面水温はあまり普段と変わらず，東太平洋で海面水温が顕著に上昇する現象である．したがって，赤道太平洋全体で平均した海面水温は上昇する．これに伴い，大気温も上昇する．熱帯の大気温はすぐに均されるので，エルニーニョ時には熱帯全体で大気が暖まる．熱帯は面積が広いので全球平均も熱帯の傾向を反映する．

次評価報告書で用いられたモデル群によるシミュレーション結果も示してあるが，2000年代の観測値はモデル群のばらつきの下端にある．これをみて，「温暖化は止まった」「IPCCの予測[22]は外れた」と煽る向きもあったが，研究界はいち早くこの原因について調べ，数多くの論文が発表された．2013年刊行のIPCC第5次評価報告書にもコラムとしてハイエイタスがとりあげられた．そこでも紹介されているように，小規模火山の噴火や成層圏水蒸気の変動などの寄与もあるという研究もある．現在のところ，ハイエイタスは気候の十年規模自然変動の表れである可能性が高く，人為要因にもとづく温暖化の進行の停滞を意味するものではないとする見解が有力であるが，本書執筆時点で科学的に確かな結論が得られているわけではないので，ここでは，数値実験が要因分析にどのように用いられているかを例示するに留める．

まず，外部強制を与えない気候モデルの長期積分中でも10年間程度SATの停滞現象がみられ，かつ，そのときのSST偏差パターンは観測されたハイエイタス期間同様，赤道太平洋でラニーニャが，より広い範囲ではPDV（4.5.1項参照）の負のパターンが卓越することを示したのは，Meehl et al.（2011）とWatanabe et al.（2013b）である（口絵7）．ラニーニャ的な海面水温はSATを下げる方向に働く．海洋の十年規模変動に伴って，海洋内部への熱吸収のスピードも変わるが，観測データでも海洋300m以深では水温上昇の停滞はみられず，地球全体で平均した大気上端の放射収支も大気-海洋系が依然として温暖化しつつあることを示すことも確認された．つまり，ハイエイタスは，海洋表面のみの傾向である．さらに，Watanabe et al.（2014）は，外部強制の影響をあまり受けない変数である赤道の海上風応力をモデルに与えて観測されたSAT時系列を再現した後，人為強制を除いた実験結果を用いて，外部強制による変動と自然変動の影響の割合を近年の10年ごとに算定した．これによれば，1980，1990，2000年代の自然変動の貢献はそれぞれ，47，38，27%で，ハイエイタスにもかかわらず，温暖化をもたらす外部強制の寄与が実は増大しつつあることが示された．口絵7に示された気候モデル実験結果は，外部強制のみを与え

22）このような誤解が時々あるが，IPCC（気候変動に関する政府間パネル）は研究も予測もしない．論文として発表された研究の現況をレビューする組織である．ただ，評価報告書では，論文発表された手法で最新の計算結果を用いた図を作成し掲載することはある．

たアンサンブルなので，特定の自然変動の位相は表現できない．

温暖化で寒波？

2009～2010年や2012～2013年など，温暖化といわれているわりには北半球では欧米や東アジアで冬に寒波に見舞われる事例が相次ぎ，メディアにとりあげられる機会も多かった[23]．ここで注目されているのは，北極海海氷の影響である．ハイエイタスにもかかわらず，北極の海氷は1990年代以降減少傾向が顕著である．海氷の減少によって露出した海面からの蒸発により上空の大気が暖められ，そこからのテレコネクションによって中緯度には逆に寒波がもたらされるという説である．

北極海の中でも，スカンジナビア半島の北東方のバレンツ海，カラ海では海氷の季節性が大きく，長期の減少傾向も大きい．バレンツ・カラ海の海氷減少が，ロスビー波列励起を通してシベリア高気圧を強めることを最初に示したのはHonda et al.（2009）である．Mori et al.（2014）は100メンバーのアンサンブル実験を用いてこれを確認し，さらに海氷に加えて自然変動である北極振動のユーラシアの寒冬に対する影響を分離することに成功した．彼らによれば，温暖化が進行すると暖冬をもたらす北極振動の位相が卓越し，海氷影響を凌駕する．ある現象が複数要因をもつ場合，それらの間の競合を定量的に評価できることも数値実験のメリットの一つである．

23) 2014年1月の寒波の際には，米国ホワイトハウスが「温暖化に伴う気温南北傾度の弱化（極で温暖化が大きいため）が偏西風を弱め，相対的に蛇行が大きくなって寒波が多くなる」というわかりやすい解説を行い，話題になった．ありえない説ではないが，シグナルの大きさ，メカニズムなど科学的には未検証である．

5 異常気象を予測する？

異常気象や気象災害に関わるニュースに触れたとき，事情をもう少しよく理解したい，そういう方々を読者に想定して本書を書くことにした．そのわりには数式も出てきて少し理屈っぽくなってしまっているが，そこは筆者の力量不足とご寛容願いたい．気象イベントを説明するとき始終自虐的に思うのは，「起こってしまったことを後からぐちぐちと，わかったようなわからないような説明しかできなかった．結局のところ状況説明をしているだけで，本当の原因にまで踏み込むことができなかった．本来なら起こる前に注意喚起をしたかった」ということである．もちろん，どんな気象イベントでも分析に時間はかかるし，まして数値モデルを用いた本格的な力学的長期予報はまだ始まったばかりである[1)]．世間のみなさんが注目している間にある程度自信をもった解説をするというのは相当なチャレンジではあるが，本書を書くに至った動機には，あきらめずにそれを目指している関係者の思いとともに，ゴールはまだ遠いとしても結構わかってきたこともある，多少の見込みもありそうだ，ということが少しでも伝わればよいと思ったことが大きい．

現象の説明，理解というが，やはり究極の理解は予測できてこそである．そのための道具として，数値気候モデルをわれわれは発展させてきた．最終的には人間が口で説明できるというのが理想であるが，何しろ関わるプロセスが複雑なシステムだけに，仮説検証，そして将来の定量予測にはコンピュータの手を借りた計算が不可欠である．

---

1) 数値天気予報には70年近い歴史があるが，力学的長期予報は，1986年CaneとZebiakによる世界初のエルニーニョ予測の成功から数えても約30年，世界の気象機関が力学的長期予報を始めてからは20年経っていない．

本章では，そもそも天気予報より長い先に予測可能性の望みがあるのかどうか，そして，予測や要因分析に用いられる数値モデルとはどのようなものかについてお話しすることとしたい．

◇◇◆ 5.1 天気予報の限界—カオスの壁 ◆◇◇

まず，よく知られた，ある意味残念な事実からお伝えしなくてはならない．天気予報には原理的な限界があるということである．

そもそも株価でも選挙でも先のことを予測するのは難しく，予測誤差は避けられない．そして，先へ行けば行くほど誤差は大きくなって予測は不確かになる．このこと自体は誰もが気づくことであるが，天気予報についてこの問題の本質を初めて科学的に議論したのはマサチューセッツ工科大学の著名な気象学者エドワード・ロレンツ（E. N. Lorenz）である．

1960年代の初め，彼は気象現象を究極まで簡単化した3本の方程式からなるモデルの数値計算を行っていた[2)]．方程式は常微分方程式と呼ばれ，現在の値から将来への変化傾向を計算する規則を与えるものである．方程式の数は圧倒的に多く複雑ではあるが，コンピュータによる天気予報も原理としては同じようなことをしている．たった3本の方程式とはいっても，当時は電子計算機の出始めだったので，毎日少しずつ計算してモデルの時間を先へ進めていったのである．

数値解析をするので前に計算した部分をもう一度やり直したいことも出てくる．コンピュータだから同じ事を何回やっても同じである．モデルに1時間ごとにデータを書き出させるのを面倒がって3時間ごとにしていたら，後で1時間ごとのデータも欲しくなったりすることはよくあることである．ある日ロレンツ先生は，このような再計算をしたくなってコンピュータのプリントアウトからデータを読みとって昨日の計算をやり直した．ところが，昨日と今日の計算結果を見比べてロレンツ先生は驚いた．最初の方は見分けのつかないほど同じだが，その差が先へいくにつれてどんどん広がってゆく（図5.1左）．なぜだ？

---

2) 正確には，彼が簡単化したのはベナール対流という上下の温度差で駆動される流体運動で，地球大気の気象方程式ではない．ロレンツの著書（“The Essence of Chaos”, University of Washington Press, 1993）によれば，ここで紹介する鋭敏な初期値依存性に気づいたのは12本に簡単化した気象の方程式を計算していたときだそうだが，事の本質を伝えるため，1963年の著名な論文では3本の方程式のモデルをわざわざ採用したのだそうだ．

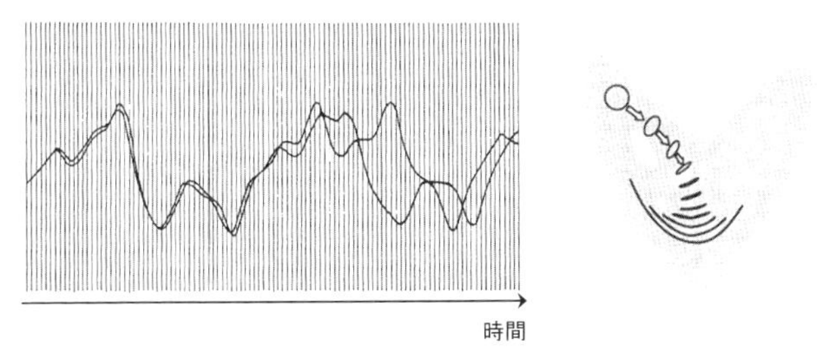

図 5.1 ロレンツのカオス
(左) 初期値がわずかに異なる 2 つの解の時間発展を示す (Lorenz による 1961 年のプリントアウト. Gleick, 1987 をもとに作図). (右) ロレンツアトラクター. 3 次元の俯瞰図. 実線は時間の経過とともに近くにあった解軌道が広がってゆくようすを示す (Palmer, 1993).

実は, プリントアウトされた数値は, 小数点以下適当なところで四捨五入されていた. 昨日と今日の計算の初期値はわずかだが異なっていたのである. 流体方程式の例にもれず彼の方程式も非線形[3] であったため, そのわずかな差が徐々に増大し, 両日の最終結果は大きく異なるものとなったのである. 気象のような非線形システムでは, ほんのわずかであっても初期値の誤差を増幅させる性質があり[4], 地球大気のすみずみにわたって正確な観測を行うことは不可能である. つまり誤差ゼロの完璧な初期値を準備することは不可能であるので, 天気予報はいずれ破綻する, とした. 後の見積もりでは, ある町のある日の天気予報は理論的に考えても 2 週間先までが限度, 実用的には 10 日程度ではないかとされた.

ロレンツの発見は, 少ない数でも非線形な方程式系ではモデルの振る舞いが複雑に, カオス (混沌) 的になり, その根本原因はここでみたような解の初期値鋭

---

3) 流体力学でもっとも特徴的な非線形過程は, 流れによる物理量の「移流」である. これは数式では, (流される物理変数のある場所の時間変化率) が (流れのベクトル)×(流される物理量の空間微分) に比例する, という形に書かれる. 流れのベクトル (気象では「風」) も流される物理量 (気象では, 気温, 水蒸気等々. 風そのものも流される) も予報の対象となる「予報変数」である. このようなときには, ある解が得られてもその定数倍も解とは限らない, あるいは 2 種の解の足し合わせも解になるとは限らないということになる.

4) 微分方程式で記述される系で誤差 (摂動) が増幅する性質をもちうることは, 3.2.1 項の摂動の時間発展方程式 (3.11) において, 基本場として時間発展する元の非線形方程式の解, そこからのずれを摂動と定義した状況を考えればよい. 時間発展する基本場にはさまざまな風のシア, 気温の空間傾度等々が含まれているだろう. したがって, 基本場に依存する線形化行列 A にも不安定な固有値があっておかしくないことが容易に想像できる.

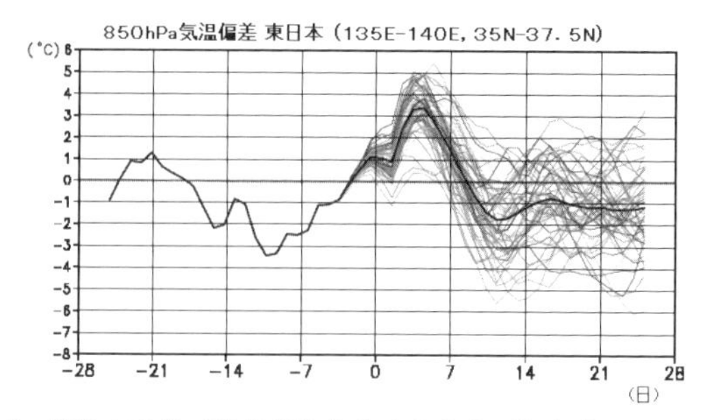

図 5.2　実際の予報で誤差が拡大するようす（気象庁 web ページ）
縦軸は 850 hPa 気温の平年偏差（7 日移動平均）．横軸は時間（日）．50 本の細い実線は個々のアンサンブルメンバーの予測結果．黒の太い実線はアンサンブル平均．

敏性にあることを示した初期の代表的なものであり，以後のカオス研究に大きな影響を与えた．初期値鋭敏性をロレンツは講演で「ブラジルでの蝶の羽ばたきがテキサスで竜巻を起こすか？」と表現し，彼の 3 元方程式（＝ロレンツシステム）の解の視覚的形が蝶に似ている（図 5.1 右）こととあいまって，初期値鋭敏性による予測の破綻を「バタフライ効果」と呼ぶようになった．

図 5.2 は実際の予報で誤差が増大するようすを見たものである．近年普及したアンサンブル予報の一例である．少しずつ異なる（しかしどれも同様に確からしい）初期値から始めた予報は，開始後 1 週間を過ぎると大きくばらつくようすが見える．

大気運動のカオス性により，天気予報は 2 週間が限界である．これは，真理である．3 元の方程式を百万元[5] にしても変わらない．長期予報は，このカオスの壁を越えた先に有用な予測可能性を見つける作業である．

◇◇◆ 5.2　長期予報可能性 ◆◇◇

誤解のないよう確認しておくが，2 週間というカオスの壁は，ある町のある日の天気を決定論的に予測する天気予報，すなわち，移動性高低気圧などの総観規模擾乱に伴う日々の天気変化の予測についてのことである．予測対象が違えば，

5)　けっして大げさに言っているのではない．解像度の上がった近代の数値モデルはこれよりも予報変数の数は多い．

予測の限界は異なる．エルニーニョ現象については，現在世界の多くの気象機関で現業的に半年程度先まで予報を行っているが，これは，現象が赤道での大気海洋相互作用にもとづいてゆっくりと起こり，そのシグナル（S）が日々の気象擾乱によるノイズ（N）と比べて大きいからである（この二つの振幅比をS/N（エスエヌ）比という）．このようなゆっくりとした運動の成分を的確にフォローすることができれば，その現象の予測は可能である．カオスにもとづく日々の気象擾乱の予測誤差はある程度の大きさで飽和する．その大きさをいま気象擾乱によるノイズと呼んだ．予測誤差の増幅は大気運動の非線形性に起因するが，誤差の飽和は大気運動中にさまざまに存在する摩擦や粘性[6]などの消散過程によっている．

長期予報の成否は，総観規模気象擾乱より寿命の長い長周期変動の同定と，それらが短いスケールの予測不可能な成分のノイズに負けない大きな振幅をもっているかどうかにかかっている．本書ではこれまで紙数を使ってそのような変動があることを述べてきた．しかし，S/N 比が十分かというと若干心もとない現象も多い．よく知られた長周期変動モードがいつ卓越してくるのかも予測の重要な眼目のひとつである．さらにある地域の天候変動には，一つの長周期変動モードだけでなく，複数のモードが影響してくる．これらの相対的な強さについても定量的に予測する必要がある．カオスの壁に加えてこれらが長期予報を難しいものにしているゆえんである．

これまでに紹介してきた現象のほとんどは，長期予報可能性をもたらしうるものである．とくに，10日から1か月程度では，偏西風導波管に沿った準定常ロスビー波伝搬や熱帯季節内振動が重要である（図5.3; コラム19も参照）．これらは，ロレンツがバタフライ効果を発見した時代にはほとんど知られていなかった．再解析データの整備や衛星観測の充実により，1か月予報の精度は相当に向上してきている（口絵8）．カオスの壁を越える日は近いと筆者は信じている[7]．

---

6) 正確には，大気運動の非線形性により大きな空間スケールから小さな空間スケールへの移行，エネルギーのカスケードが起こる．小さなスケールでは粘性が相対的に大きくなり，結局擾乱は消散してゆく．数値天気予報の始祖であり著名な乱流研究者でもあるリチャードソンの詩，“Big whirls have little whirls/That feed on their velocity/And little whirls have lesser whirls/And so on to viscosity” にいうとおりである．

7) 気象庁では，2008年から5～14日先に熱波や大雪，異常低温などの異常天候が予想される場合に「異常天候早期警戒情報」の発表を始めた．簡単にいうと来週の予報である．天候予測なので長期予報的な確率表現になるが，熱中症の防止，除雪車の配備，農作業の計画等々，「使える」情報だと思う．

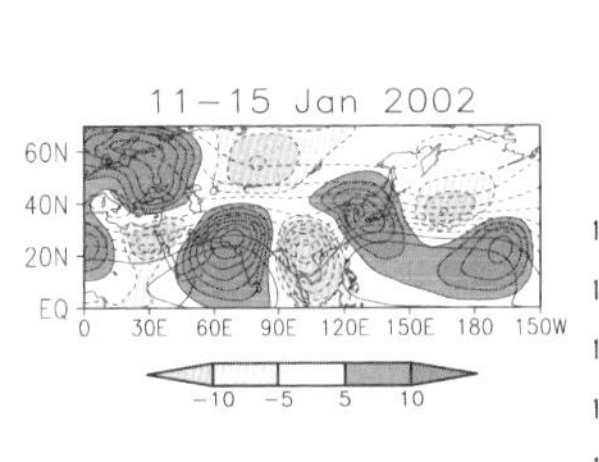

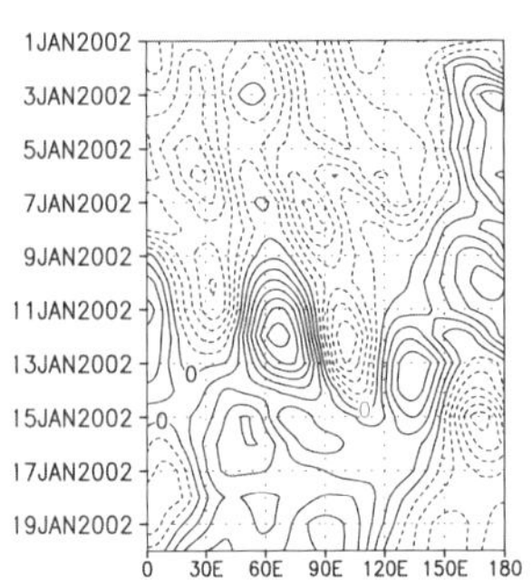

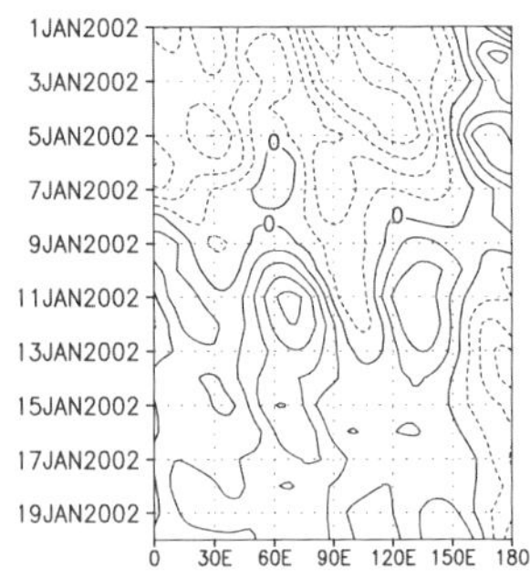

図 5.3　ロスビー波伝搬の予測例

(左) 2002 年 1 月 11-15 日の平均図．200 hPa の流線関数．陰影は気候平均からの偏差．(中) 北緯 15-40° で平均した 200 hPa 流線関数偏差の経度 (横軸) - 時間 (縦軸) 断面図．再解析データによる解析値．(右) 中図と同様，ただし 2001 年 12 月 31 日を初期値とする予測．(気象庁資料)

1 か月から 3 か月，季節予報のスケールになると，陸面や海氷，海洋といった大気に比べてゆっくりと変動する気候のサブシステムに対する大気応答が長期予報の主なターゲットになる．とくにエルニーニョ，ラニーニャに伴うテレコネクションはその主役である．近年では，エルニーニョ現象にも細かくみると色々なバリエーションがあり，またインド洋や大西洋にも独自の大気海洋変動が発見されている．これらを総合的，定量的に把握するにはやはり数値モデルが必須である．

季節以下の時間スケールで近年注目を集めているのは，成層圏の影響である．成層圏は，3.4 節のコラム 9 でも説明したように水平スケールの大きなプラネタリー波が卓越する普段は比較的おとなしいところであるが，まれにプラネタリー波の増幅が起こり，時にそれは成層圏突然昇温と呼ばれるような極と低緯度の気温差が逆転するようなドラマチックな現象も起こる．そして，その影響が降りてきて対流圏に影響を与えるケースがあることが知られるようになった (図 5.4)．総観規模擾乱がないぶん成層圏の運動はゆっくりとしているので，このような一連のエピソードは 1 週間以上 1 か月程度の予報には重要である．

季節から 1 年程度までの予測では，なんといってもエルニーニョに代表される熱帯の大気海洋結合変動の予測が中心課題である．これまで随所で述べたように，エルニーニョに伴う赤道東太平洋の海面水温偏差については，半年程度先までの有用な予測精度は確立してきており，エルニーニョ予測は日本を含む世界の多くの気象機関によって現業的に発表されている (口絵 9)．ただ，監視海域の海面水温予測がうまくいっても，近年知られるようになったエルニーニョのバリエーシ

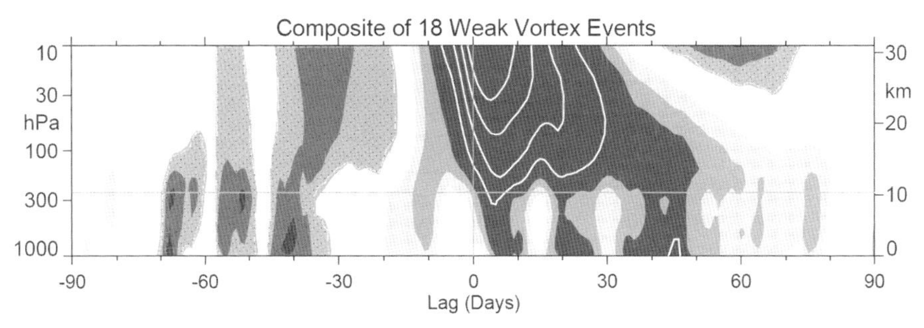

図 5.4 成層圏の AO シグナルが対流圏に降りてくるようす（18 例の合成図）
等値線は各高度での AO 指数の無次元値を示す．負の領域に点彩．図の偏差符号は極での高度偏差と一致するようにとられている．縦軸は気圧（細い水平線は対流圏界面の目安），横軸は時間（日）．Day 0 は 10 hPa（図の上端）で指数が閾値を超えた日としている．（Boldwin and Dunkerton, 2001）

ョンや，インド洋，大西洋の影響も含めて遠隔域の天候変動まで正確に予測することはまだ難しい．さらに，2014 年のように，久しぶりに本格的なエルニーニョの発生が予測されていたにもかかわらず肩すかしを食った例（本格的なエルニーニョは翌 2015 年に起こった）もあり，定量的な精度という点ではまだ課題が残っている．

コラム 15 ◆ さまざまな気象現象の時間，空間スケール

図 5.5 は，さまざまな気象現象の時間，空間スケールを模式的に示したものである．図の下端には，各種天気（長期）予報の守備範囲も示した．

図の左下の時空間スケールともに小さい方からいくと，乱流とは大きさ数十 m ～数 km 程度の風や気温の乱れのことで，あまり目には触れないが，とくに地面付近の気流は地面摩擦のせいで乱れており，時折校庭などでみられる砂煙を伴った渦巻き，ダストデビルとして可視化されたりする．空間スケールが 10 km 程度以上になると時間スケールも数時間くらいになり，降水短時間予報の対象になってくる．夏場の雷，積乱雲などはこの大きさである．スケールが小さいため，観測で捕らえるのが難しい．もう少しスケールが大きくなると，高気圧低気圧として天気図で捕らえられるものとなり，明日明後日の天気予報はこれらの動向の予測がメインである．さきにも述べた，ジェット気流の数千 km の蛇行に伴う高低気圧は総観規

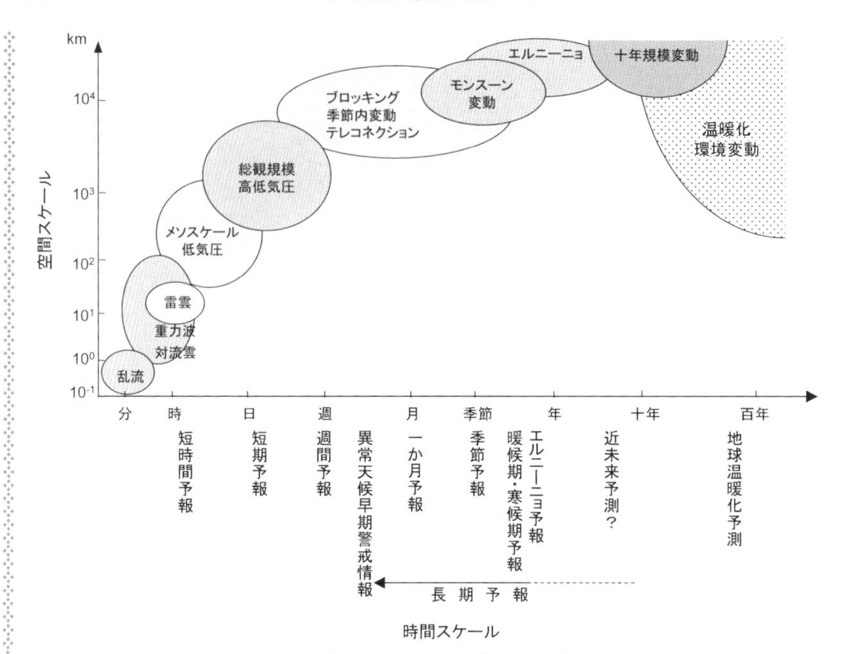

図 5.5 さまざまな気象現象の時間，空間スケール
下段は，各種天気予報，長期予報のおよその守備範囲を示す.

模高低気圧と呼ばれ，古くから気象学の主たる対象であった．総観という言葉は，多くの観測点のデータを集めて天気図で広い範囲の天気状況を把握し始めた，100 年近く前に使い始められたものである．中緯度の天気が 4～5 日の周期で変わるのはこれら総観規模の気圧システムの通過に伴うものである．最近は，総観規模よりやや小さいメソスケール低気圧にも注目が集まっており，日本の梅雨末期の集中豪雨などは波長 1000 km 以下のメソ低気圧に伴って起こることが多い.

週から月より時間スケールが長くなると長期予報の対象となってくる[8]．これらが本書の主対象とした部分である．しかしながら，予報が精度

8) 図には，IPCC AR5 にも取り上げられた「近未来予測」も付け加えておいた．近年，初期値問題として 1 年から 10 年程度先までの予測を行うことが試行されており，十年規模変動や温暖化の近未来動向の見通しを発表できるように研究を進めることが気候研究の世界コミュニティである世界気候計画（WCRP）でも 2016 年に決定された.

を増すにつれて，「長周期変動の変調を受けた短周期変動の動向」も予測の対象に入ってくる．現在強い関心をもたれている，地球温暖化時の台風や集中豪雨の強さ，頻度の変化などはその典型であろう．残念ながらモンスーンの影響の大きい西太平洋ではまだ実現していないが，「今シーズンの台風活動の（季節）予報」は大西洋ではすでに行われている．災害の多くは時間スケールの短い極端気象によってもたらされるので，極端気象の確率予報へのニーズは高いものと思われる．少しくらいテレコネクションがわかってきたといっても，まだまだ道は遠そうである．

5.3 コンピュータで異常気象を科学し，予測する

ここまで随所で気象・気候の数値モデルやそれによる数値実験に言及してきた．本節では，気候・気象のコンピュータモデルとはどういうものか，あらためて説明しておきたい．といっても，紙数も限られているし，本書では複雑な数式は扱わないことにしているので，おおまかなしくみとパフォーマンスの現状，予測やそのための初期値の作り方の概略を紹介するに留めざるを得ない．もう少し詳しい（しかし数式は使わない）解説は，別のところ（住ら，2012）で試みた．さらに専門的な解説は，時岡ら（1993）等をご参照願いたい．

5.3.1 気候のコンピュータモデルとはどういうものか

気象・気候の数値モデルとは，大気や海洋の運動を支配する偏微分方程式を数値的に解くコンピュータプログラムのことである．コンピュータを使わずに解ければそれに越したことはないが，非線形の方程式であるためによほど設定を簡単化しないとそれは叶わない．ことに実際の観測データと対比するシミュレーションや予測においてはそうである．

週間予報くらいまでなら海面水温などゆっくり変化する気候のサブシステムは初期値の値から変わらないと考えても差し支えないので，大気の運動を解く大気モデルが使われる（図 5.6）．大気モデルの予報変数は，水平・鉛直の風速，気圧，気温，密度，そして水蒸気量である．用いる支配方程式は，ニュートンの運動方程式（水平，鉛直の 3 方向）と空気塊への熱の出入りで気温の変化を予報する熱力学の第一法則，空気質量と水蒸気量の保存を表す式，そして気体の状態方程式（ボイル－シャルルの法則）の 7 本である．状態方程式は予報変数間の関係を示す

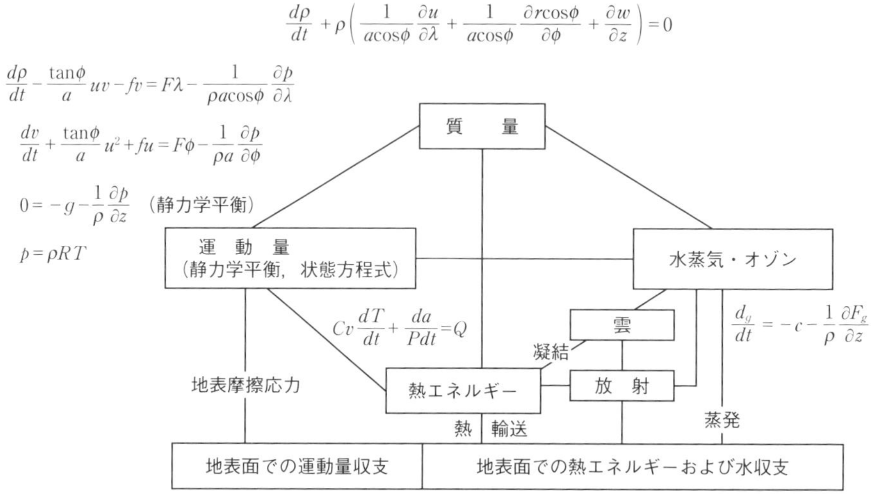

$$\frac{d\rho}{dt}+\rho\left(\frac{1}{a\cos\phi}\frac{\partial u}{\partial\lambda}+\frac{1}{a\cos\phi}\frac{\partial r\cos\phi}{\partial\phi}+\frac{\partial w}{\partial z}\right)=0$$

$$\frac{d\rho}{dt}-\frac{\tan\phi}{a}uv-fv=F\lambda-\frac{1}{\rho a\cos\phi}\frac{\partial p}{\partial\lambda}$$

$$\frac{dv}{dt}+\frac{\tan\phi}{a}u^2+fu=F\phi-\frac{1}{\rho a}\frac{\partial p}{\partial\phi}$$

$$0=-g-\frac{1}{\rho}\frac{\partial p}{\partial z}\quad\text{（静力学平衡）}$$

$$p=\rho RT$$

図 5.6　大気大循環モデルの構成（時岡ほか，1993）

式だが，残りは変数の時間変化率を表す式となっており，現在の状態から各変数の時間変化率を計算し，現在の値にその増分をくわえることによって次の時間の変数の値を計算することができる[9]（微分方程式を解く作業なので，時間積分するという）．

大気モデルでは，流体力学部分の計算のことを力学過程と呼んでいる．コンピュータは微分方程式が解けないので，地球上に格子点を設定するなどして，空間座標の連続関数に対する微分操作をコンピュータの解ける四則演算に変えてプログラム化する必要がある．このような操作を「離散化」と呼んでいる（図 5.7）．この操作により，本来連続的なスペクトルをもつはずの大気運動の表現があるスケール以下では表現できなくなる．端的には，有限の大きさの計算格子を用いた場合，格子間隔以下の気象現象を表現する術（すべ）がなくなってしまう．しかし，実際の大気では，そのような「サブグリッドスケール」の現象も格子点スケール＝グリッドスケールの現象に少なからぬ影響を与えているはずである．グリッドスケールの物理量でサブグリッドスケールの現象の集団効果を表現することを「パラメタリゼーション」と呼んでいる．大気モデルでは，放射，乱流，雲などの気象

9）　実際には，水平スケールが 10 km 程度より大きい運動を扱う場合は，鉛直方向の運動方程式で静力学平衡を仮定するので，鉛直風速は予報せず他の変数から診断的に求める．

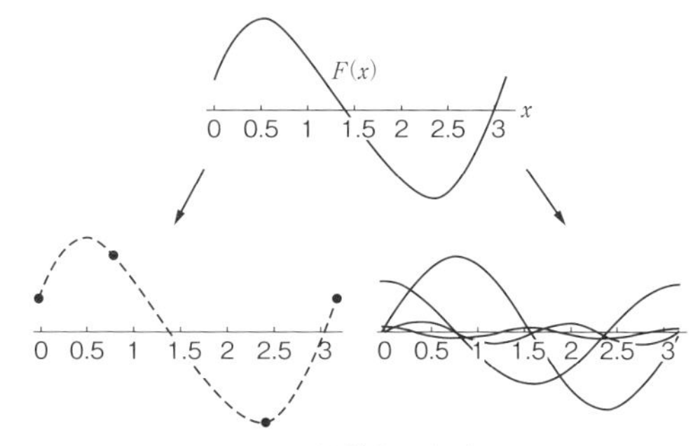

図 5.7 離散化の概念図
元の x（横軸）に関する連続関数を，離散化した格子点で表す方法（左下；有限差分法）や，基底関数（この場合正弦波）の和で表す方法（右下；スペクトル法）などがある．

特有の現象のパラメタリゼーションがモデルの成否を決める重要なものとなっており，その計算を力学過程に対してしばしば「物理過程」と呼んでいる．離散化とパラメタリゼーションについては次項で少し詳しく議論する．

さて，今日では明日明後日の天気予報でも大気の計算は全球で行っている．さらに日本付近の天気予報を精密にするために，領域を限って高解像度で計算を行う領域大気モデルも併用されている．

日々の天気変化より長い時間スケールを扱う場合には，海面水温の変化等も計算しなければならないので，海洋の運動も同様に解く．海洋の場合，水蒸気はないが，その代わりに塩分を予報して海水密度をもとめる．基本的に季節予報以上の時間スケールでは，海洋の大循環も計算する大気海洋結合大循環モデルを用いる．1か月予報の場合，これまでは海面水温偏差を初期値の値に固定して，（あらかじめ知られた）気候学的季節進行成分を加えて，大気モデルだけで計算することが一般的であったが，予報の精密化に伴い近年では1か月予報でも大気海洋結合モデルを用いることが多くなってきた．台風の強風直下では海洋混合層が激しく攪乱され，海面水温が下がる．また，熱帯季節内振動でも大気海洋相互作用が重要であるという研究も出てきていることが背景にある．また，4.3節で述べたように熱帯でも大気の影響によって海面水温が変化する地域もある．このような場合大気モデルのみを用いると，実際には晴れて海面水温が上がっている場所で，高い海水温に応答して雲を立たせてしまうような計算をしてしまいがちであるので，海洋の運動にとっては短い時間スケールでも大気海洋結合モデルが使用される機会が多くなってきたのである．ただし，結合モデルでは大気海洋相互作用によって大気，海洋それぞれのモデルの誤差が増幅し，基本的な気候値が実際の観測から積分時間とともにずれてゆく「気候ドリフト」が避けられないので注意が必要である．精度の増した近年の気候モデルであるが，季節予報より先の予測計算では，あらかじめ行っておいた多数の予測計算から平均的な気候ドリフトを求め，予測を解釈する際には，ドリフト分を除いた偏差を観測と比べるという実用的な作業が不可欠である．

予報には誤差が避けられない．誤差を定量化し，（確率的に）より信頼性の高い予報を行うため，明日明後日の短期予報以外ほとんどすべての予報で複数の初期値から時間積分を行う「アンサンブル予報」を採用するのが近年の流れになってきている（図 5.2）．週間予報より先の延長予報ではもちろん，大気のカオス性に基づく総観規模擾乱の予報誤差成長が問題になるが，数時間先のメソスケール[10]予報でも，観測密度の少なさからくる初期値誤差が，寿命の短い気象擾乱の発達とともに急速に増幅するので[11]，アンサンブル予報が主流になりつつある．アンサンブル予報では，観測誤差や予報誤差の特性（大きさ，3 次元分布など）を考慮してありうる3次元気象場の初期値の確率分布を求め，その中からいくつか（近年では数十個）の初期値を選んでモデルの時間積分を行い，そのアンサンブル平均でもっとも尤（もっと）もらしい予報を計算し，その周りのばらつきを用いて予報誤差を定量化する．この作業のためには高度なデータ同化手法が必要である．

地球温暖化など数十年以上の時間スケールを扱うようになると，大気，海洋，陸面でのさまざまな過程を取り入れる必要が出てくる．大気中の微粒子であるエアロゾルや大気海洋陸面中での生物化学過程を考慮した気候モデルは，地球システムモデルと呼ばれ，近年地球温暖化研究の主役となりつつある[12]．

5.3.2 離散化とパラメタリゼーションについて

本小節では，気候モデルの数値計算においてもっとも重要なこれら 2 つの概念について，もう少しコメントしておく．

10）気象学では，おおむね水平スケール 1000 km 以下をメソスケールと呼んでいる．

11）局地降雨の分布と強さを決定論的にぴたりと予測するのは，日本に 16 地点しかない高層観測所のデータだけからでは無理である．雨雲をとらえる気象レーダや大気下層の風を推定できるウインドプロファイラなどのリモートセンシングデータもあるが，そもそもメソスケールの風と水蒸気の 3 次元分布を正確に表現した初期値を得ることは難しい．

12）ここでは地球システムモデルの詳細にまで立ち入る余裕がないが，住ら（2012）に河宮の解説がある．

a. 離散化について

まず，離散化についてであるが，これは上でも説明したとおり，流体力学偏微分方程式をコンピュータで解く際に不可避の作業である．微分は離散化した隣同士の格子点値の差で近似し（有限差分法という），精度を上げたければ格子間隔を小さくすればよいように思うだろう．それはまったくそのとおり．大気は（海洋も）流体＝連続体なので，そもそも格子間隔はできる限り小さい方がよい．しかし，空間3方向の格子間隔を半分にすると，それに応じて時間積分の間隔（Δt）も半分にしなければならないので，それだけで2の4乗（=16）倍に計算量が増える．もちろん計算格子の高解像度化に伴って必要な記憶領域も増える．スーパーコンピュータの性能は5年で10倍程度といわれているが，それだけを頼りにするわけにはいかない[13]．有限の計算資源のもとでできるだけ正確な計算をするための計算法の工夫は不可欠である．まして，計算機の処理能力は比較的単純な計算の速度で測られることが多いが，たくさんの小さな演算処理チップ（CPU）を並べた近年の並列計算機ではCPU間通信の多い連続体計算は不利で，計算アルゴリズムの工夫なしではピーク性能の1割も実性能が出ない場合もある．

微分演算を差分演算（もしくは関数展開等を用いた他の離散化方法[14]でもよいが）で代替するときの精度の問題だけでなく，より物理的，本質的な問題も多い．以下にそれらを羅列しよう．本書の想定読者にとって数値計算の詳細は不要であろうが，異常気象の理解，予測に必須の道具の課題がどういうところにあるかはぜひ知っておいていただきたい．

離散化はもとの微分方程式とは異なった方程式を解くことなので，工夫なしではもとの方程式系がもっていた性質，例えば非粘性，非断熱時のエネルギー保存も保証されない．運動エネルギーとエンストロフィー（渦度の2乗の水平積分値）保存の双方を満たさない有限差分スキームでは小さなスケールにエネルギーが集まってしまい，長時間積分ができなくなるというのは，1960年代にカリフォルニア大学ロサンゼルス校の荒川昭夫が指摘したことである．

また，移流は流体計算ではもっとも重要な過程の一つであるが，その数値計算

13）少し前なら，明日の天気の予報が明日までに出せる日はなかなかこない，といいたかったところだが，最近だと，地球温暖化によるスーパー台風の影響がはっきりするまでに対策に必要なシミュレーションができないなどというのであろうか．

14）球面上の関数を水平方向に球面調和関数というラプラシアン（∇^2）の固有関数で展開する方法は大気モデルではよく用いられる．スペクトル法と呼ばれている．

中に水蒸気量が負になっては困る．しかし，特段の工夫のない数値計算スキームでは簡単にこのようなことが起きる．

静力学平衡を仮定しても，大気の運動方程式は短周期，小さい空間スケールの重力波を表現できる．このため，時間ステップ（Δt）は総観規模擾乱の移流に伴う時間スケールより短めにとる必要がある．これらの重力波は，地衡風平衡からのずれを波の分散性によって消散させ[15]，総観規模運動を地衡風平衡に保つ役割を果たしてはいるが，総観規模気象擾乱の予測そのものにはこれらの波の詳細までは必要ないし，それに見合う観測データもない．このようなときに，時間積分法の工夫によってΔtを長くとる工夫がなされる．

また，球面上の格子のとり方も，普通に緯度経度に沿って分割していくと，極付近では無駄に経度方向の格子点が多くなってしまい，格子点の代表性に著しい不均一が生じる．このため，サッカーボールのような正二十面体を細かく分割していったような格子系や，野球のボールのように2枚の皮を縫い合わせた格子系のような，より大きさの一様な格子で球面を覆う格子構築法が工夫されている．

b. パラメタリゼーションについて

非線形の流体方程式を数値計算するとき，パラメタリゼーションが必要となる理由については，3.2.1項での演算を振り返ると容易に理解できる．そこでは，非線形方程式(3.1)，(3.2)の予報変数を平均とそこからのずれに分解した（(3.3)，(3.4)式）が，この平均操作をここでは格子点平均と考える．平均量の予報方程式(3.7)，(3.8)式の右辺には，もとの方程式の非線形項に由来するずれの2乗を含む項（ずれの二次の項），$\overline{x'y'}$が現れていた．ずれの時間変化はモデルでは計算しないので，何らかのかたちでこれらの項を格子平均量で表現する必要があるわけである．もとの支配方程式から，2次物理量の時間発展方程式を導出することも可能であるが，その場合その右辺にはずれの3次の項が現れることとなり，これを繰り返してもどこかで高次量を格子平均値で表現するための仮定をおかないと方程式を閉じることができない，すなわち，時間発展を計算する予報変数の数と方程式の数を一致させることができない．このような問題を乱流理論では「ク

15）静止状態もしくは平衡状態にある流体の空間のある一点に摂動が加わった場合，その摂動はフーリエ級数的には無数の波数の足し合わせで表現されることになる．分散性の波は波数によって位相速度が異なるので，一定時間後には成分波は元の一点から波数ごとに異なった距離へ広がっていることになり，文字通り波のエネルギーは広く分散して，実質的にはもとの平衡状態が取り戻される．

ロージャ問題」と呼んでいる．

個々の積乱雲は，水平スケールが1～10 km 程度で，全球を扱う大気大循環モデルでは，これらの雲集団効果を表現することはもっとも重要な作業の一つである．積雲パラメタリゼーションは，格子スケールの大規模運動や海面からの水蒸気蒸発で生じた成層不安定を解消し，熱と水蒸気を大気下層から対流圏上層まで運ぶ積雲の働きを表現する．どのくらいの水平スケール，高さの雲が生じるかを大規模場の関数として表現し，安定化の度合いに応じて，気温，水蒸気の鉛直プロファイル（鉛直分布）の修正量を求めることになる（図5.8）．夏に見る入道雲のカリフラワーのような形状は，雲中で空気が上昇するときに激しい渦状の乱流を伴い，それらが，雲の外の空気を雲の中に取り込む，エントレインメント過程を視覚化したものと考えることができる．成層不安定に伴う上昇流の強さ，それに伴う雲水，雲氷の生成に加えて，このようなエントレインメント過程も考慮して積雲集団の働きを定式化することになる．

積雲パラメタリゼーションは，鉛直に複数の格子点をまたぐような対流をパラメタライズするが，鉛直運動がそれほど激しくない層状雲のパラメタリゼーションは，大規模上昇運動に伴う水蒸気の凝結，雲水・雲氷の生成，さらに降水粒子への成長を扱うものである．雲は水平に一様ではないので，格子内の水蒸気の水平分布を仮定して雲量も求める．水蒸気の凝結熱は周囲の大気を温め，降水が落下する際に乾燥した層を通過するときには，降水粒子からの再蒸発も考慮される．エアロゾルのような微粒子は雲粒ができるときの凝結核になりうるので，そのような過程も考慮される．雲量や雲水・雲氷の大きさや数は放射過程の計算に影響

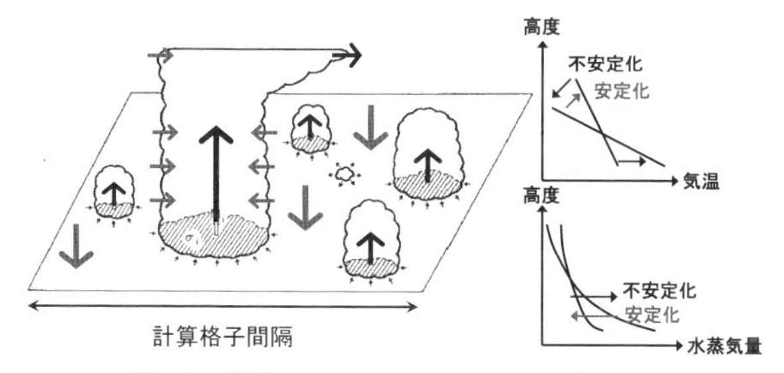

図5.8　積雲パラメタリゼーションの概念図

左は，大気大循環モデルの計算格子内に多数の大きさの異なる積雲が存在するようすを示す．積雲内の上昇流，雲間の補償下降流，雲外空気のエントレインメント等が矢印で示されている（Arakawa and Schubert (1974) に加筆）．右図は，積雲集団が気温（上），水蒸気（下）の鉛直分布を安定化させる作用を模式的に示す（縦軸は高度，横軸は気温（上），水蒸気量（下））．

が大きく，気候感度の問題でも重要である．しかし，μm（$=10^{-6}$ m）スケールの雲粒の微物理を精巧に扱うのは困難で，大気モデルの課題の一つである．

大気中にはさまざまな乱流があるが，とくに乱流活動の活発なのは雲の中と地面の近くである．地面（または海面）から高度1 km 程度までは一般に地面との摩擦や，地面からの熱フラックスを受けた乱流活動が活発なので大気境界層と呼ばれている．この層内では，風速や気温，水蒸気などの鉛直変化が大きく，大気下端からの熱・水の供給を境界層より上の自由大気に伝える役割をしている．境界層乱流は基本場のシアや鉛直成層不安定が大きいときに活発になる．境界層の上方の自由大気で下降流が卓越するような場合，境界層上端に成層の安定な薄い層ができることが多く，層雲が発生する[16]．背の低い層雲は，激しい降雨を伴うわけではないが，太陽光を効率的に反射し，境界層の気温を低く保つので持続性が高い．広い面積を覆うので，このような境界層雲が地球温暖時に増えるのか減るのかは，気候感度の大きさを決めるキーファクターの一つと認識されている．温暖化で海水温が上がると成層不安定化傾向で雲を減らす方向に働くと考えられるが，水蒸気の増加は逆方向に働く．どちらが卓越するかには，境界層の過程とともに，境界層上端で生じる浅い積雲対流の働き（これもパラメタライズされる）も重要である．サブグリッドスケールのパラメタリゼーションが地球温暖化予測の不確実性の鍵を握っていることがおわかりいただけるであろう．

地面は多かれ少なかれ凸凹しており，その上を吹く風に摩擦力を加えるが，数十 km 以上の凸凹の上を気流が流れると重力波が生じる．重力波は鉛直に伝搬し，対流圏上部から成層圏下部に達すると，密度が小さくなるため波の振幅が大きくなって砕波し，そこで初めて地面の凸凹を越えたことによる減速効果が大規模場に働くことになる．つまり，小さいスケールのざらざらは地面の高さで大気に摩擦を加えるが，少し大きなスケールの凸凹は，地面ではなく重力波が砕波する高度で初めて摩擦を加えるのである．サブグリッドスケールの山岳による重力波のこのような働きは，1980年代にベクトル計算機の発展により大気モデルの高解像度化が進んだとき，解像度を上げるにつれて北半球でジェット気流が観測より北偏する誤差を多くのモデルが経験したことから発見された．近年では，積雲対流などの気象擾乱に伴って生じるサブグリッドスケールの重力波パラメタリゼーションも考案されている．

16） 大陸西岸の寒流の上など．日本から米国西岸へ向かう飛行機に乗ると，午前中真っ白な層雲が沿岸を覆い，一部都市部まで侵入しているようすがよく見える．

大気中の放射過程は，流体力学方程式では記述されないもので，大気特有の，そして大循環を根本的に左右する重要な過程である．地球大気が太陽からの短波放射（可視光）を吸収，散乱し，大気や雲がその温度に応じて宇宙空間へ赤外放射（長波放射）を射出する過程を表現する．放射計算自体は，太陽放射，赤外放射共々どのような分子があればどの波長でどのくらいの吸収があるかは，量子力学によって正確にわかる．したがって，波長を細かく分けて吸収線毎に計算できれば鉛直の放射伝達[17]は比較的正確に解けるのであるが，このような計算（ラインバイライン計算）を大気モデル内で行うのは著しく計算コストがかかるので，波長帯の分け方を工夫して，できるだけ効率のよい計算を行えるようプログラムが組まれる．雲粒やエアロゾル粒子などモデル内で計算される，したがって不確実性の大きい粒子の放射効果の見積もりが大きな課題である．

海面での熱・水フラックスの計算については，4.2 節で触れたが，陸上でも原理は同様である．ただし，陸面は極めて非均質性が高い．砂漠もあれば，草原森林もあり，また地面の凹凸もある．雪に覆われているところもあるだろう．白い雪と黒い地面では太陽光反射能（アルベド）が大きく違う．多様な地面状態のもとで，大気と陸面の熱・水・運動量のやりとりを正確に表現する必要がある．計算格子内が一様な地面状態と考えられることはまずない．サブグリッドスケールで一格子内にも多種の地面状態があることが考慮される．植物は，自己保身のため，周りの大気が乾いているときには葉の裏の気孔を閉じて体内からの水分消失を押さえようとする．このような植生の働きも考慮されている．

大気海洋結合モデルでは，海氷のパラメタリゼーションも重要である．海水温が氷点に達すれば海水が凍るのであるが，海氷は生成後の時間や気象状況によって厚さもさまざまで，海流に流されて移動し，ぶつかったり風のストレスを受けたりして割れる．白い海氷上の気温は氷点下数十℃になってもおかしくないが，海氷の隙間から覗く海面水温は氷点（寒冷下で塩分も考慮すると約 −2℃）であり，気温との差で活発な蒸発が生じる．大気モデルと海洋モデルをくっつけて大気海洋モデルを構築し，観測されたような海氷の地理分布，季節変化を再現するのは至難の技である．

海洋モデルや地球システムモデルでのパラメタリゼーションまで話を広げる余裕はないが，気候モデルの計算ではパラメタリゼーションがパフォーマンスの成

17）夏場のビルからの照り返しを思い出せば，3 次元放射計算も重要であることは理解されるが，膨大な計算になり，現状ではとても大循環大気モデルに取り入れられる規模ではない．

否を左右する働きをしており，できる限り観測で検証のしやすい，したがって仮定の少ないパラメタリゼーションスキームを求めて日夜開発努力が続けられていることがおわかりいただければ幸いである．そしてこのような努力は，けっしてモデル結果を観測に合わせるための方便ではなく，大気の物理過程をよりよく理解するための努力でもあるということを強調しておきたい．

コラム 16 ◈ 気象学者は格子間隔をどこまで細かくしたいのか？

連続体を解くのだから細かければ細かい方がよい，と答えては身も蓋もないので，目安を掲げておこう．

まず，現在広く用いられている全球大気モデルの水平格子間隔は，明日明後日の天気予報で 20 km 前後，長期予報や温暖化予測では 50～200 km くらいである．大気モデルの解像度の分岐点は，積雲対流を解像するか否かで，水平格子間隔でいうと約 10 km である．これより粗い解像度では積雲対流のパラメタリゼーションが必要である．積雲対流パラメタリゼーションを用いる大気モデルの場合，できれば 10 km 程度の格子間隔で計算したい．天気予報モデルはそろそろこれに近づきつつある．領域モデルでは 10 km 以下で計算している．

積雲を自前で解像できるのは格子間隔が 1 km 以下と考えてよい．1～10 km 程度の格子間隔は「グレイ・ゾーン」と呼ばれ，精度の要求される天気予報では積雲対流パラメタリゼーションを併用する場合が多く，研究目的のシミュレーションではあえてパラメタリゼーションを用いずモデルなりの対流表現をみることもある．パラメタリゼーションを併用した場合，積雲の効果をモデルの格子点スケールで表現したものとダブル・カウントになるおそれがあるのでグレイ・ゾーンの名がある．

局地豪雨や個々の積乱雲のシミュレーションには 1 km 以下の解像度が必要である．竜巻の場合数十 m が要る．この解像度領域では積雲に代わって乱流の表現，パラメタリゼーションが中心問題になる（large eddy simulation（LES）モデルと呼ばれている）．現在全球の大循環を扱うモデルでこの解像度領域で気候の時間スケールの計算が行われた例はないが，積雲パラメタリゼーションの不確かさがなくなったときどのような精度で大循環，気候が表現されるのか，これをみるのは気象学者の願いである（もちろん，このときには，雲微物理や乱流パラメタリゼーションの不確かさを問題にしなくてはいけなくなる）．今，世界でもっともこれに肉迫しているのは日本の佐藤正樹が開発を主宰するNICAM[18]モデルである．

という訳で，すべてを全球モデルでなくともよいが数十mくらいまでは，できれば生きている間にみてみたいと気象学者は思っているのである．

5.4　気候モデルの成果と課題

前節で駆け足ながら大気モデルの計算の概略をご説明した．今日では，数値モデルなしでは予測や気候研究そのものが成り立たないといっても大げさではないと思う．

5.4.1　なしえたこと

表5.1は，かなり主観的なものであるが，筆者なりに数値天気予報，気候シミュレーションの発展の略史をまとめてみたものである．これを追いながら数値モデルの長期予測，気候研究に果たした役割を振り返ってみたい．

気象庁の前身東京気象台が設立されたのは1875（明治8）年である．世界的にも測器による気象観測は150年弱の歴史しかない．高層観測が天気予報に用いられるようになるのは第二次世界大戦後のことである．観測のみから低頻度現象の十分な考察は難しい．

20世紀初頭，V.ビャークネス[19]の提唱を受け，手計算で世界初の数値天気予報を実行したのはR. F.リチャードソンである（Richardson, 1922）．彼の計算は失敗だったが，世界初の電子計算機を用いてチャーニー（J. Charney），フィヨルトフト（R. Fjørtoft），フォン・ノイマン（J. Neumann）がその意思を継いだ（Charney et al., 1950）．日本の気象庁も世界で2番目に電子計算機を導入した．

最初の大気大循環計算は1950年代であるが，1960年代にはまだ安定した長期積分法を模索していた．積雲対流パラメタリゼーションの先駆けとして真鍋淑郎の対流調節，荒川－シューバートスキームが1960～70年代に提案された．真鍋

18）Non-hydrostatic ICosahedoral Atmospheric Model．佐藤正樹と富田浩文がその土台を作った純国産モデルである．

19）ENSOのJ.ビャークネスの父君である．

表 5.1　数値天気予報，気候シミュレーション略史

年	できごと
1875	東京気象台，気象業務を開始
1904 1914	科学的手法による天気予報についての V. Bjerknes 論文
1922	Richardson による手計算天気予報
1950	ENIAC による最初の数値予報
1956	Phillips，最初の大気大循環数値実験
1959	気象庁，IBM704 導入
1966	Arakawa-Yacobian の発表
1967	Manabe-Wetherald 放射対流平衡モデルによる二酸化炭素倍増実験
同時期	日本で数値予報（NP）グループ活躍
1974	Arakawa-Schubert 積雲パラメタリゼーション
1970～80 年代	都田菊郎，力学的長期予報に尽力
1985	TOGA 計画開始
1986	Cane と Zebiak，エルニーニョ予測に成功
1988	IPCC 発足
1995	CMIP 開始
1996	気象庁，力学的 1 か月予報開始
2002	地球シミュレータ
2003	気象庁，力学的長期予報開始
2007	IPCC 第 4 次評価報告書
2011	京コンピュータ稼働
2013	IPCC 第 5 次評価報告書

は，1967 年に鉛直 1 次元モデルで二酸化炭素倍増実験を行っている．

1970 年代には数値天気予報も進み，大気海洋結合気候モデルも出始めた．ただし，この頃はまだ理想化した地形を採用するものも多く，現実と一対一で対応させるには無理があった．

1970 年代後半以降，都田菊郎は精力的に力学的長期予報の研究を進めた．数値天気予報がようやく予報官に使われ始めるようになった頃である．

1985 年から 10 年間，エルニーニョ研究のための国際プロジェクト，赤道海洋－全球大気（Tropical Ocean－Global Atmosphere; TOGA）計画が実施され，赤道

の無人ブイアレイが設置された．同じ頃，メカニスティックモデル[20]を用いた世界初のエルニーニョ予測にCaneとZebiakが成功した．一方で，地球温暖化の問題も関心を高め，IPCCが1988年に発足した．

1990年代は，気候モデル，長期予報の大きな転換期であった．まず，Cane-ZebiakモデルとTOGA計画の成功，そして温暖化への関心の高まりを受けて大気海洋結合モデルの開発が著しく加速した．現在IPCC評価報告書での予測知見の中核を担う，結合モデル国際比較実験（Coupled Model Intercomparison Project; CMIP）が発足したのも1995年である．大気モデルは解像度も上がり，日本の気象庁は1996年には数値モデルによる力学的1か月予報を開始した．しかし，現実的な地形をもつ本格的な大気海洋結合モデルは，立ち上げ期の1990年代には苦労が絶えず，エルニーニョが起こらないモデル，強すぎるモデル，エルニーニョになりっぱなしのモデルなどバラエティに富んでいた．計算気候値が観測からずれる気候ドリフトも大きく，半数以上のモデルが海面でのフラックスを人為的に調整して長期積分を行っていた．

2000年代は気候モデルがいよいよ実用の度を高める．日本では2002年に，当時2位を5倍離して世界のトップに立った地球シミュレータ（スーパーコンピュータ）が稼働．気候モデル開発も本格化した．2007年のIPCC第4次評価報告書では，人為的なフラックス調整を用いる結合モデルの方が少数派になった．今日では地球温暖化予測に関する研究ではCMIPのマルチモデル計算結果を使って不確実性を定量評価することが半ば義務のようになってきている．

日本の気象庁は2003年に早くも3か月，6か月の力学的長期予報を開始した．当初は大気モデルを用いた予測で，海面水温は初期時刻における偏差，エルニーニョ監視海域の予測値を統計的に処理して作ったものを用いていたが，2010年から大気海洋結合モデルを使う方法に変更された．記録的な暖冬の予報をはずしたということで，気象庁では一度は発表が中止されたこともある（1949～1953年）長期予報であるが，予報官の勘と経験に頼らない科学的な方法が確立したことは大きな進歩である．

20）フルに大循環を計算するのでなく，簡略化を行った数値モデル．Cane-Zebiakモデルの場合，赤道域での大気海洋の偏差のみを計算，大気は定常を仮定，海洋は力学を1層に簡略化し，海面水温予報式を付加，などの特徴をもつ．計算が早いのでメカニズム研究には大いに力を発揮する．

5.4.2 再解析，データ同化

とくに21世紀に入って以降，数値気候モデルの普及が進み，必ずしもモデルを開発している研究者でなくてもモデルを用いた数値実験や解析を行う研究ができるようになってきた．しかし，本書で紹介したような異常気象，気候変動に関する多くの知見が蓄積されてきた一番の功績は，長期再解析データセットの整備にあったのではないかと考えている．再解析データセットについては3.5.2項のコラム11でも紹介したのでその内容を繰り返すことはしないが，長周期変動の解析では品質の揃った長期間の解析データの威力が絶大であることはもう一度強調しておきたい．個人的な経験であるが，1980年代の中頃，ツテを頼ってもらってきた37年分の700 hPa高度のデータをあれこれと触っていたことがある．熱帯を含まない北半球中高緯度だけのデータである．気温も降水量もない高度だけのデータである．よく見る偏差パターンを集めて合成図を作っても，気温や雨はどういう分布だったか，熱帯からの影響があったのかなかったのかよくわからない．時系列を描くと何となく十年規模の変調のようなものはみえるが，解析方法が年代とともに変わる当時のデータで十年以上の長期変動を議論することはタブーに近かった．本書を書くにあたって何枚かの図を，異常気象分析検討会のツールで気象庁55年再解析（JRA55）を用いて描いたが，実に快適である．再解析データといえども格子点に数値が置かれているからといって何もかも信用してはいけないが[21]，大気の立体構造の描写や，ひょっとしたらこの変数をみればどうだろう，といった図を描きながら思い浮かぶことが次々と実行できて結果が画面に出てくる．この環境で存分に研究ができたらさぞかし成果があがることだろう．最近の若者は恵まれている．

ちょっと脱線したが，観測データ，数値モデルとともに研究や予測において重要性の増してきているデータ同化という手法について少しコメントしておきたい．

再解析データの作成においても重要な役割を占めるデータ同化であるが，これはもともと，ばらばらの地点，時刻に観測されたデータを数値モデルの初期値として用いるためにモデルの格子点に内挿する客観解析法の進化したものである．格子点での値を決めたいなら近くのデータを集めて適当な重みで平均すればよいと思うが，基本はそれでよい．しかし，モデルの中では色々な場所の色々な変数

---

21) 例えば雲や水（降水量や水蒸気）に関わるもの，とくにそれらの詳細な地理的分布，長期傾向には細心の注意が必要である．もとの観測データの精度，カバレッジ，データ同化に使う数値モデルのくせなどの影響が大きい変数だからである．

が互いに地衡風や静力学平衡などの平衡状態を保ちつつ時空間発展しているので，外部からよかれと思う値を入れても，モデルがノイズと認識してしまってはその情報が瞬くうちに分散してしまう（5.3.2 項の注 15）参照）．真値はわからないが，観測データにも誤差がある，モデルにももちろん誤差がある．これらのバランスをうまくとって，より真値に近いはずの，しかし時空間的には隙間だらけの観測データの情報と，すべての格子点値，変数値は揃っているがパラメタリゼーションや離散化のために誤差の大きいモデル情報とをうまく融合させて，より真値に近い解析値を得ることができるのがデータ同化の真骨頂である．

データ同化手法にも何種類かあるが，近年用いられる手法で考慮されている重要な点のみ定性的に記しておく[22)]．

(1) どの手法でも同じであるが，前時刻からの予報値を第一推定値として，近隣の観測データの重み付き平均で解析値を求める．観測が少ないところでは解析値が予報値に近くなる．前解析時刻の観測情報もこのようなかたちで取り込まれることになる．

(2) 重みは解析値の真値からの誤差（解析誤差）が統計的に最小になるように決めるが，距離が離れるほど小さいと考えてよい．

(3) 観測値と第一推定値の相対的な重みは，観測誤差（測定誤差）と予報誤差の大きさに逆比例する．普通は観測誤差の方が小さいので，観測に大きな重みが与えられる．データとモデルのどちらをより正しいと思うのか，それを合理的に決めるのがデータ同化である．

(4) 解析する変数と異なる変数の観測値も解析に用いることができる．これは例えば次のようなことである．降水量は通常モデルの予報変数ではなく，物理パラメタリゼーションから診断的に出てくる量であるが，モデルで計算した降水量が観測されたものとよりよく合うように，モデルの予報変数，例えば風や水蒸気量の解析値を修正する．どうやってやるのかは数学を用いた説明が必要であるが，これができるのが高度なデータ手法たるゆえんである．これにより，衛星で測定した放射輝度のようなデータも解析に取り込むことができる．気圧の観測データが風を修正することももちろんありうる．

(5) 解析時刻と異なる時刻の観測データも取り込むことができる．

(6) 予報誤差には空間相関，変数間相関があることが考慮される．高度な手法

22）詳しく知りたい方は，住ら（2012）に露木による解説がある．

では，これらが流れの場に応じて変化する効果を考慮することもできる．その場合，偏西風に沿った向きには誤差相関が大きく，これと垂直な向きには小さいといった調整が行われることになる．

あまり多くをあげても消化不良になると思うが，この中で注目すべきは(4)であろう．モデルを使いながら観測データを解析することで，あらゆる観測を解析情報の向上に役立てることができるのである．データ同化は単なる空間内挿ではない．以上のような特徴を十分に生かすことで，リモートセンシングデータなどの新しいデータをどんどん解析，そしてひいては予報精度の向上に生かしてゆくことができる．まだあまり広く行われてはいないが，大気海洋結合データ同化を行えば大気のデータを海洋解析に役立てることも，またその逆も実現できる．

近い将来に，データ同化と地球システムモデルを駆使した長期気候システム再解析が行われ，地球環境監視予測システムの本格運用に向かうことは間違いないだろう．

コラム 17 ◆ アンサンブル・確率予報と胴元必勝則

カオスの壁に近い週間予報では精度が下がるのはいたしかたない．気象衛星や風を測れるウインドプロファイラなど新兵器で初期値推定の精度を上げる努力はされているし，天気予報を行うコンピュータモデルの精度もどんどん上がってきてはいるが，自然の真理にはかなわない．精度が徐々に下がるのは仕方ないとしても，当てやすい日とそうでない日はある．仮にぴたりとは当たらなくても，集中豪雨のような極端現象の可能性が確率的にでもわかればそれに対する備えもできる．したがって，最近では，週間予報や長期予報では，観測誤差の範囲でありうべき初期値を多数設定して，多数個のモデル予測を行い，その平均やばらつきの度合いから予報の精度や顕著現象発現の確率を表現する，アンサンブル予報という方式を採用するようになった．多数のアンサンブル予報のばらつきの大きさによってその日の予測の良し悪しを推定し，提供することができる．日常おなじみの降水確率予報もこの一種ではあるが，こちらは過去の統計結果にもとづくもので，カオス理論に直接立脚したものではない．実用化されて久しい降水確率予報であるが，いまだに「降るのか降らないのかびしっと言ってくれ」という声が多いのは理解できる．一般の利用者にとってはこむずかしい確率表現などうっとうしいことであろう．しかし，確率は低くても雨が降れば大損するような業界——例えば花見時期のコンビニの弁当の仕入れ——では，コストと損害の比に応じて確率予報を経済的に利用できるメリットがある．

確率や統計というのは，サンプルが多いときの理屈である．毎日たくさんの弁当を売る人にとっては，予報が外れて損をする日があっても1年を通じて儲かる方がよい．「博打で儲けた人なんていないのよ」と何回言われても，「そりゃそうだが，今日のオイラはちょっと違うんだぜ」と赤鉛筆を手に競馬場に向かう博打打ちを誰が責められようか．——この場合，何回競馬場に通っても胴元が儲かる事実に変わりはないので，たとえは厳密ではないが，確率予報はサンプルを増やしたときに初めて価値の出てくるものだということを思い出すには便利な喩ではないかなと思っている．

コラム18◈機動的観測

最近ではアンサンブル予報をより積極的に利用しようという研究も進んできている．気温の偏差が何℃になるかという予報だけでなく，その信頼度がどれくらいであるか，という「予報スキルの予報」は，予報誤差を定量化するというアンサンブル手法導入のそもそもの動機を具現化したものであるが，これをもっと積極的に発展させて，予報に不安がある場合，どこでどんな観測をしたらより確かな予報ができるかを推定して，間に合う場合にはそこへ行って観測しよう，というものである．「機動的観測」と呼ばれている．

アンサンブル予報システムではこのような機動的観測可能性を推定することが可能である．例えば，今日日本の南海上で発生した台風のアンサンブル予測が1週間後に北上して首都直撃する経路と北上せず西方へ抜ける経路に二分されているような場合（図5.9がそれに近い一例），どの辺で観測を行えばどちらかの経路をとるかよりはっきりするか推定できれば，飛行機で観測に行けばよい．5日先まで台風予報を行うようになった今日では

23）最近では，沖縄付近でぐずぐずしている台風についても，週末や週明けに首都圏上陸の可能性ありと情報が流れ，大体その通りになる．内輪褒めになってしまうかもしれないが，見事なものだと思いませんか？

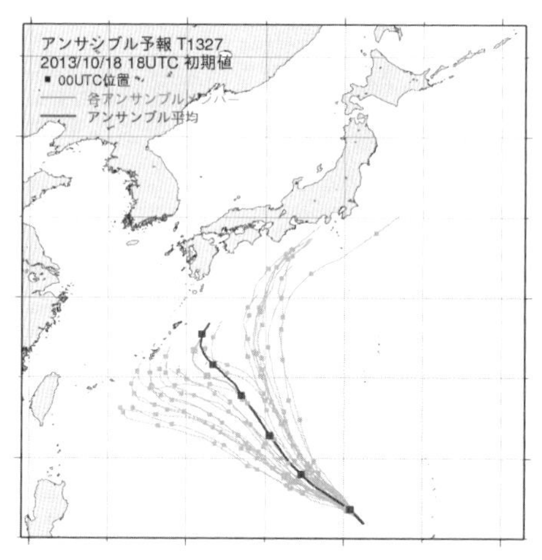

図 5.9 台風のアンサンブル予報（2013 年 27 号の例（気象庁 web ページ））
薄い線はアンサンブルメンバー，太い実線はアンサンブル平均の台風経路予報を表す．初期値は 2013 年 10 月 18 日 18 UTC（グリニッジ標準時；図下端の経路原点），■は 00 UTC での予報位置を表す．

決して無理な（間に合わない）話ではない．欧米ではすでに何年も前に偏西風帯の低気圧予報で実際の航空機を使った実験を行っている．台湾の気象学者が米国と協力して台風特別観測を行ったこともある．残念ながら，観測用の航空機を一機ももたない日本の気象庁，気象学会では夢物語であるが，しかし，近年の衛星の多くは従来とは比べものにならないほど多くの波長帯（チャンネル）をもっており，観測の時間密度も高い．実は膨大なデータの全てを数値天気予報に使用できているわけではない．予報に感度のある領域のデータを集中的に細かく解析することなら，飛行機をもたない日本でも実現可能である．

5.4.3 気候モデル，気候予測の課題

残念ながら明るい話題だけで話を終わることはできない．気候モデル，気候予測の抱える課題についても議論しておかねばなるまい．

a. スケールギャップ

連続体の計算なのでできるだけ細かい解像度のモデルを用いたい，高解像度でとくに積雲対流のパラメタリゼーションに伴う不確実性を克服したい，というこ

とはコラム16でも述べた．しかし，細かく計算すれば自動的に結果がよくなるということは決してない．積雲のパラメタリゼーションを取り去っても雲微物理や乱流のパラメタリゼーションは残る．モデルのパフォーマンスの相当な部分は，物理過程の細部を調整しつつ全体のバランスをとる地道な「チューニング」作業による．

しかし，それはそれとしてここでいいたいのは，本書で主に紹介した大規模スケールの天候変動に対する理解（と少しばかりの予測能力）と，実際に起こる天候変動，極端気象の時空間スケールのギャップについてである．テレコネクションなどといって天候変動の仕組みを解説するが，実際にはロスビー波列の位相が500 kmずれたら予測としては大外れである．定性的にメカニズムが大体あっているというのと予測が実用になるというのとの間には大きなギャップが残念ながらまだあると思う．

b. パラメタリゼーション向上への道筋

何度も繰り返すが，理解の向上も予測の向上も数値モデルの向上に負うところが絶大で，そのためにはサブグリッド現象のパラメタリゼーションの向上が不可欠である．気象・気候の数値モデルが登場して60年以上経つが，パラメタリゼーション開発は，開発者の洞察とさまざまに工夫した上での観測データでの検証を試行錯誤しながら行われてきたといってよい．よりよいパラメタリゼーションのためのレシピなどなかった．しかし，計算機の向上によって近年ではパラメタライズされるプロセスを解像できるシミュレーションも可能になってきている．サブグリッドスケールの現象の集団を扱うこれまでのパラメタリゼーションに比べれば，プロセス解像計算は，例えば雲粒の情報が得られる新しい衛星観測によってより直接的な検証が可能である．数値気候モデルは，エアロゾルや炭素などの物質循環，地球化学過程を含む地球システムモデルへと進化してきている．新しいプロセスの検証も必要である．プロセス解像モデルと新しい観測データによりパラメタリゼーション改良の道筋が開けることを期待している[24]．

c. 予測は役に立っているか？

数値モデルや再解析データ，天候変動診断のツール，概念的理解など，30年前と比べれば格段に道具立ては整ってきていると思う．第一，長期予報が数値モデ

24）身内のことなので本文には書きにくいが，ここ20年ほどのモデルユーザの爆発的な増加に比して，モデル開発を担う研究者の数少なさは深刻である．地道な作業が多く論文量産に向いていないからだろうか．モデル開発者を「絶滅危惧種」とまで呼んだ人もいるくらいである．

ルで計算される日がこんなに早くくるとは思わなかった．しかしながら，肝心の予測精度については，道具立てと同じく劇的な進歩，とまではまだいっていないように思う．研究や開発に期待がかかるところである．

一方で，天候変動の監視，予測に関わるデータ，情報の充実に見合う利用が一般ユーザになされているかというとたいへん心もとない．アンサンブル予報など利用者のニーズに応じた使い方が可能と思うがまだまだ普及が十分でないように思う．これは筆者のみの感想ではなくて，世界気象機関（World Meteorological Organization; WMO）が2009年に開催した第3回世界気候会議の議題が気候情報の利用促進であったことからもわかる．ちなみに過去1979，1990年のこの会議を受けてIPCCや全球気候観測システム（Global Climate Observing System）が設立されているので，気候情報利用がかなり大きな課題であることがわかる．

コラム19 ◈ スーパーコンピュータ「京」によるMJOの予測

大気のコンピュータモデルのもっとも大きな課題の一つが積雲パラメタリゼーションである．そして，熱帯での1か月予報の成否はMJO等季節内振動の予測いかんにかかっている．3.7.2項で紹介したように，MJOは巨大積雲群（スーパークラスター）のゆっくりした東進で特徴づけられる．ここでは，2011年に世界最速を記録したスーパーコンピュータ「京」によって，積雲パラメタリゼーションを用いない高解像度全球大気モデルを用いたMJO予測を試みた例について紹介する．

図5.10の縦軸は，MJOの予測スコアを表している（Miyakawa et al., 2014）．3.2.4項で出てきた振動子方程式の(x, y)（(3.14)，(3.15)式）が観測と予測でどれくらい一致しているかを相関係数で評価したものである．1.0が完璧な予測，0.0は予測と観測が（統計的に）無関係，-1.0は両者が完璧な負相関であることを示す．このスコアが0.6以上あることが，予報の現場では有用な予測の目安とされる．図の横軸は予測開始からの日数である．

図の実線は初期時刻54例の平均のスコアを示し，破線は図3.26（3.7.2項）に示されたMJOの初期値フェイズごとの平均スコアである．陰影は，これらのスコアが有用な予測の目安である0.6を保持できたおよその日数(26～28日；有用な予測期間と呼ぶ）を示している．今回の実験では，お

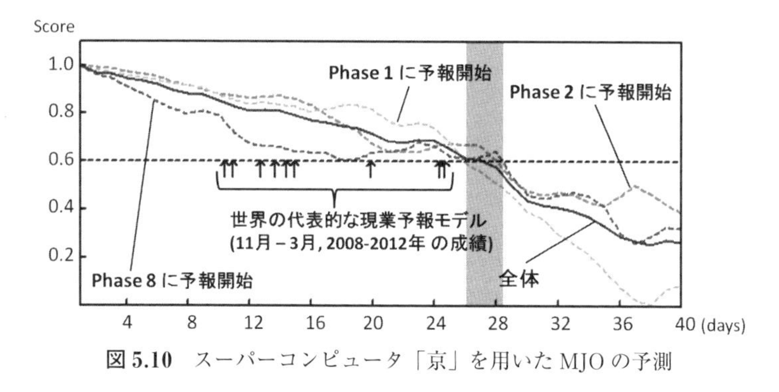

図 5.10　スーパーコンピュータ「京」を用いた MJO の予測

よそ 4 週間にわたって有用な予測ができている．熱帯の 1 か月予報に希望を抱かせる結果である．

図中の矢印は，初期時刻は今回の実験とは完全に一致しないが，世界の代表的な気象機関の天気予報モデルの有用な予測期間を示している．今回の積雲パラメタリゼーションに頼らない高解像度「雲システム解像」[25] モデルは，これらを凌駕する成績を示している．

今回の実験では，初期値の大気場は雲を解像しない通常の天気予報用の初期値を用いている．したがって，よい成績をもたらしたのは必ずしも正確な初期の雲情報ではなくて，計算を進めていくときの雲集団と大規模場の相互作用がうまく表現できていたことにあると考えられる．そうみれば，全球雲解像天気予報の実現はだいぶ先になるとしても，今回のような雲システム解像モデルを用いて現状用いている積雲パラメタリゼーション改良の指針が得られることが期待される．パラメタリゼーションの歴史は長いが，システマチックな改良の道筋というのはなかなかみえなかった．プロセス解像モデルの登場が，パラメタリゼーション—スケール間相互作用の理解向上への道を切り開いてくれると筆者は信じている．

25）今回の実験は，約 14 km の計算格子を用いているので，個々の積乱雲を完全に解像しているとはいえない．

あとがき

せっかくだからと，色々書いていたらこんなページ数になってしまった．考え方をわかりやすく説明する目的のみに限ったつもりだが，気象学の術語や数式もだいぶ出てきてしまった．異常気象の考え方を中心ご紹介したかったのだが，必要事項を端折った説明ではモーティベーションの高い読者にはご納得いただけないはずだと思った結果である．筆者にもう少し技量があれば，もっと簡潔に説明できたはずだがご容赦願いたい．しかし，一般に解説するときもわれわれ業界関係者はこんなイメージで天候変動をとらえたうえでご説明している．読者が少しでも本書の題材に興味をもって頂いているなら，そのイメージを少しは共有できるようにしたかった．そして，自分がみてきたこの業界のここ 30 年の進捗のようすをぜひ知ってほしかった．通常の気象の本ではグローバル気象，天候変動にここまで踏み込む余裕はないと思うので，ま，こんな本が一冊くらいあってもよかろうとご容赦願いたい．

締め切りを何度も無視したうえ，ようやく原稿が上がってきたと思ったらこの分量……．呆れることなく出版にこぎつけて頂いた朝倉書店と，本シリーズ監修の新田尚，中澤哲夫，斉藤和雄の各氏，そして原稿を読んでコメントをくれた大学院生の千葉丈太郎君には深く感謝します．正直に言うと，途中で「あ，分量がまずいな」と思いましたが，「せっかくだから，自分の思った通りに書いてやろう．どうするかは後で考えよう」といつもの思考パターンに陥りました．そのおかげか，出来不出来とは別に今はわりとすっきりしています．

読者のみなさま，ここまでお付き合い頂き誠にありがとうございます．「あそこはわかりにくい」「ここはまちがっている」の類があればお知らせください．「これを書くならあれも書いてほしかった」「あれはどうなってるんだ」の類も次（!?があるのか）に生かさせて頂きますのでどうぞ．読んではみたが何と言ってよいかわからない方には，「くどくどとうざったい部分もあったが，まぁちょっとはすっきりしたところもある」という感想を筆者はもっとも喜ぶことをお伝えしておきます．

付　　録

◇◇◆ A　ミニマム数学 ◆◇◇

本書ではできるだけ数式を使わないようにしたい，使わなくてもわかるように説明したいと思っているが，数式を使わないとかえって冗長な説明になってしまう場合もある．多くの方には無用のことかと思うが，本書で登場した数学をここに羅列しておく．これ以上難しい数学は出てこないように，出てきても無視して意味は通るように努力したつもりである．

(1) 指数関数，三角関数

$$e^{(a+b)}=e^a\times e^b$$

指数が複素数$(a+bi)$の場合（iは虚数単位；$i^2=-1$）

$$e^{(a+bi)}=e^a\times e^{bi}=e^a\times(\cos b+i\sin b)$$

$x=e^a$のとき，$\ln x=a$

(2) 微分

$$\frac{d}{dx}\sin x=\cos x\,;\ \frac{d}{dx}\cos x=-\sin x$$

$$\frac{d}{dx}e^x=e^x\,;\ \frac{d}{dx}e^{ax}=ae^{ax}$$

$$\frac{d}{dx}\ln x=\frac{1}{x}$$

(3) 偏微分

関数が２つ以上の従属変数に依存する場合

$$\frac{\partial}{\partial t}e^{i(kx-\omega t)}=-i\omega e^{i(kx-\omega t)}\,;\ \frac{\partial}{\partial x}e^{i(kx-\omega t)}=ike^{i(kx-\omega t)}$$

(4)　微分方程式

$\dfrac{dx}{dt}=ax$　の解は，　$x=x_0e^{at}$（x_0 は初期値；$t=0$ での x の値）

$\dfrac{d^2x}{dt^2}=-\omega^2x$　の解は，　$x=x_0e^{i\omega t}$

◇◇◆ B　n 項移動平均の「応答関数」の求め方 ◆◇◇

簡単のため，n は奇数とする．もとの時系列を x_j（j は，等間隔に与えられた時刻の指標（インデックス）），n 項移動平均を施した後のデータ時系列を y_j とすると[1]，

$$y_j=\sum_{k=j-(n-1)/2}^{j+(n-1)/2}\frac{1}{n}x_k,$$

$x_j=ae^{i\omega j\Delta t}$ とすると，

$$\begin{aligned}y_j&=\sum_{k=j-(n-1)/2}^{j+(n-1)/2}\frac{1}{n}ae^{i\omega k\Delta t}\\&=\left(\frac{1}{n}\sum_{l=-(n-1)/2}^{(n-1)/2}e^{i\omega l\Delta t}\right)ae^{i\omega j\Delta t}\\&=\left(\frac{1}{n}\sum_{l=-(n-1)/2}^{(n-1)/2}e^{i\omega l\Delta t}\right)x_j\\&=\left\{\frac{1}{n}\left(1+\sum_{l=1}^{(n-1)/2}2\cos l\omega\Delta t\right)\right\}x_j\end{aligned}$$

右辺カッコ内が応答関数（ω の関数；図 B.1）．

$n=5$ で計算してみると，

$$\begin{aligned}&\frac{1}{5}\left(e^{-2i\omega\Delta t}+e^{-i\omega\Delta t}+e^0+e^{i\omega\Delta t}+e^{2i\omega\Delta t}\right)\\&=\frac{1}{5}(2\cos 2\omega\Delta t+2\cos\omega\Delta t+1)\end{aligned}$$

1)　$\sum_k(\ )_k$ は添字 k の変わる範囲で $(\ )_k$ を足し合わせる操作を表す．

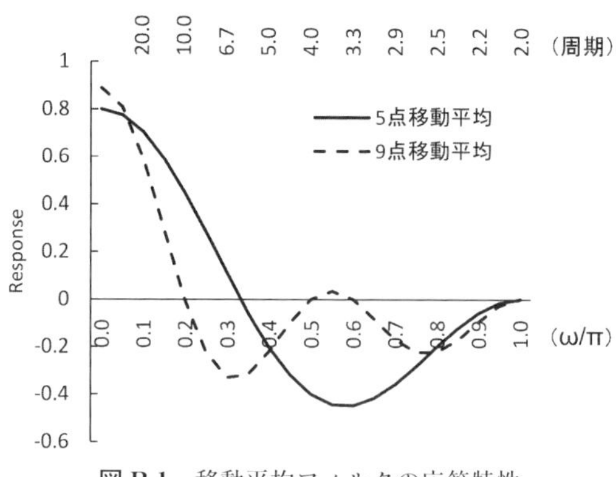

図 B.1　移動平均フィルタの応答特性

C　コリオリ力

コリオリ力は，回転系にいる観察者にとって，実際には働いていなくても，系が回転していることによってあたかも回転系内で運動する物体に作用しているかのように見える見かけの力である．メリーゴーランドを思い浮かべていただくのがわかりやすいと思う．

反時計回り（時計回りでもよいが，とりあえず北半球の自転方向に合わせる）をしているメリーゴーランドで，子供を馬に乗せ，後ろから見守っている親（私）の気持ちになってほしい（親は馬には乗らず，荷物を持って手すりにでもつかまっていることにしよう）．メリーゴーランドは回転が安定し，子供も大喜び．ふと後ろを向いて，見守る親に手を振ってくれた．うれしくなって，子供の乗った馬の方に向かって進もうと右足を踏み出そうとする．ところが，足を上げて下ろす間にメリーゴーランドの台（地面）がある程度回っているので，私の足は，子供の馬の方角から少し右側にずれたところに着地してしまう．もちろん，誰も私を押したりはしていない．

このように回転系において，その回転系に相対的に運動する物体には，運動方向と垂直に（反時計回りに回転するメリーゴーランドの場合，進行方向に向かって右方向に）力が働いたかのように，（回転系でみた）運動が影響を受ける．私の右足が意図した進行方向から右側にずれてしまったのは，系が回転しているために，見かけの力がかかったのだ，と説明する．この見かけの力[2]のことをコリオリ力という．

コリオリの力の大きさは，速度×回転の角速度[3]×2 になる．×2 が出てくるのがわかりにくいが，速度 V で等速運動をする回転系上の物体は時間 t の間に Vt 進み，その間に系は角度 ωt だけ回転している．したがって，運動している物体は当初予定より $V\omega t^2$ だけ，右にずれた位置にあるように見える．進行方向の速度は変わらなくても，向きが変わると加速度を受けた，という．この場合時間 t 内に $V\omega t^2$ だけ進行方向右向きに行き先をずらすような加速度 a がかかったのである．加速度 a を受ける物体が時間 t の間に動く距離は $at^2/2$ である（最初速度 0，時間 t 後に速度 at となるので，平均速度は $at/2$，時間 t 内に動く距離はこれに t をかけた $at^2/2$）[4] ので，これと $V\omega t^2$ を等値すると（コリオリの）加速度 $a=2\omega V$ になることがわかる．

自転軸が地面に垂直な場合はこれでよいが，地球の場合自転軸は，赤道面に垂直で，各緯度での地面には垂直でない．自転軸に平行な自転角速度ベクトルを各緯度での地面に垂直な成分と水平な成分に分けることに抵抗のない方は，自転の角速度ベクトルの緯度 φ での水平面に垂直な成分が，$\Omega \sin \varphi$（Ω は自転角速度 360°（ラジアンで 2π）/1 日）であることはすぐご納得いただけると思うが，直観的な説明の方が好きな方は（私もそうです），図 C.1[5] で緯度 φ の地面が 1 日に角度にして 360°×$\sin \varphi$ だけ回転すること，したがって回転角速度は $\Omega \sin \varphi$ となることを納得していただきたい．

というわけで，緯度 φ でのコリオリ加速度の大きさは，$2\Omega \sin \varphi V$ ということになる[6]．$2\Omega \sin \varphi$ をコリオリ係数と呼び，f と書くことが多い．南半球では φ を負に取り，

2）座標系の回転による見かけの力で本当の力ではないのだから，Randall（2012）は，コリオリ力といわずにコリオリ効果と呼んでいる．筆者も賛成だが，そうすると遠心力も遠心効果と呼ばなくてはいけない．そこまでのこだわりはないので，慣例に従うことにした．

3）角速度とは，単位時間にどれだけの角度回転するか，ということで，地球は 24 時間で 360°（ラジアンでは 2π）自転するので，角速度は 360°/24 時間ということになる．

4）加速度は速度の変化率，速度は位置の変化率，すなわち加速度は位置の 2 階微分，ゆえに，$d^2x/dt^2=a$ を $t=0$ から $t=t$ まで積分して $x=at^2/2$.

5）図 C.1 の説明は，浅井冨雄（2000）にもとづく．

6）なお，自転角速度ベクトルは，緯度 φ での水平面に平行な成分ももつが，これに伴うコリオリ力は，気象学では通例無視される．鉛直成分は，静水圧平衡で出てきた気圧傾度力と重力に比べて圧倒的に小さく，水平運動方程式に出てくる成分は，鉛直風速に $2\Omega \cos \varphi$ がかかったかたちで現れるが，鉛直風速が水平風速に比べて小さいので無視される．大気の厚さは地球半径に比べてはるかに小さい．つまり，薄くて平べったい．したがって大規模運動では，運動の水平成分が鉛直成分に比べて圧倒的に大きい．それゆえ気象学では，水平と鉛直運動は分けて議論するのが通例である．対流圏の気象を扱う場合，運動の鉛直スケールは対流圏の厚さ（約 10 km）と考えておけばよい．したがっ

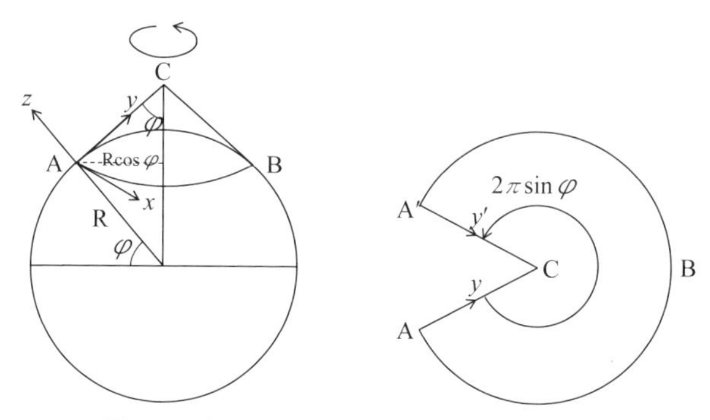

図 C.1　緯度 φ での水平面の回転角速度の説明

(左) 地球の自転に伴う緯度 φ でのローカル座標系 (原点および x, y, z 軸の方向) の移動.
(右) 地球の自転により, 緯度 φ での水平面が原点 A の移動に伴ってつくる円錐 ABC について, これを AC で切って平面上に広げたもの(CABA′). 左図から, AC の長さは $\dfrac{R\cos\varphi}{\sin\varphi}$ であることがわかる. したがって, 右図の ABA′A の円周 1 周ぶんは, $2\pi R\cos\varphi/\sin\varphi$. 一方, ABA′ の長さは, 左図で緯度 φ での緯度円の円周なので, $2\pi R\cos\varphi$. したがって, 直線 AC と A′C のなす角, すなわち緯度 φ の水平面の y 軸が 1 日に回転する角度が $2\pi\sin\varphi$ であり, 回転角速度は $\Omega\sin\varphi$ ということになる. (ちなみに, 地球の自転を証明したフーコー振り子の周期は ABA′A と一周するのにかかる時間なので, 2π を回転角速度で割った $2\pi/\Omega/\sin\varphi$, すなわち 24 時間 $/\sin\varphi$ である.)

sin の符号も変わる. したがって, コリオリ力は物体の進行方向に対して北半球とは逆向きに働く. 赤道では $\sin\varphi=0$ でコリオリ力は働かない. 地衡風も定義されない. 地衡風を基本とした中高緯度の気象力学と熱帯でのそれが異なる要因の一つである.

さて, 大気波動の力学では, コリオリパラメータとともにその緯度変化 $df/d\varphi$ も重要になる. コリオリパラメータの緯度微分 $2\Omega\cos\varphi$ を β (ベータ) と書き, その効果を β 効果と呼ぶ. コリオリパラメータ f は赤道でゼロであるが, β は赤道で最大である. これもまた赤道の力学を特徴づける要素の一つである.

て, 水平スケールが 10 km に近くなってくると, 注意が必要であることは静力学平衡のところでも述べた.

◇◇◆ D　高気圧と低気圧の非対称性 ◆◇◇

ブロッキング現象でもそうであるが，これに限らず一般に，中高緯度では高気圧は低気圧よりも空間的に少し大きめである．低気圧の中心付近は等圧線が混んで強い風も吹くが，高気圧の中心付近は気圧傾度も風も弱く穏やかである．このことは，地衡風バランスに遠心力の効果をプラスした傾度風という概念で解釈できる．

ある点の周りに同心円状の等気圧線をもつ高気圧または低気圧を考える（図 D.1）．円の中心から半径（動径）方向に外向きを正として座標軸 r をとって，円周に沿う反時計回りの接線風速を v とすると，傾度風の関係は次のようになる．

$$-fv-v^2/r=-1/\rho(\partial p/\partial r) \tag{D.1}$$

左辺第 1 項目はコリオリ効果，右辺は気圧傾度力を表している．左辺第 2 項が今回付け加えた遠心力の項である．ここで考える力のつり合いでは動径方向の速度成分はゼロである．右辺が負のとき低気圧，正のときが高気圧にあたる．このときそれぞれ v は正，負になる．

各項の符号を考えると，低気圧のときは遠心力（$-v^2/r$ は常に負）が気圧傾度力を一部相殺するかたちになり，v はコリオリ効果がこれにつり合うように決まる．逆に高気圧では気圧傾度力と遠心力の大きさの和にコリオリ効果がつり合うので，同じ大きさの気圧傾度力に対しては高気圧の方が(D.1)式のバランスで定義される傾度風速は大きいことになる．傾度風は大抵このように説明されるが，これだけでは大事なことを見落としてしまう．

(D.1)式は，$1/\rho(\partial p/\partial r)$ が v の 2 次関数になっているとみることができる．これを図示したのが図 D.2 である[7]．2 次関数は高気圧側（図では下側）で変曲点をもつので，これより負の側に v の解は存在しない．低気圧側ではこのような制限はない．すなわち，傾度風を考えたときには，高気圧の気圧傾度力と接線風速には限界があるということである．これで高気圧の中心付近で気圧傾度力があまり強くならず，風速も弱いことが納得できた．

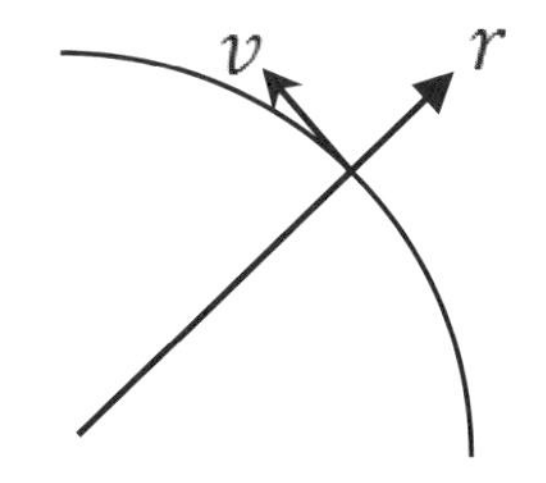

図 D.1　傾度風の説明に用いる座標

7)　2 次関数の破線の部分は気圧傾度力が 0 のときも風速がゼロにならないので物理的にこの部分の解は不適当である．

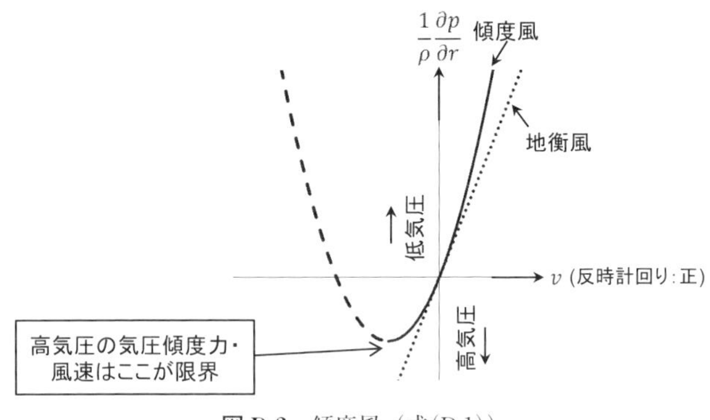

図 D.2　傾度風（式(D.1)）

高低気圧渦の強さはある半径(r)での円周に沿った接線風速(v)の積分（循環[8] という）で測ることができ，$2\pi rv$ であるが，循環が同じであっても v の大きさに上限がある高気圧では r が大きくなりがちである．このような理由で，大気中では高気圧の方が低気圧より大きい傾向がある．

ブロッキング高気圧は比較的持続性が高いが，ブロッキング低気圧の方は小さいものが結構動き回って，また入れ替わりも激しい傾向がある．これは，ここで述べたことに加えて，上層の低気圧性孤立渦（正のポテンシャル渦度偏差）は，上空で低温（；層厚が薄い）偏差を伴い鉛直安定度が悪く，とくに海面の暖かい低緯度まで降りたときには対流が生じやすいために，長く自身を維持することが困難だからである．

◇◇◆ E　基本場の空間非一様性と擾乱の構造 ◆◇◇

基本場と偏差（擾乱）の関係がどうなるときに基本場から擾乱へのエネルギー変換がありえるかは，模式的に示すことが可能である．基本場の空間不均一をならす働きのできる偏差パターンを考えればよいからである．図 E.1 は，基本場のシア（水平(y)または鉛直(z)方向）を図の左側に矢印を使って示し，図の右側には基本場のシアを弱めるような運動量（左図の縦軸が y のとき）または熱（z のとき）を運ぶ偏差パターンの等高度線を模式的に示している．

左図の縦軸が水平軸（南北でも東西でもよいが，説明を簡単にするため仮に北向き

8)　循環は円内の渦度を積分した量に一致する．

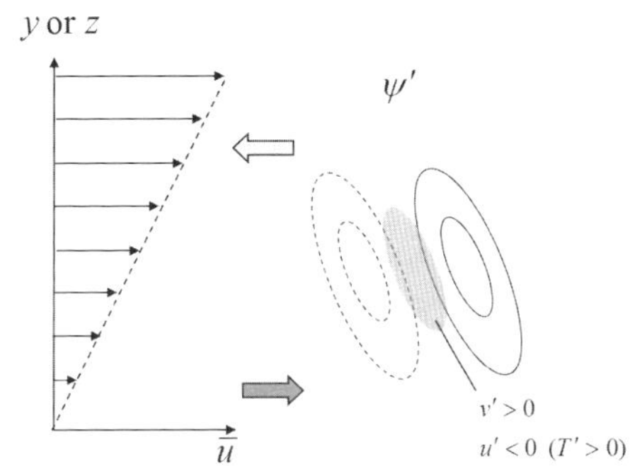

図 E.1　基本場シア（左）のもとで発達する擾乱の流線関数の偏差パターン（右；実線が正，破線が負）
矢印は右図の擾乱による基本場の風の加速傾向を示す．

正とする）のときは，偏差に伴う地衡風が想像しやすいと思うので，この例で先に説明すると，波状偏差が左から負→正と変わる中間（陰影）部では，偏差の南北風成分 v' は正，東西成分 u' は負になるのがわかる．$u'v'<0$ である．高度偏差が正から負へ変わる部分では u' と v' の符号が変わるが，両方とも変わるのでやはり $u'v'<0$．したがって波動の東西方向一周期にわたって積分しても $\overline{u'v'}<0$ である．$u'v'$ は擾乱による西風運動量輸送の南北成分なので，図の偏差パターンは西風運動量を北から南に運んでいることになる．これに応じて，偏差振幅の小さい図の北と南の端では基本場が東風，西風加速（図の太矢印）を受ける．つまり，図の偏差パターンは基本場の空間不均一をならすような働きをしている．

左図の縦軸が鉛直軸のときは，等高度線の鉛直微分が気温に比例するという層厚温度の関係を思い出していただければ，右図の偏差パターンは傾圧不安定の説明図（図 2.12）と同様，熱を北向きに輸送できる（$v'T'>0$）走向であることがわかる．南北熱勾配がならされれば基本場の西風鉛直シアもちろんならされる．

図 E.1 で，左図の縦軸が水平方向を表しているとき自発的に発達できる摂動を求める問題は，順圧不安定問題と呼ばれている．縦軸が鉛直方向のときはもちろん傾圧不安定問題である．ここでの模式的な説明では，最大発達率を示す摂動の構造や水平スケールまでは議論できないが，理論解析の結果と定性的には合致している．テレコネクションパターンのような長周期準定常擾乱を不安定波とみなす見方もないではないが，基本場からのエネルギー変換は自発的な成長を可能にするほどには大きくないというのが近年のコンセンサスである．基本場との相互作用は，偏差パターンの維持を助け，位相を固定するメカニズムの一つとして認知されている．

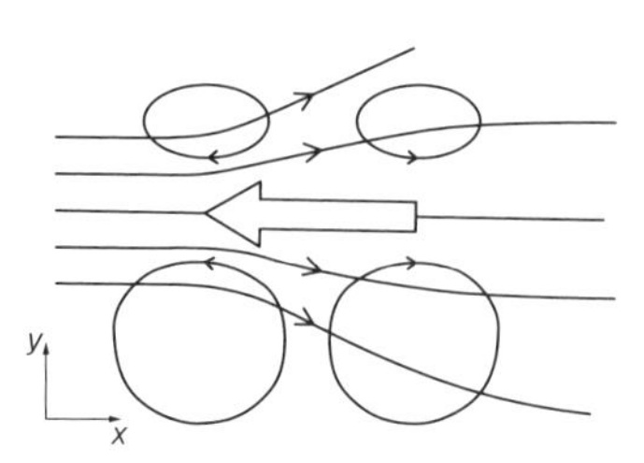

図 E.2 基本場の西風に東西傾度があるときに成長する擾乱の構造の模式図 (Hoskins et al., 1983)

図 E.1 に示したような基本場の風向に垂直なシアの順圧・傾圧不安定は，v' が大きくなるために図でいうと“縦長”の摂動が有利である．したがって実は，長周期変動のようにわりと“横長”な水平スケールをもつことの多い擾乱の説明には使われることが少ない．長周期変動は，大洋の東半分，気候平均の偏西風の減速・分流が大きくなるところで大きな振幅をもつ傾向がある．図 E.2 は，西風の減速基本場をならそうとする“横長”の偏差場の一例を示している．白抜き矢印で示された西風減速を緩和するような南北双極子が東西に並んでいる．この模式図が NAO や WP のような南北双極子型のテレコネクションパターンの説明に有効であるかは筆者には疑問である．そもそもこのような順圧変換に頼ると南北逆符号の偏差は不利ということになってしまう．長周期変動では 3 次元的に変化する基本場が扱われることが多く，そこでは古典的な基本場の風に垂直な方向のシアだけでなく，図 E.2 のような風に沿う方向の基本場の変化も登場し，そういうところでは横長の偏差パターンが有利であるという一般論に留めておきたい．

参 考 文 献

Abe-Ouchi, A., F. Saito, K. Kawamura, M. Raymo, J. Okuno, K. Takahashi and H. Blatter, 2013: Insolation driven 100,000-year glacial cycles and hysteresis of ice sheet volume. *Nature*, **500**, 190–193, doi:10.1038/nature12374.

Alexander, M. A., I. Bladé, M. Newman, J. R. Lanzante, N.-C. Lau, and J. D. Scotte, 2002: The atmospheric bridge: The influence of ENSO teleconnections on air–sea interaction over the global oceans. *J. Climate*, **15**, 2205–2231.

Arakawa, A., and W. H. Schubert, 1974: Interaction of a cumulus cloud ensemble with the large-scale environment, Part I. *J. Atmos. Sci.*, **31**, 674–701.

浅井冨雄・新田　尚・松野太郎，2000: 基礎気象学．朝倉書店，202pp.

Berggren, R., B. Bolin, and C.-G. Rossby, 1949: An aerological study of zonal motion, its perturbations and break-down. *Tellus*, **1**, 14–37.

Bjerknes, J., 1938: Saturated-adiabatic ascent of air through dry-adiabatically descending environment. *Quart. J. Roy. Meteor. Soc.*, **64**, 325–330.

Bjerknes, J., 1969: Atmospheric teleconnections from the equatorial Pacific. *Mon. Wea. Rev.*, **97**, 163–172.

Bjerknes, V., 1904: Das Problem der Wettervorhersage, betrachtet vom Standpunkte der Mechanik und der Physik. *Met. Zeit.*, **21**, 1–7. Translation by Y. Mintz: The problem of weather forecasting as a problem in mechanics and physics. Los Angeles, 1954. Reprinted (pp.1–4) in Shapiro, M. A. and S. Grønås, Eds., 1999: *The Life Cycles of Extratropical Cyclones*, Amer. Meteor. Soc., Boston, 355pp.

Bjerknes, V., 1914: Die Meteorologie als exakte Wissenshaft (English translation: Meteorology as an exact science). *Mon. Wea. Rev.*, **42**, 11–14.

Boldwin, M. P., and T. J. Dunkerton, 2001: Stratospheric harbingers of anomalous weather regimes. *Science*, **294**, 581–584, doi:10.1126/science.1063315.

Cane, M. A., S. E. Zebiak, and S. C. Dolan, 1986: Experimental forecasts of El Niño. *Nature*, **321**, 827–832.

Charney, J. G., R. Fjörtoft, and J. von Neumann, 1950: Numerical integration of the barotropic vorticity equation. *Tellus*, **2**, 237–254.

Chou, C., J. D. Neelin, C.-A. Chen, and J.-Y. Tu, 2009: Evaluating the "Rich-Get-Richer" mechanism in tropical precipitation change under global warming. *J. Climate*,

22, 1982-2005.

Compo, G. P., J. S. Whitaker, and P. D. Sardeshmukh, 2006: Feasibility of a 100 year reanalysis using only surface pressure data. *Bull. Amer. Met. Soc.*, **87**, 175-190.

Enomoto, T., B. J. Hoskins, and Y. Matsuda, 2003: The formation mechanism of the Bonin high in August. *Quart. J. Roy. Meteor. Soc.*, **129**, 157-178.

Enomoto, T., 2004: Interannual variability of the Bonin high associated with the propagation of Rossby waves along the Asian jet. *J. Meteor. Soc. Japan*, **82**, 1019-1034.

Gill, A. E., 1980: Some simple solutions for heat-induced tropical circulation. *Quart. J. Roy. Meteor. Soc.*, **106**, 447-462.

Gleick, J., 1987: *Chaos: Making a New Science*. Viking, New York, 352pp.

Hasselmann, K., 1976: Stochastic climate models. *Tellus*, **28**, 473-485.

Held, I. M., R. L. Panetta, R. T. Pierrehumbert, 1985: Stationary external Rossby waves in vertical shear. *J. Atmos. Sci.*, **42**, 865-883.

Held, I. M., and B. J. Soden, 2006: Robust responses of the hydrological cycle to global warming. *J. Climate*, **19**, 5686-5699.

Hinderbrandsson, H. H., 1897: Quelques recherches sur les centres d'action de l'atmosphère. *Kon. Svenska Vetens. Akad. Handl.*, **29**, 36pp.

Holton, J. R., 1992: *An Introduction to Dynamic Meteorology* (3rd edition). Academic Press, San Diego, 507pp.

Honda, M., J. Inoue, and S. Yamane, 2009: Influence of low Arctic sea-ice minima on anomalously cold Eurasian winters. *Geophys. Res. Lett.*, **36**, L08707.

Hoskins, B. J., 2015: Potential vorticity and the PV perspective. *Adv. Atmos. Sci.*, **32**, 2-9.

Hoskins, B. J., and D. Karoly, 1981: The steady linear response of a spherical atmosphere to thermal and orographic forcing. *J. Atmos. Sci.*, **38**, 1179-1196.

Hoskins, B. J., I. A. James, and G. H. White, 1983: The shape, propagation and mean-flow interaction of large-scale weather systems. *J. Atmos. Sci.*, **40**, 1595-1614.

IPCC, 2013: Climate Change 2013: The Physical Science Basis. Contribution of Working Group I to the Fifth Assessment Report of the Intergovernmental Panel on Climate Change [Stocker, T.F., D. Qin, G.-K. Plattner, M. Tignor, S.K. Allen, J. Boschung, A. Nauels, Y. Xia, V. Bex and P.M. Midgley, Eds.]. Cambridge University Press, Cambridge, United Kingdom and New York, USA, 1535pp.

Jin, F.-F., 1996: Tropical ocean-atmosphere interaction, the Pacific cold tongue, and the El Niño-Southern Oscillation. *Science*, **274**, 76-78.

Jin, F.-F., 1997: An equatorial ocean recharge paradigm for ENSO. Part I: Conceptual model. *J. Atmos. Sci.*, **54**, 811-829.

Kalnay, E., M. Kanamitsu, R. Kistler, W. Collins, D. Deaven, L. Gandin, M. Iredell, S. Saha, G. White, J. Woollen, Y. Zhu, M. Chelliah, W. Ebisuzaki, W. Higgins, J. Janowiak, K.-C. Mo, C. Ropelewski, J. Wang, A. Leetmaa, R. Reynolds, R. Jenne, and D. Joseph, 1996: The NCEP/NCAR 40-year reanalysis project. *Bull. Amer. Meteor. Soc.*, **77**, 437–471.

Kikuchi, K., B. Wang, and Y. Kajikawa, 2012: Bimodal representation of the tropical intraseasonal oscillation. *Clim. Dyn.*, **38**, 1989–2000, doi:10.1007/s00382-011-1159-1.

Kimoto, M., F.-F. Jin, M. Watanabe, and N. Yasutomi, 2001: Zonal-eddy coupling and a neutral mode theory for the Arctic Oscillation. *Geophys. Res. Lett.*, **28**, 737–740.

木本昌秀・宮坂隆之・荒井美紀, 2005: 欧州熱波と日本の冷夏2003. 気象研究ノート, **210**, 155–160.

Kosaka, Y., 2012: 東アジア夏季気候の季節予報可能性. ハワイ大学国際太平洋研究センター Newsletter, Summer 2012 号, 1–2.

Lorenz, E. N., 1963: Deterministic nonperiodic flow. *J. Atmos. Sci.*, **20**, 130–141.

Lorenz, E. N., 1993: *The Essence of Chaos*. University of Washington Press, Seattle, 240pp.

Madden, R. and P. Julian, 1971: Detection of a 40-50 day oscillation in the zonal wind in the tropical Pacific, *J. Atmos. Sci.*, **28**, 702–708.

Madden, R. and P. Julian, 1972: Description of global-scale circulation cells in the tropics with a 40-50 day period. *J. Atmos. Sci.*, **29**, 1109–1123.

Matsuno, T., 1966: Quasi-geostrophic motopns in the equatorial area. *J. Meteor. Soc. Japan*, **44**, 25–43.

Meehl, G. A., J. M. Arblaster, J. T. Fasullo, A. Hu, and K. E. Trenberth, 2011: Model-based evidence of deep-ocean heat uptake during surface-temperature hiatus periods. *Nature Climate Change*, **1**, 360–364, doi:10.1038/nclimate1229.

Meinen, C. S., and M. J. McPhaden, 2000: Observations of warm water volume changes in the equatorial Pacific and their relationship to El Niño and La Niña. *J. Climate*, **13**, 3551–3559.

Miyakawa, T., M. Satoh, H. Miura, H. Tomita, H. Yashiro, A. T. Noda, Y. Yamada, C. Kodama, M. Kimoto, and K. Yoneyama, 2014: Madden–Julian Oscillation prediction skill of a new-generation global model demonstrated using a supercomputer. *Nature Comm.*, **5**, Article numbers: 3769, doi:10.1038/ncomms4769.

Mori, M., M. Watanabe, H. Shiogama, J. Inoue, and M. Kimoto, 2014: Robust Arctic sea-ice influence on the frequent Eurasian cold winters in the past decades. *Nature Geosci.*, **7**, 869–873, doi:10.1038/ngeo2277.

Nakazawa, T., 1988: Tropical super clusters within intraseasonal variations over the western Pacific. *J. Meteor. Soc. Japan*, **66**, 823–839.

Nitta, T., 1987: Convective activities in the tropical western Pacific and their impact on the Northern Hemisphere summer circulation. *J. Meteor. Soc. Japan*, **65**, 373-390.

Palmer, T. N., 1993: Extended-range atmospheric prediction and the Lorenz model. *Bull. Am. Met. Soc.*, **74**, 49-65.

Philander, S. G. H., T. Yamagata, and R. C. Pacanowski, 1984: Unstable air-sea interaction in the tropics. *J. Atmos. Sci.*, **41**, 604-613.

Randall, D., 2012: *Atmosphere, Clouds, and Climate*. Princeton University Press, Princeton, 277pp.

Rex, D. F., 1950: Blocking action in the middle troposphere and its effect upon regional climate. *Tellus*. **2**(4), 275. doi:10.1111/j.2153-3490.1950.tb00331.x.

Richardson, L. F., 1922: *Weather Prediction by Numerical Process*. Cambridge Univ. Press, London, 236pp.

Rodwell, M. J., and B. J. Hoskins, 1996: Monsoons and the dynamics of deserts. *Quart. J. Roy. Meteor. Soc.*, **122**, 1385-1404.

Saji, N. H., B. N. Goswami, P. N. Vinayachandran, and T. Yamagata, 1999: A dipole mode in the tropical Indian Ocean. *Nature*, **401**, 360-363.

Sardeshmukh, P. D., and B. J. Hoskins, 1988: The generation of global rotational flow by steady idealized tropical divergence. *J. Atmos. Sci.*, **45**, 1228-1251.

Suarez, M. J., and P. S. Schopf, 1988: A delayed action oscillator for ENSO. *J. Atmos. Sci.*, **45**, 3283-3287.

住 明正・露木 義・河宮未知生・木本昌秀, 2012: 岩波講座計算科学第5巻 計算と地球環境, 岩波書店, 228pp.

Thompson, D. W. J., and J. M. Wallace, 1998: The Arctic Oscillation signature in the wintertime geopotential height and temperature fields. *Geophys. Res. Lett.*, **25**, 1297-1300.

時岡達志・佐藤信夫・山岬正紀, 1993: 気象の数値シミュレーション. 東京大学出版会, 247pp.

Trenberth, K. E., and D. J. Shea, 2006: Atlantic hurricanes and natural variability in 2005, *Geophys. Res. Lett.*, **33**, L12704, doi:10.1029/2006GL026894.

植田宏昭, 2012: 気候システム論—グローバルモンスーンから読み解く気候変動—. 筑波大学出版会, 235pp.

Walker, G. T., and E. W. Bliss, 1932: World weather V. *Mem. Roy. Meteor. Soc.*, **4**, 53-84.

Wallace, J. M., and D. S. Gutzler, 1981: Teleconnections in the geopotential height field during the Northern Hemisphere winter. *Mon. Wea. Rev.*, **109**, 784-812.

Watanabe, M., H. Shiogama, H. Tatebe, M. Hayashi, M. Ishii, and M. Kimoto, 2014:

Contribution of natural decadal variability to global warming acceleration and hiatus. *Nature Climate Change*, doi:10.1038/nclimate2355.

Watanabe, M., H. Shiogama, Y. Imada, M. Mori, M. Ishii, and M. Kimoto, 2013a: Event attribution of the August 2010 Russian heat wave. *Sci. Online Lett. Atmos.*, **9**, 65–68, doi:10.2151/sola.2013-015.

Watanabe, M., Y. Kamae, M. Yoshimori, A. Oka, M. Sato, M. Ishii, T. Mochizuki, and M. Kimoto, 2013b: Strengthening of ocean heat uptake efficiency associated with the recent climate hiatus. *Geophys. Res. Lett.*, **40**, 3175–3179, doi:10.1002/grl.50541.

Webster, P. J., 1983: The large scale structure of the tropical atmosphere. in Hoskins, B. J. and R. P. Pearce, Eds.: *General Circulation of the Atmosphere*, pp. 235–275. Academic Press, London.

Wheeler, M. C., and H. H. Hendon, 2004: An all-season real-time multivariate MJO index: Development of an index for monitoring and prediction. *Mon. Wea. Rev.*, **132**, 1917–1932.

Xie, S.-P., K. Hu, J. Hafner, H. Tokinaga, Y. Du, G. Huang, and T. Sampe, 2009: Indian ocean capacitor effect on Indo-western Pacific climate during the summer following El Niño. *J. Climate*, **22**, 730–747.

索　　引

サ 行

タ 行

ナ 行

ハ 行

マ　行

ヤ　行

ラ　行

ワ　行

著者略歴

木本昌秀（きもと まさひで）

1957年　大阪府に生まれる
1980年　京都大学理学部卒業．気象庁に入庁
1994年　東京大学気候システム研究センター助教授
現　在　東京大学大気海洋研究所教授・副所長
Ph.D.（カリフォルニア大学ロサンゼルス校大気科学部）

気象学の新潮流 5
「異常気象」の考え方　　定価はカバーに表示

2017年10月25日　初版第1刷
2018年11月10日　　　第2刷

著　者　木　本　昌　秀
発行者　朝　倉　誠　造
発行所　株式会社　朝　倉　書　店
東京都新宿区新小川町6-29
郵便番号　162-8707
電　話　03（3260）0141
FAX　03（3260）0180
http://www.asakura.co.jp

〈検印省略〉

教文堂・渡辺製本

ISBN 978-4-254-16775-7　C 3344　　Printed in Japan